普通高等教育"十二五"规划教材
高职高专土建类精品规划教材

建筑工程识图与构造

主　编　谷云香

副主编　张　鹤　王　雪

　　　　任禀洁　张　莺

主　审　满广生

U0284066

中国水利水电出版社
www.waterpub.com.cn

内 容 提 要

本书共有 8 章，包括三部分内容：第一部分为建筑工程图样形成的基本知识（第 1 章）；第二部分为建筑构造内容，包括民用建筑构造概论（第 2 章）和工业建筑简介（第 3 章）；第三部分为建筑工程图识读内容，包括建筑工程施工图识读概述（第 4 章）、识读建筑施工图（第 5 章）、识读结构施工图（第 6 章）、识读室内设备施工图（第 7 章）及实例导读（第 8 章）。

本书具有较强的实用性、借鉴性和资料性，可作为高职高专院校工程造价、建筑工程技术、工程建设监理、物业管理、房地产经营与管理等专业的教材，也可供土木建筑类其他专业、中职学校相关专业的师生及工程建设与管理相关专业的工程技术人员阅读和参考。

图书在版编目（C I P）数据

建筑工程识图与构造 / 谷云香主编. -- 北京 : 中
国水利水电出版社，2011.8（2019.1重印）
 普通高等教育"十二五"规划教材. 高职高专土建类
精品规划教材
 ISBN 978-7-5084-8759-5

Ⅰ．①建… Ⅱ．①谷… Ⅲ．①建筑制图-识别-高等
职业教育-教材②建筑构造-高等职业教育-教材 Ⅳ.
①TU2

中国版本图书馆CIP数据核字(2011)第156864号

书　　名	普通高等教育"十二五"规划教材 高职高专土建类精品规划教材 **建筑工程识图与构造**
作　　者	主　编　谷云香 副主编　张　鹤　王　雪　任禀洁　张　莺 主　审　满广生
出版发行	中国水利水电出版社 （北京市海淀区玉渊潭南路 1 号 D 座　100038） 网址：www. waterpub. com. cn E - mail：sales@waterpub. com. cn 电话：(010) 68367658（营销中心）
经　　售	北京科水图书销售中心（零售） 电话：(010) 88383994、63202643、68545874 全国各地新华书店和相关出版物销售网点
排　　版	中国水利水电出版社微机排版中心
印　　刷	北京瑞斯通印务发展有限公司
规　　格	184mm×260mm　16 开本　20.75 印张　518 千字
版　　次	2011 年 8 月第 1 版　2019 年 1 月第 3 次印刷
印　　数	6001—8500 册
定　　价	**53.00 元**

前言

　　本书是为适应国家高等职业技术教育的发展及高等职业技术教育的特点而编写的。编写侧重于培养应用型人才，突出了对识图能力的综合训练，具有较强的综合性和实践性。

　　本书编写全部依据最新的规范、标准，对基本概念、基本内容、基本方法的阐述力求简明扼要，条理清晰，图文结合，易懂易记。

　　在编写中，考虑了高职工程造价专业"建筑工程识图与构造"课程的教学要求，参考了现有相关教科书的体系，并采用示范案例分析的方式，突出了"实用性"，方便课堂教学使用和工程技术人员自学、参考等使用。

　　本书由沈阳农业大学高等职业技术学院谷云香副教授任主编，并负责全书统稿，由安徽水利水电职业技术学院满广生教授任主审。本书第1章由沈阳农业大学高等职业技术学院张莺编写，第2章的2.1～2.4节由杨凌职业技术学院任熹洁编写，第2章的2.5～2.8节由沈阳农业大学高等职业技术学院王雪编写，第3章、第4章、第5章、第6章和第7章由沈阳农业大学高等职业技术学院谷云香编写，第8章由沈阳农业大学高等职业技术学院张鹤编写。

　　本书在编写过程中，参考了已有同类教材，并参考和引用了有关文献和资料，谨在此向教材、文献的作者致以衷心的感谢。黄河水利职业技术学院吴韵侠老师对本书的编写提出了宝贵建议，特表示真诚的谢意。也向关心、支持本书编写工作的所有同志表示谢意。

　　限于作者水平，书中难免会出现错误及不妥之处，恳请读者和专家批评指正。

编者

2011 年 4 月

目录

第1章 建筑工程图样形成的基本知识

【知识目标】 了解国家制图标准；学习正确使用绘图工具和仪器，掌握投影的基本概念、类型、用途；掌握点、线、面的投影规律及平面立体、曲面立体的投影特性、作图方法等；了解轴测投影的形成、基本概念、用途、绘制方法、步骤等。

【能力目标】 能够正确绘制图纸幅面线、图框线及标题栏，并布图美观；由物体的轴测图正确绘制三面投影图；由立体的两面投影正确补画第三面投影；能够将物体的三面投影图改画成合适的剖面图或断面图；由物体的投影图绘制正等测图或斜二测图。

1.1 制图的基本规定

图样是按照一定的投影方法准确地表达物体的形状、大小和技术要求的图形。工程图样是工程界的技术语言，建筑工程图样是表达建筑工程设计意图的重要手段，也是建筑施工的重要依据。为使工程技术人员或建筑技术工人能够看懂建筑工程图，或用图纸来交流技术思想，就必须有一个统一的基本规定作为制图或是识图的依据。因此，国家制定了全国统一的建筑工程图样制图标准，建标〔2001〕220号《关于发布〈房屋建筑制图统一标准〉等六项国家标准的通知》中批准《房屋建筑制图统一标准》（GB/T 50001—2001）、《总图制图标准》（GB/T 50103—2001）、《建筑制图标准》（GB/T 50104—2001）、《建筑结构制图标准》（GB/T 50105—2001）、《给水排水制图标准》（GB/T 50106—2001）和《暖通空调制图标准》（GB/T 50114—2001）为国家标准，自2002年3月1日起施行，同时原标准废止。

建筑工程图样，除应符合《房屋建筑制图统一标准》（GB/T 50001—2001）外，还应符合国家现行有关强制性标准的规定以及各有关专业图样的制图标准。

上述国家标准中，《房屋建筑制图统一标准》（GB/T 50001—2001）是绘制建筑工程图样的基本规定，是绘制各专业图样的通用部分，适用于总图、建筑、结构、给水排水、暖通空调、电气等各专业制图。本节重点介绍《房屋建筑制图统一标准》（GB/T 50001—2001）中的几项基本内容。

1.1.1 图纸幅面及格式

1. 图纸幅面

图纸幅面简称图幅，是指图纸本身的大小规格。为了便于制图、使用和管理，制图标准对图纸的基本幅面作了规定，基本幅面有5种，其代号分别为A0、A1、A2、A3、A4，具体尺寸见表1.1。

由表1.1中图纸幅面的尺寸可以看出，沿上一号幅面图纸的长边对折，即为下一号幅面图纸的大小，如图1.1所示。图幅在应用时若面积不够大，根据要求允许在基本幅面的长边成整数倍加长，见表1.2，但短边一般不可加长，具体尺寸可参照《房屋建筑制图统一标准》（GB/T 50001—2001）的规定执行。但需注意同一项工程的图纸不宜多于两种幅面。

表 1.1		幅 面 及 图 框 尺 寸			单位：mm	
尺寸代号 ＼ 幅面代号	A0	A1	A2	A3	A4
$B×L$	84×1189	594×841	420×594	297×420	210×297
a	25				
c	10			5	
e	20		10		

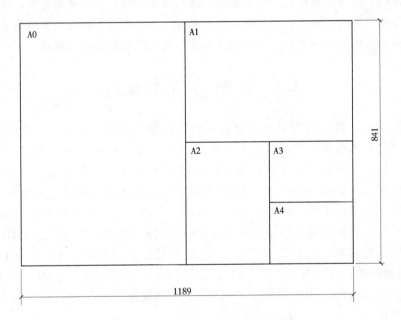

图 1.1　由 A0 图幅对裁其他图幅示意

表 1.2		图 纸 长 边 加 长 尺 寸	单位：mm
幅面尺寸	长边尺寸	长边加长后尺寸
A0	1189	1338　1487　1635　1784　1932　2081　2230　2378
A1	841	1051　1261　1472　1682　1892　2102
A2	594	743　892　1041　1189　1338　1487　1635　1784　1932　2081
A3	420	631　841　1051　1261　1472　1682　1892

注　有特殊需要的图纸，可采用 $B×L$ 为 841mm×891mm 与 1189mm×1261mm 的幅面。

2. 图框

图框是指图纸上限定绘图区域的线框。无论用哪种幅面的图纸绘制图样，均应先在图纸上用粗实线绘出图框，图形只能绘制在图框内。图框格式分为非装订式和装订式两种。非装订式的图纸，其图框格式如图 1.2 所示；装订式的图纸，其图框格式如图 1.3 所示。图框周边尺寸参数见表 1.1。

图纸以短边作为垂直边的称为横式幅面，以短边作为水平边的称为立式幅面。一般 A0~A3 图纸宜使用横式幅面；必要时，也可立式使用。

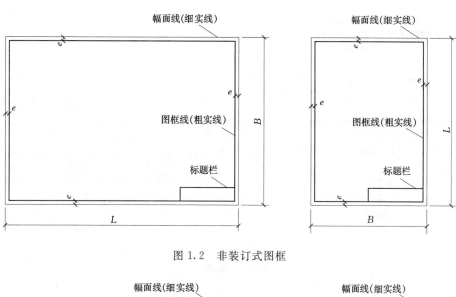

图 1.2　非装订式图框

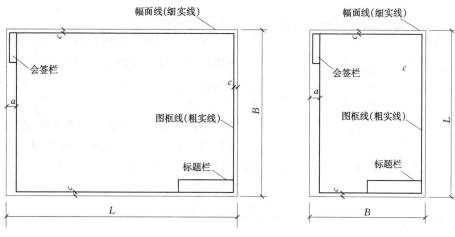

图 1.3　装订式图框

3. 标题栏

将工程名称、图名、图号、设计人签名、日期等内容以集中列表的形式放在图纸的右下角，称为图纸标题栏，位置如图 1.3 所示。标题栏是图样的重要内容之一，应根据工程需要选择确定其尺寸、格式及分区，如图 1.4 所示。绘制标题栏时其外框为粗实线，分格为细实线。

4. 会签栏

供各工种设计负责人签署单位、姓名和日期的表格称为会签栏，如图 1.5 所示，一般放置在图纸的左上角，位置如图 1.3 所示。一个会签栏不够用时，可另加一个，两个会签栏应并列布置。不需要会签的图纸可不设会签栏。

5. 图纸编排顺序

工程图纸应按专业顺序编排。一般应为图纸目录、总图、建筑图、结构图、给水排水图、暖通空调图、电气图等。各专业的图纸，应该按图纸内容的主次关系、逻辑关系，有序排列。

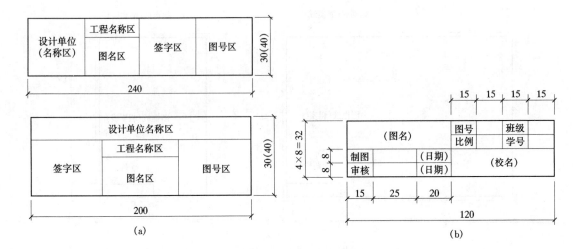

图 1.4　标题栏

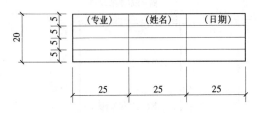

图 1.5　会签栏

1.1.2　图线

为了表示图中不同的内容，并使图中主次分明，制图时必须使用不同线型和不同线宽的图线。

1. 线型

建筑工程图样中的线型主要有实线、虚线、点画线、双点画线、折断线和波浪线等，其中有些线型还分粗、中粗和细三种，各种线型的规定及其一般用途详见表 1.3。

表 1.3　　　　　　　　　　　　　　　　线 型 和 线 宽

名　　称		线　　型	宽度	用　　途
实线	粗		b	1）一般作主要可见轮廓线； 2）平、剖面图中主要构配件断面的轮廓线； 3）建筑立面图中外轮廓线； 4）详图中主要部分的断面轮廓线和外轮廓线； 5）总平面图中新建建筑物的可见轮廓线
	中		$0.5b$	1）建筑平、立、剖面图中一般构配件的轮廓线； 2）平、剖面图中次要断面的轮廓线； 3）总平面图中新建道路、桥涵、围墙等及其他设施的可见轮廓线和区域分界线； 4）尺寸起止符号
	细		$0.25b$	1）总平面图中新建人行道、排水沟、草地、花坛等可见轮廓线，原有建筑物、铁路、道路、桥涵、围墙的可见轮廓线； 2）图例线、索引符号、尺寸线、尺寸界线、引出线、标高符号、较小图形的中心线

续表

名　称		线　型	宽度	用　途
虚线	粗	———— ————	b	1) 新建构筑物的不可见轮廓线； 2)　结构图上不可见钢筋及螺栓线
	中	—— —— ——	$0.5b$	1) 一般不可见轮廓线； 2) 建筑构造及建筑构配件不可见轮廓线； 3) 总平面图计划扩建的建筑物、铁路、道路、桥涵、围墙的可见轮廓线； 4) 平面图中吊车轮廓线
	细	- - - - - -	$0.25b$	1) 总平面图上原有建筑物和道路、桥涵、围墙等设施的可见轮廓线； 2) 结构详图中不可见钢筋混凝土构件轮廓线； 3) 图例线
点画线	粗	—·—·—·—	b	1) 吊车轨道线； 2) 结构图中的支撑线
	中	—·—·—·—	$0.5b$	土方填挖区的零点线
	细	—·—·—·—	$0.25b$	分水线、中心线、对称线、定位轴线
双点画线	粗	—··—··—	b	预应力钢筋线
	细	—··—··—	$0.25b$	假想轮廓线、成型前原始轮廓线
折断线		——／\———	$0.25b$	不需要画全的断开界线
波浪线		～～～	$0.25b$	不需要画全的断开界线

2. 线宽

粗、中粗和细三种线宽的宽度比为 4 : 2 : 1。

《房屋建筑制图统一标准》中规定，线的宽度应从下列线宽系列中选用：0.18mm、0.25mm、0.35mm、0.5mm、0.7mm、1.0mm、1.4mm、2.0mm。

每个图样，应根据复杂程度和比例大小，先确定图样中所用的粗线的宽度 b，由此再确定中粗线的宽度 $0.5b$，最后定出细线宽度 $0.25b$。

粗、中、细线组成一组，称为线宽组，见表 1.4。同一张图纸内，相同比例的各图样，应选用相同的线宽组。图框线、标题栏线的宽度见表 1.5。

表 1.4　　　　　　　　　　　　　线　宽　组　　　　　　　　　　单位：mm

线宽比	线　宽　组					
b	2.0	1.4	1.0	0.7	0.5	0.35
$0.5b$	1.0	0.7	0.5	0.35	0.25	0.18
$0.25b$	0.5	0.35	0.25	0.18	—	—

表 1.5　　　　　　　　　　图框线、标题栏线的线宽　　　　　　　单位：mm

幅面代号	图　框　线	标题栏外框线	标题栏分格线、会签栏线
A0、A1	1.4	0.7	0.35
A2、A3、A4	1.0	0.7	0.35

3. 图线画法

（1）相互平行的图线，其间隙不宜小于其中的粗线宽度，且不宜小于 0.7mm。

（2）虚线、点画线或双点画线的线段长度和间隔，宜各自相等。

（3）点画线或双点画线，当在较小图形中绘制有困难时，可用实线代替。

（4）点画线、双点画线的两端，不应是点。虚线、点画线及双点画线等不连续线段与其他线段相交时，应在线段处相交。

（5）虚线为实线的延长线时，不得与实线连接。

（6）图线不得与文字、数字或符号交叉，不可避免时，应首先保证文字、数字等的清晰完整。各画法如图 1.6 所示。

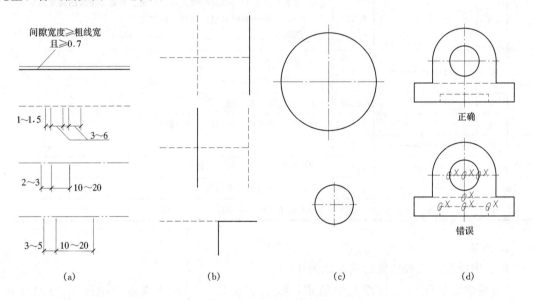

图 1.6 图线的有关画法

（a）线的画法；（b）交接；（c）圆的中心线的画法；（d）举例

1.1.3 字体

工程图上的字体有汉字、拉丁字母、阿拉伯数字与罗马数字等，它们的书写应达到笔画清晰、字体端正、排列整齐等要求。

图纸中字体的大小应根据图样的大小、比例等具体情况来定，但应从规定的系列中选用。字高系列有 2.5mm、3.5mm、5mm、7mm、10mm、14mm、20mm 等，文字的高度即为字体的号数，如 5 号字的字高为 5mm。当需要更大的字体时，其字高应按 $\sqrt{2}$ 的比例递增。

1. 汉字

图样及说明中的汉字宜采用长仿宋体，并符合国务院公布的《汉字简化方案》和有关规定。长仿宋体的字高与字宽的比例应符合表 1.6 的规定。在实际应用中，汉字的字高不应小于 3.5mm。长仿宋体字的示例如图 1.7 所示。

表 1.6		长仿宋体字高与字宽的关系				单位：mm
字高	20	14	10	7	5	3.5	2.5
字宽	14	10	7	5	3.5	2.5	1.8

书写长仿宋体时应注意掌握以下要领：横平竖直、起落有锋、填满方格、结构匀称。图1.8 为长仿宋体基本笔画的书写。

图 1.7　长仿宋体示例

名称	横	竖	撇	捺	挑	点	钩
形状	一	丨	丿	乀	丷	八	刁乚
笔法	一	丿	丿	乀	丷	八	刁乚

图 1.8　长仿宋体基本笔画的书写

2. 数字和字母

图纸中表示数量的数字应用阿拉伯数字书写。阿拉伯数字、罗马数字或拉丁字母的字高应不小于 2.5mm。

字母和数字的书写分直体和斜体两种，但同一张图纸上必须统一。如写成斜体字，其斜度应从字的底线逆时针向上倾斜 75°，如图 1.9 所示。

图 1.9　数字及字母的斜体字示例

夹在汉字中的阿拉伯数字、罗马数字或拉丁字母，其字高宜比汉字字高小一号。

1.1.4　比例

比例指图形与实物相应要素的线性尺寸之比。比例的符号为"："。比例的大小即为比值的大小，如 1∶20 大于 1∶50。比值为 1 称原值比例，即图形与实物一样大；比值大于 1 称放大比例，如 2∶1，即图形是实物的两倍大；比值小于 1 称缩小比例，如 1∶2，即图形是实物的一半大。

比例宜注写在图名的右侧，字的基准线应取平；比例的字高宜比图名的字高小一号。

工程图中的各个图样，都应按一定的比例绘制，比例大小可根据图样的用途、绘制对象的复杂程度从表 1.7 中选用。并优先选用表中常用比例。特殊情况下也可自选比例，这时除应注出绘图比例外，还必须在适当位置绘制出相应的比例尺。一般情况下，一个图样应选用一种比例。根据专业制图需要，同一图样也可选用两种比例。

表 1.7　　　　　　　　　　　　　　绘图可用比例

常用比例	1∶1，1∶2，1∶5，1∶10，1∶20，1∶50，1∶100，1∶150，1∶200，1∶500，1∶1000，1∶2000，1∶5000，1∶10000，1∶20000，1∶50000，1∶100000，1∶200000
可用比例	1∶3，1∶4，1∶6，1∶15，1∶25，1∶30，1∶40，1∶60，1∶80，1∶250，1∶300，1∶400，1∶600

1.1.5　尺寸标注

图样除反映物体的形状外，还需注出物体的实际尺寸，以作为工程施工的依据。尺寸标注必须认真细致，准确无误，严格按照制图标准中的有关规定，如有遗漏或是错误，将给施工带来困难和损失。

1. 尺寸组成

完整的尺寸包括尺寸界线、尺寸线、尺寸起止符号和尺寸数字，如图 1.10 所示。

（1）尺寸界线。用于表示所注尺寸的范围，用细实线绘制。一般应与被注长度垂直，其一端应离开图样轮廓线不小于 2mm，另一端宜超出尺寸线 2～3mm。可直接利用轮廓线、轴线、中心线作为尺寸界线，如图 1.11 所示。

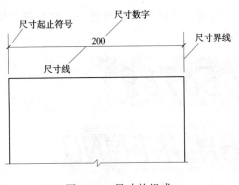
图 1.10　尺寸的组成

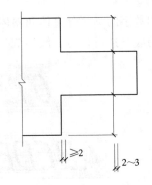
图 1.11　尺寸界线

（2）尺寸线。用来表示尺寸的方向，用细实线绘制。一般应与被注长度平行，且两端不得超出尺寸界线。图样本身的任何图线均不得用做尺寸线。

（3）尺寸起止符号。用于表示尺寸的起止点，一般用中粗斜短线绘制，其倾斜方向应与尺寸界线成顺时针 45°角，长度宜为 2～3mm。半径、直径、角度与弧长的尺寸起止符号，宜用箭头表示，如图 1.12 所示。

（4）尺寸数字。表示物体的真实大小，一般用阿拉伯数字注写在尺寸线的中部。水平方向的尺寸，尺寸数字要注写在尺寸线的上方，字头朝上；竖直方向的尺寸，尺寸数字要注写在尺寸线的左侧，字头朝左，如图 1.13（a）所示；倾斜方向的尺寸，尺寸数字注写方法如图 1.13（b）所示。尽可能避免在图 1.13（b）所示 30°范围内标注尺寸，当无法避免时可按图 1.13（c）的形式标注。尺寸数字不可被任何图线或符号所通过，当无法避免时，必须将其他图线或符号断开，如图 1.13（d）所示。

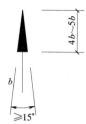

图 1.12　箭头尺寸起止符号图

2. 尺寸的排列与布置

（1）尺寸宜标注在图样轮廓线以外，不宜与图线、文字及符号等相交。

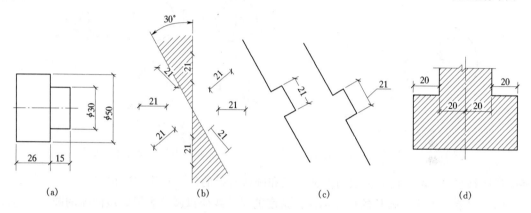

图 1.13　尺寸数字的注写方法

（a）水平和竖直方向尺寸；（b）倾斜方向尺寸；（c）30°范围内尺寸注写；（d）断开图线注写尺寸

（2）互相平行的尺寸线，应由近向远整齐排列，小尺寸在里，大尺寸在外。

（3）图样轮廓线以外的尺寸线，距图样最外轮廓线的距离不宜小于 10mm。平行排列的尺寸线间距宜为 7～10mm，并应保持一致。

3. 常见的尺寸标注方法

（1）半径、直径、球的尺寸标注。小于等于半圆的圆弧，标注半径尺寸。半径的尺寸线应一端从圆心开始，另一端画箭头指向圆弧。半径数字前应加注半径符号"R"，如图 1.14 形式标注。较小圆弧的半径，可按图 1.15 形式标注。较大圆弧的半径，可按图 1.16 形式标注。

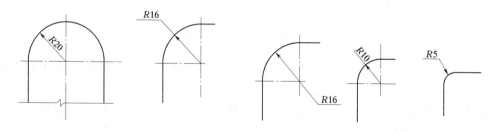

图 1.14　半径标注方法　　　　图 1.15　小圆弧半径的标注方法

大于半圆的圆弧标注直径尺寸，尺寸线应通过圆心，两端画箭头指至圆弧。直径数字前应加直径符号"Φ"，如图 1.17 形式标注。较小圆的直径，可按图 1.18 形式标注。

标注球的半径尺寸时，应在尺寸前加注符号"SR"。标注球的直径尺寸时，应在尺寸数

图 1.16　大圆弧半径的标注方法

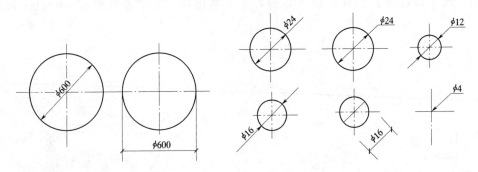

图 1.17　圆直径的标注方法　　　　　　图 1.18　小圆直径的标注方法

字前加注符号"$S\Phi$"。注写方法与圆弧半径和圆弧直径的尺寸标注方法相同。

（2）角度、弧度、弧长的尺寸标注。角度的尺寸线应以圆弧表示。该圆弧的圆心应是该角的顶点，角的两条边为尺寸界线。起止符号应以箭头表示，如没有足够位置画箭头，可用圆点代替，角度数字必须水平方向注写，如图 1.19 所示。

标注圆弧的弧长时，尺寸线为与该圆弧同心的圆弧线，尺寸界线为垂直于该圆弧的弦，尺寸起止符号用箭头表示，弧长数字上方应加注圆弧符号"⌒"，如图 1.20 所示。

标注圆弧的弦长时，尺寸线为平行于该弦的直线，尺寸界线垂直于该弦，尺寸起止符号用中粗斜短线表示，如图 1.21 所示。

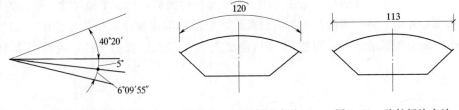

图 1.19　角度标注方法　　　　图 1.20　弧长标注方法　　　图 1.21　弦长标注方法

（3）薄板厚度、正方形、坡度的尺寸标注。在薄板板面标注板厚尺寸时，应在厚度数字前加厚度符号"t"，如图 1.22 所示。

标注正方形的尺寸，可用"边长×边长"的形式，也可在边长数字前加正方形符号"□"，如图 1.23 所示。

标注坡度时，应加注坡度符号"＜"，该符号为单面箭头，箭头应指向下坡方向。坡度也可用直角三角形形式标注，如图 1.24 所示。

（4）尺寸的简化标注。杆件或管线的长度，在单线图（桁架简图、钢筋简图、管线简图）上，可直接将尺寸数字沿杆件或管线的一侧注写，如图 1.25 所示。

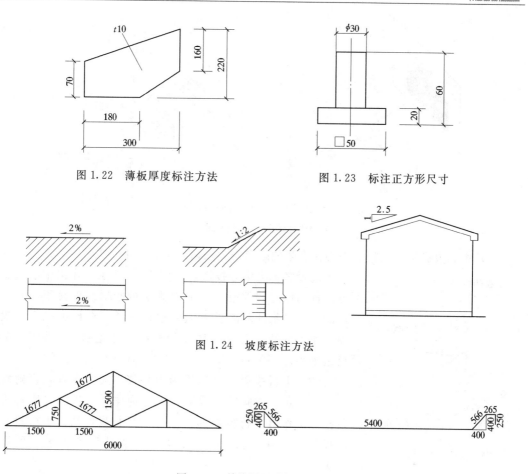

图 1.22　薄板厚度标注方法　　　　图 1.23　标注正方形尺寸

图 1.24　坡度标注方法

图 1.25　单线图尺寸标注方法

1.2　投　　影　　法

1.2.1　投影法的概念及分类

1. 投影的概念

日常生活中，经常看到空间物体在光线的照射下在某一平面上产生影子的现象。如图 1.26（a）所示，如果把物体的影子经过如下科学的抽象，即假定光线可以穿透物体（物体的面透明而轮廓线不透明），并规定在影子当中，光线直接照射到的轮廓线画成实线，光线间接照射到的轮廓线画成虚线，则经过抽象后的"影子"称为投影，如图 1.26（b）所示。

产生影子要有物体、光线和承受影子的面。光线称为投射线；承受影子的面称为投影面；用光线照射形体，在投影面上形成投影的方法称为投影法。

2. 投影法分类

对于同一物体，不同的投射方式和方向能得到不同形状的投影。根据投射方式的不同可将投影法分为两类：中心投影法和平行投影法。

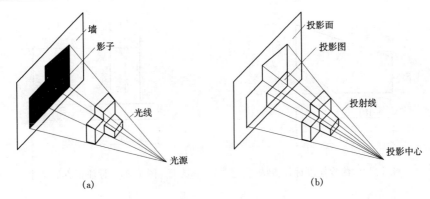

图 1.26 投影图的形成

(a) 物体的影子；(b) 投影图的形成

（1）中心投影法。当投影中心在有限的距离内，投射线可看作由一点放射，通过物体所产生的投影称为中心投影，如图 1.27 所示，作出中心投影的方法称为中心投影法。中心投影法的投射线汇交于一点，投影的大小与物体距离投影面的远近有关，在投影中心与投影面距离不变的情况下，物体距离投影中心越近，影子越大，反之则小。

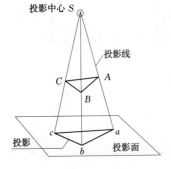

图 1.27 中心投影法

（2）平行投影法。当投影中心移至无穷远处，投射线可看作按一定的方向平行放射，通过物体所产生的投影称为平行投影，作出平行投影的方法称为平行投影法。平行投影法的投射线相互平行，投影的大小与物体距离投影面的远近无关。

平行投影法又分为正投影法和斜投影法。当投射线倾斜于投影面时所作出的平行投影，称为斜投影，如图 1.28（a）所示。作出斜投影的方法称为斜投影法。当投射线垂直于投影面时所作出的平行投影，称为正投影，如图 1.28（b）所示。作出正投影的方法称为正投影法。

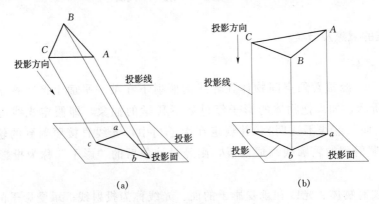

图 1.28 平行投影法

1.2.2 正投影的基本特征

在建筑制图中，最常用的投影法是平行投影法中的正投影法。因此，了解正投影的基本性质，对分析和绘制物体的正投影图是至关重要的。

1. 真实性

平行于投影面的直线或平面图形，在投影面上的投影反映该直线或平面图形的实长或实形，这种投影特性称为真实性，如图 1.29 所示。

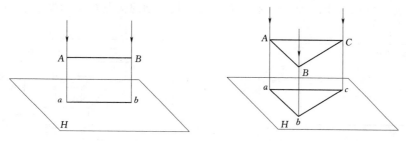

图 1.29 直线、平面图形平行于投影面时的投影

2. 积聚性

垂直于投影面的直线或平面图形，在投影面上的投影积聚成为一个点或一条直线，这种投影特性称为积聚性，如图 1.30 所示。

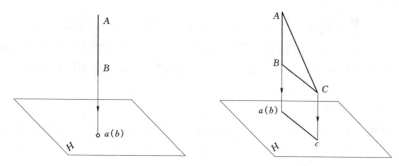

图 1.30 直线、平面图形垂直于投影面时的投影

3. 类似收缩性

倾斜于投影面的直线或平面图形，在投影面上的投影长度变短或是一个比真实图形小，但形状相似、边数相等的图形，这种投影特性称为类似收缩性，如图 1.31 所示。

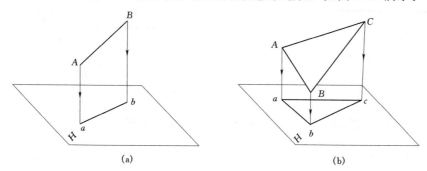

(a)   (b)

图 1.31 直线、平面图形倾斜于投影面时的投影

1.2.3 三面投影图

1. 三面投影体系的建立

如图 1.32 所示，为了更清楚、准确地反映物体的大小和空间形状，通常将物体放在三个互相垂直的平面所组成的投影面体系中，并将形体分别向三个投影面投影。这三个相互垂

直的投影面称为三投影面体系。其中，呈水平位置的投影面称水平投影面（简称水平面，用 H 表示）；与水平投影面垂直并呈正立位置的投影面称正立投影面（简称正面，用 V 表示）；位于右侧与 H、V 面同时垂直的投影面称侧立投影面（简称侧面，用 W 表示）。三个投影面两两相交形成了 OX、OY、OZ 三条投影轴。三条投影轴的交点 O 称为投影原点。

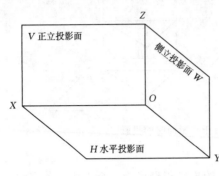

图 1.32　三面投影体系

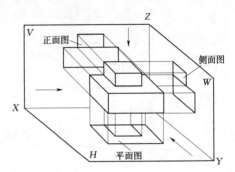

图 1.33　三面投影图的形成

2. 分面投影

如图 1.33 所示，将物体放置于三面投影体系中，按箭头所指方向分别向三个投影面作正投影。由上向下在 H 面上得到的投影称为水平投影图，简称平面图；由前向后在 V 面上得到的投影称为正立投影图，简称立面图；由左向右在 W 面上得到的投影称为侧立投影图，简称侧面图。

3. 三面投影体系的展开

在实际工程图纸上，通常将三个相互垂直的投影面展开摊平成一个平面。展开方法是：V 面保持不动，H 面绕 OX 轴向下旋转 $90°$，W 面绕 OZ 轴向右旋转 $90°$，如图 1.34 所示，OY 轴一分为二，H 面的标记为 Y_H，W 面的标记为 Y_W，则 V、H、W 面展开到同一个平面上了。一般不必标注投影面、投影轴和投影图名称，也不必画出投影轴及投影面的边界，如图 1.35 所示。

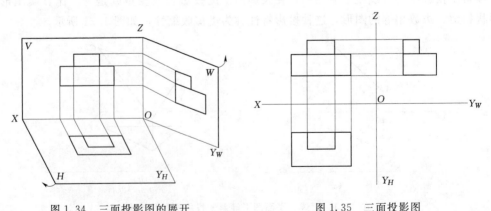

图 1.34　三面投影图的展开　　　　　　　图 1.35　三面投影图

4. 三面投影图的投影规律

任何一个物体都有长、宽、高三个方向的尺寸及上、下、左、右、前、后 6 个方位。如图 1.36 所示，物体的每一个投影能够反映其长、宽、高 3 个方向尺寸中的 2 个及 6 个方位中的 4 个。

正立投影图反映物体的长、高尺寸；水平投影图反映物体的长、宽尺寸；侧立投影图反映物体的宽、高尺寸，因此可以归纳为：正立投影图和水平投影图——长对正；正立投影图和侧立投影图——高平齐；水平投影图和侧立投影图——宽相等。"长对正、高平齐、宽相等"的三等关系是三面正投影之间的投影规律，是画图、尺寸标注和读图时必须遵守的准则。

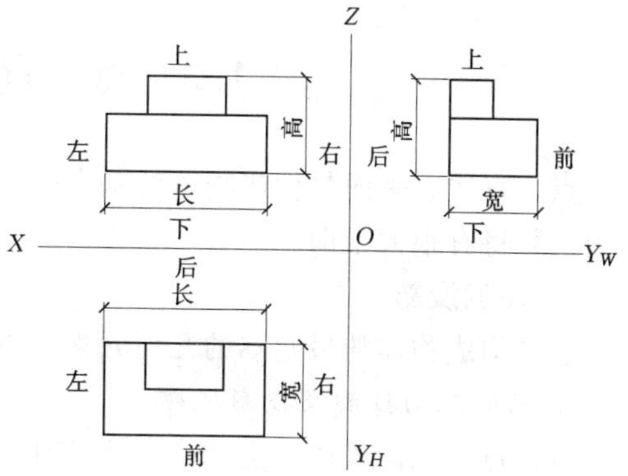

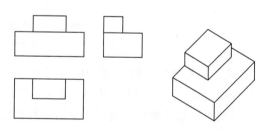

图 1.36　尺寸、方位的对应关系

1.2.4　工程上常用的投影图

在建筑工程中，由于所表达的对象、目的、要求的不同，对图样所采用的图示方法也随之不同，常用的投影图除前面所介绍的正投影图外还有透视投影图、轴测投影图和标高投影图。

1. 透视投影图

用中心投影法将空间物体投射到单一投影面上得到的图形称为透视图，如图 1.37 所示，透视图与人的视觉习惯相符，能体现近大远小的效果，所以形象、逼真，具有丰富的立体感，但作图比较麻烦，且度量性差，常用于绘制建筑效果图。

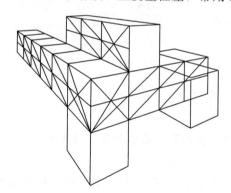

图 1.37　透视图

图 1.38　物体的正投影图及轴测图

2. 轴测投影图

用平行投影法绘制的单面投影图称为轴测图。形体上互相平行且长度相等的线段，在轴测图上仍互相平行、长度相等。如图 1.38 所示，轴测图虽不符合近大远小的视觉习惯，但仍具有很强的立体感和直观性，通常在工程上作为辅助图样。

3. 标高投影图

用正投影法将局部地面的等高线投射在水平的投影面上，并标注出各等高线的高程，从而表达该局部的地形。这种用标高来表示地面形状的正投影图，称为标高投影图，如图 1.39 所示。

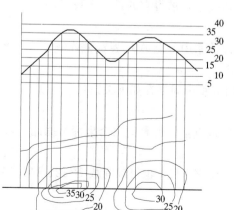

图 1.39　标高投影图

1.3　点、直线和平面的投影

点、直线、平面是构成物体的基本的几何元素，掌握点、直线、平面的投影规律对作立体的投影将有很大帮助。

1.3.1　点的投影

点是构成物体的最基本的几何元素，点只有空间位置而没有大小。

1. 点的三面投影及投影规律

（1）点的三面投影。空间点 A 分别向三个投影面作投影，在 H 面上得到水平投影 a，在 V 面上得到正面投影 a'，在 W 面上得到侧面投影 a''。在点的投影中规定，点用空心圆圈表示，凡是空间点用大写字母表示，投影点用相应的小写字母表示。如图 1.40 所示。

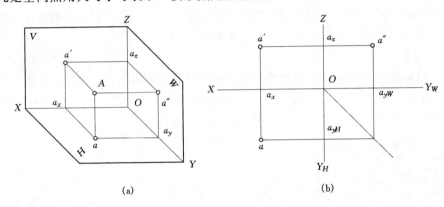

图 1.40　点的三面投影

(a) 直观图；(b) 投影图

（2）点的投影规律。以 A 点为例可以看出点在三面投影体系中的投影规律如下：

1）点的投影连线垂直于投影轴，如 $aa' \perp OX$、$a'a'' \perp OZ$。

2）点到投影轴的距离分别等于空间点到相应投影面的距离，即 $a'a_x = Aa =$ 空间点到 H 面的距离；$aa_x = Aa' =$ 空间点到 V 面的距离；$a'a_z = Aa'' =$ 空间点到 W 面的距离。

应用上述投影规律，可根据一点的任意两个已知投影，求得它的第三个投影。

2. 点的直角坐标

点的位置由其直角坐标值唯一确定。在三投影面体系中，点 A 可表示为 $A(x, y, z)$，点 A 三个投影的坐标可分别表示为 $a(x, y)$，$a'(x, z)$，$a''(y, z)$。

点 A 的直角坐标、点 A 的投影及点 A 到投影面的距离间存在如下关系：

$$x = Aa'' = a'a_z, \quad y = Aa' = a''a_z, \quad z = Aa = a'a_x$$

可见，任意一点的两个投影坐标值就包含了确定该点空间位置的三个坐标，据此，若已知空间点的坐标，则可求其三面投影，反之亦可。

【例 1.1】 已知空间点 B 的坐标为 $X = 12$，$Y = 10$，$Z = 15$，也可以写成 $B(12、10、15)$。求作 B 点的三面投影。

求作步骤如下：

（1）画投影轴，在 OX 轴上由 O 点向左量取 12，定出 b_x，过 b_x 作 OX 轴的垂线，如图

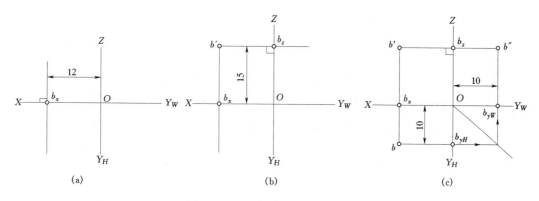

图 1.41 由点的坐标作三面投影

1.41（a）所示。

（2）在 OZ 轴上由 O 点向上量取 15，定出 b_z，过 b_z 作 OZ 轴垂线，两条垂线交点即为 b'，如图 1.41（b）所示。

（3）在 $b'b_x$ 的延长线上，从 b_x 向下量取 10 得 b；在 $b'b_z$ 的延长线上，从 b_z 向右量取 10 得 b''。或者由 b' 和 b 利用图 1.41（c）所示的 45°斜线的方法作出 b''。

3. 两点的相对位置

两点的相对位置是指空间两点的上下、左右、前后的位置关系，在投影图中，是以它们的坐标相对位置来确定的。X 坐标大者在左，小者在右；Y 坐标大者在前，小者在后；Z 坐标大者在上，小者在下。

两点的 V 面投影反映上下、左右关系；两点的 H 面投影反映左右、前后关系；两点的 W 面投影反映上下、前后关系。

【例 1.2】 已知空间点 C（15，8，12），D 点在 C 点的右方 7mm，前方 5mm，下方 6mm。求作 D 点的三投影。

求作步骤如下：

（1）分析：D 点在 C 点的右方和下方，说明 D 点的 X、Z 坐标小于 C 点的 X、Z 坐标；D 点在 C 点的前方，说明 D 点的 Y 坐标大于 C 点的 Y 坐标。可根据两点的坐标差作出 D 点的三投影。

（2）作图：如图 1.42 所示。

4. 重影点

当空间两点位于同一条投射线上，则该两点在相应的投影面上的投影重合为一点，这两点称为该投影面的重影点。空间的两点称为重影。在标注时将不可见点的投影加上括号，如图 1.43 所示。

1.3.2 直线的投影

直线在投影面上的投影通常仍为直线。作图时，只要分别作出线段两端点的三面投影，再将该两端点的同面投影相连，即为空间直线的三面投影。

1. 各种位置直线的投影特性

在三面投影体系中，规定直线对投影面 H、V、W 的倾角分别为 α、β、γ，根据倾角的不同，直线对投影面的相对位置可以分为三种：投影面平行线、投影面垂直线、一般位置直

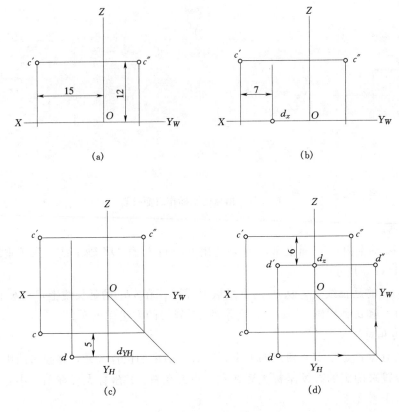

图 1.42 求作 D 点的三面投影

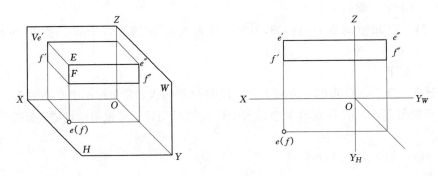

图 1.43 重影点的投影

线。前两种也称投影面的特殊位置直线，后一种也称为投影面的一般位置直线。

（1）投影面平行线。平行于一个投影面，而倾斜于另外两个投影面的直线称为投影面平行线。即直线与投影面间的倾角 α、β、γ 中有一个为 $0°$，而另外两个不为 $90°$。

与 H 面平行且倾斜于 V 面、W 面的直线称为水平线；与 V 面平行且倾斜于 H 面、W 面的直线称为正平线；与 W 面平行且倾斜于 V 面、H 面的直线称为侧平线。

各种投影面平行线的投影特性见表 1.8。

投影面平行线的投影共性为：直线在所平行的投影面上的投影为一斜线，反映实长，并反映直线与其他两投影面的倾角。另外两面投影小于实长，且平行于相应两投影轴。

表 1.8   投影面平行线的投影特性

名　称	轴　测　图	投　影　图	投　影　特　性
正平线			(1) $ab /\!/ OX$，$a'' /\!/ b'' /\!/ OZ$，且短于直线段的真长； (2) $a'b'$ 反映直线段的真长，即 $a'b'=AB$； (3) a、γ 反映实际倾角大小
水平线			(1) $c'd' /\!/ OX$，$c''d'' /\!/ OY_W$，且短于直线段的真长； (2) cd 反映直线段的真长，即 $cd=CD$； (3) β、γ 反映实际倾角大小
侧平线			(1) $ef /\!/ OY_H$，$e'f' /\!/ OZ$，且短于直线段的真长； (2) $e''f''$ 反映直线段的真长，即 $e''f''=EF$； (3) α、β 反映实际倾角大小

（2）投影面垂直线。垂直于某一个投影面的直线称为投影面垂直线。即直线与投影面间的倾角 α、β、γ 中有一个为 90°。

与 H 面垂直的直线称为铅垂线；与 V 面垂直的直线称为正垂线；与 W 面垂直的直线称为侧垂线。

各种投影面垂直线的投影特性见表 1.9。

表 1.9   投影面垂直线的投影特性

名　称	轴　测　图	投　影　图	投　影　特　性
正垂线			(1) $ab /\!/ OY_H$，$a''b'' /\!/ OY_W$，且反映直线段真长； (2) $a'b'$ 积聚成一点 a'（b'）
铅垂线			(1) $c'd' /\!/ OZ$，$c''d'' /\!/ OZ$，且反映直线段真长； (2) cd 积聚成一点 c（d）
侧垂线			(1) $ef /\!/ OX$，$e'f' /\!/ OX$，且反映直线段真长； (2) $e''f''$ 积聚成一点 e''（f''）

投影面垂直线的投影共性为：直线在所垂直的投影面上的投影积聚为一点，另外两面投影反映实长，且垂直于相应的两投影轴。

（3）一般位置直线。既不平行也不垂直于任何一个投影面的直线称为一般位置直线，即直线与投影面间的倾角 α、β、γ 中任一个都不为 $0°$ 也不为 $90°$，如图 1.44 所示。

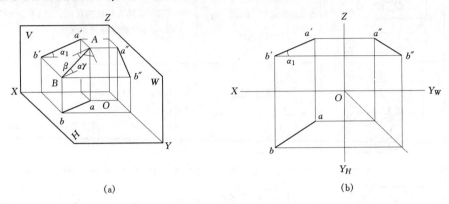

图 1.44　一般位置直线

（a）直观图；（b）投影图

一般位置直线的投影特性是：三个投影面上的投影都不反映实长，投影与投影轴之间的夹角也不反映直线与投影面之间的夹角。

2. 直线上的点的投影

直线上的点的投影具有下列特性：

（1）从属性。根据点和直线的投影特性，直线上点的投影必在该直线的同面投影上。

（2）定比性。直线上的点分割线段所成比例等于点的投影分割线段的同面投影所成比例。

【例 1.3】　如图 1.45（a）所示，已知直线 AB 的 V、H 面投影，在直线 AB 上找一点 C，使 $AC:CB=3:2$。

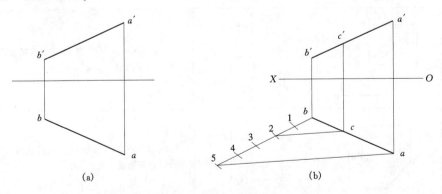

图 1.45　求作直线上的点

（a）已知条件；（b）作图过程

如图 1.45（b）所示，根据直线上的点的特性，作图步骤如下：

（1）自 b 点任引一直线，以任意直线长度为单位长度，从 b 顺次量 5 个单位，得点 1、2、3、4、5。

（2）连 5 点与 a 点，并作 $2c\!/\!/5a$，与 ab 交于 c 点。

（3）由 c 作 OX 轴的垂线，与 $a'b'$ 交得 c' 点。c' 与 c 即为所求的 C 点的两面投影。

3．两直线的相对位置

（1）两直线平行。空间中的两条直线如果平行，则它们的同面投影都平行。如果两直线有一个投影面上的投影不平行，则空间中的两直线不是平行关系，如图 1.46 所示。

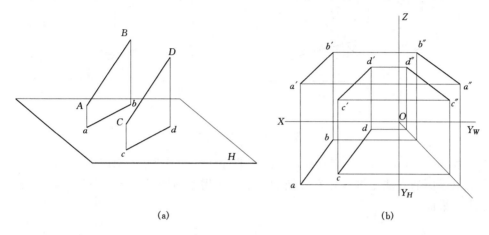

(a)　　　　　　　　　　　　　　(b)

图 1.46　两直线平行

（2）两直线相交。空间中的两条直线如果相交，则它们的同面投影都相交，并且交点符合点的投影规律。如果两条直线有一个投影面的投影不相交，则空间的两条直线不是相交关系，如图 1.47 所示。

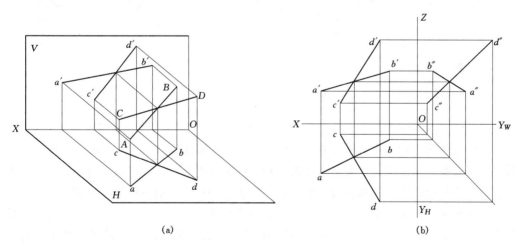

(a)　　　　　　　　　　　　　　(b)

图 1.47　两直线相交

（3）两直线交叉。空间两直线如果交叉，则它们的同面投影既不相交也不平行，如图 1.48 所示。

1.3.3　平面的投影

1．平面的表示方法

由初等几何可知，不属于同一直线上的三点确定一个平面。平面的范围是无限的，平面及平面在空间的位置可用下述任意一组几何元素来表示：①不在同一直线上的三点；②一条

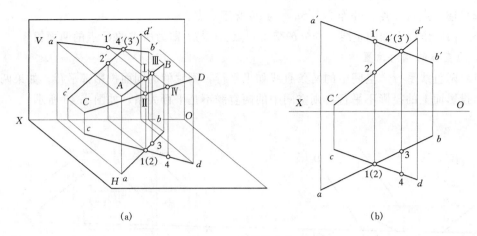

（a）　　　　　　　　　　　　　　　　（b）

图 1.48　两直线交叉

直线及直线外一点；③两条相交直线；④两条平行直线；⑤任意平面图形。如图 1.49 所示。这五种表示平面的方法是可以相互转换的，本书多用平面图形（如三角形、长方形、梯形等）来表示平面。

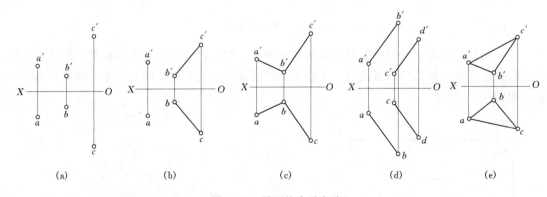

（a）　　　　　（b）　　　　（c）　　　　（d）　　　　（e）

图 1.49　平面的表示方法

2. 各种位置平面的投影

在三面投影体系中，规定平面对投影面 H、V、W 的倾角分别为 α、β、γ，根据倾角的不同，平面对投影面的相对位置可以分为三种：投影面平行面、投影面垂直面、一般位置平面。前两种也称投影面的特殊位置平面，后一种也称为投影面的一般位置平面。

（1）投影面平行面。平行于某一个投影面的平面称为投影面平行面，即平面与投影面间的倾角 α、β、γ 中有一个为 $0°$。与 H 面平行的平面称为水平面；与 V 面平行的平面称为正平面；与 W 面平行的平面称为侧平面。投影面平行面的投影特性见表 1.10。

投影面平行面的投影共性为：平面在所平行的投影面上的投影反映实形，另外两面投影都积聚成与相应投影轴平行的直线。

（2）投影面垂直面。垂直于一个投影面，而倾斜于另外两个投影面的平面称为投影面垂直面。即平面与投影面间的倾角 α、β、γ 中有一个为 $90°$，而另外两个不为 $0°$。与 H 面垂直且倾斜于 V 面、W 面的平面称为铅垂面；与 V 面垂直且倾斜于 H 面、W 面的平面称为正垂面；与 W 面垂直且倾斜于 V 面、H 面的平面称为侧垂面。投影面垂直面的投影特性见表 1.11。

表 1.10　　　　　　　　　　　投影面平行面的投影特性

名　称	轴 测 图	投 影 图	投 影 特 性
正平面	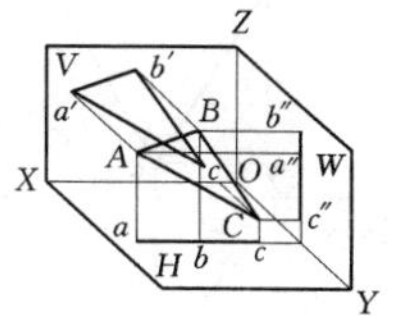	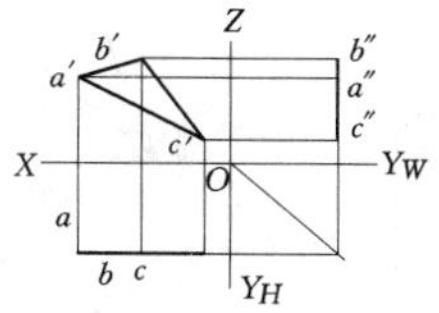	（1）V 面投影反映实形； （2）H 面投影、W 面投影积聚成一直线，分别平行于 OX 轴和 OZ 轴
水平面	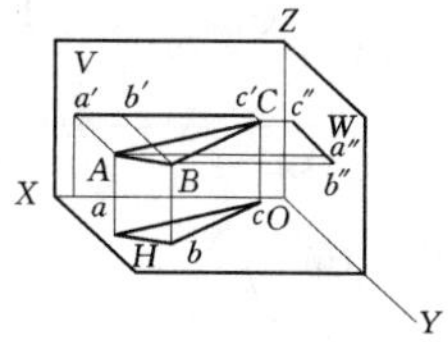	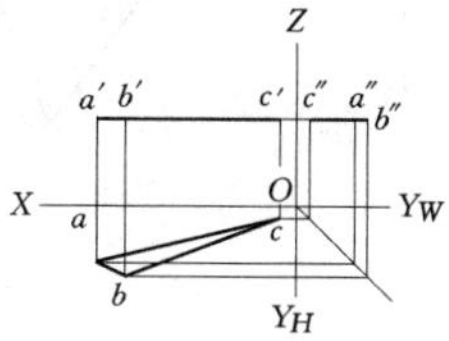	（1）H 面投影反映实形； （2）V 面投影、W 面投影积聚成一直线，且分别平行于 OX 轴和 OY_W 轴
侧平面	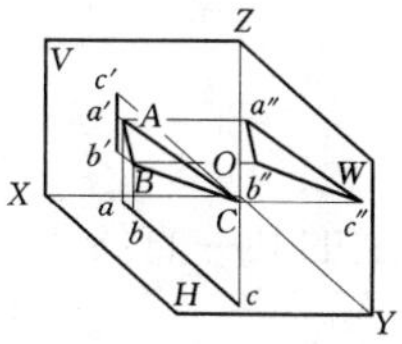	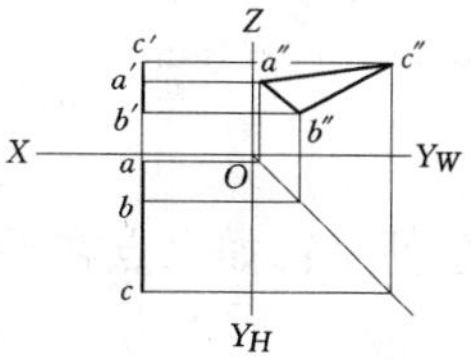	（1）W 面投影反映实形； （2）V 面投影、H 面投影积聚成一直线，且分别平行于 OZ 轴和 OY_H 轴

表 1.11　　　　　　　　　　　投影面垂直面的投影特性

名　称	轴 测 图	投 影 图	投 影 特 性
正垂面	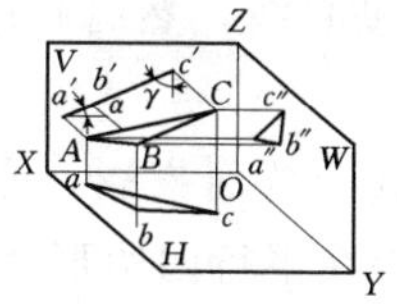	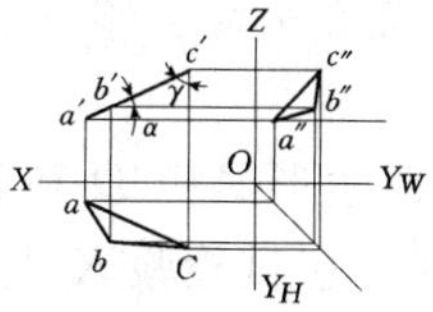	（1）V 面投影积聚成一直线，并反映与 H、W 面的倾角 α、γ； （2）H、W 两个面的投影为面积缩小的原平面的类似形
铅垂面	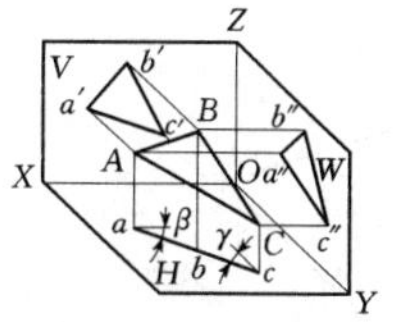	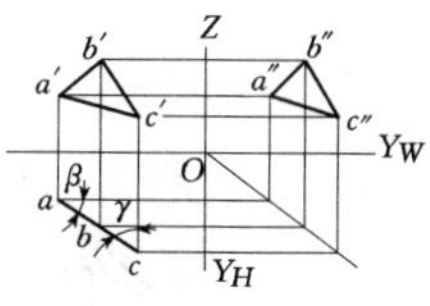	（1）H 面投影积聚成一直线，并反映与 V、W 面的倾角 β、γ； （2）V、W 两个面的投影为面积缩小的原平面的类似形
侧垂面	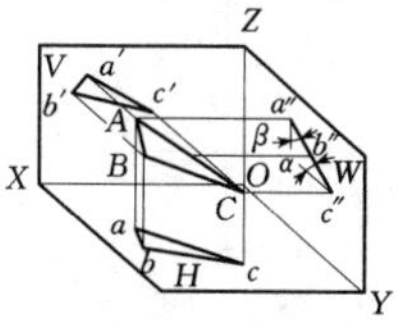	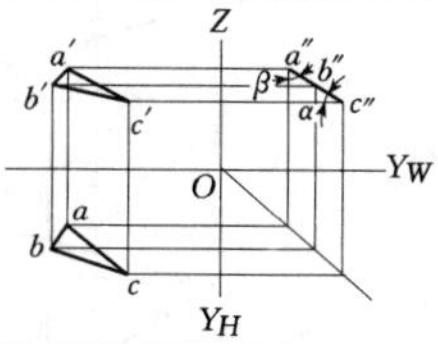	（1）W 面投影积聚成一直线，并反映与 H、V 面的倾角 α、β； （2）H、V 两个面的投影为面积缩小的原平面的类似形

　　投影面垂直面的投影共性为：平面在所垂直的投影面上的投影积聚为一斜线，反映平面与其他两投影面间的倾角，另外两面投影为类似形。

　　（3）一般位置平面。既不平行也不垂直于任何一个投影面的平面称为一般位置平面，即平面与投影面间的倾角 α、β、γ 中任何一个都不为 0°，也不为 90°，如图 1.50 所示。

　　一般位置平面的投影特性是：三面投影既不反映实形，又无积聚性。均为缩小的原空间平面图形的类似图形。

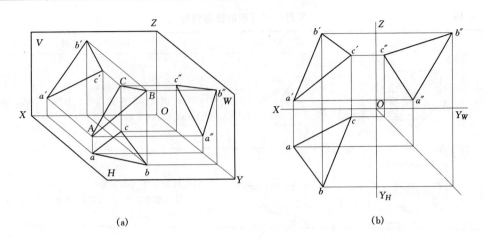

图 1.50　一般位置平面

(a) 直观图；(b) 投影图

3. 平面上的点和直线

（1）平面上的点。点在平面上的几何条件是：如果点在平面上的某一直线上，则此点必在该平面上。

（2）平面上的直线。直线在平面上的几何条件是：如果直线经过平面上的两个点，或经过平面上一点，且平行于平面上的一条直线，则此直线必定在该平面上。

在平面内取点，当点所处的平面投影具有积聚性时，可利用积聚性直接求出点的各面投影；当点所处的平面为一般位置平面时，应先在平面上作一条辅助直线，然后利用辅助直线的投影求得点的投影。

【例 1.4】　如图 1.51 所示，已知平行四边形 ABCD 和 K 点的两面投影，平行四边形 ABCD 上的直线 MN 的 H 面投影 mn，要求：①试检验 K 点是否在平行四边形 ABCD 平面上；②作出直线 MN 的 V 面投影 m′n′。

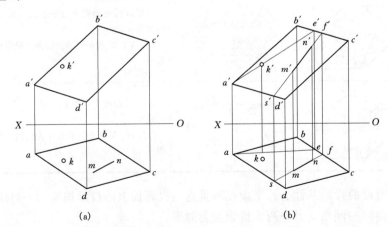

图 1.51　利用平面上的点和直线特性作图

（1）检验 K 点是否在平行四边形 ABCD 平面上。

1）连 a′ 和 k′，延长后，与 b′c′ 交于 e′。由 e′ 引投影连线，与 bc 交得 e。连 a 和 e。

2）若 k 在 ae 上，则 K 点在平行四边形 $ABCD$ 的直线 AE 上，K 点便在平行四边形 $ABCD$ 上。但图中的 k 不在 ae 上，就表明 K 点不在平行四边形 $ABCD$ 上。

（2）作直线 MN 的 V 面投影 $m'n'$。

1）延长 mn 的两端，与 ad 交于 s，与 bc 交于 f。

2）由 s、f 作投影连线，分别在 $a'd'$、$b'c'$ 上交于 s'、f'，连 s' 与 f'。

3）由 m、n 作投影连线，分别与 $s'f'$ 交于 m'、n'，$m'n'$ 即为所求。

1.4 基本几何体及组合体的投影

1.4.1 基本几何体的投影

任何复杂的立体都是由简单的基本几何体按照不同的方式组合而成的。掌握基本几何体的投影特性可为绘制组合体的投影打下基础。

基本几何体分为平面立体和曲面立体两类，物体的表面均由平面组成的立体称为平面立体；物体的表面由平面和曲面或由单纯曲面组成的立体称为曲面立体。

1. 平面立体的投影

常见的平面立体有棱柱体、棱锥体和棱台体等。

（1）棱柱体的投影。棱柱体是由两个底面和几个侧棱面构成的，各侧棱面的交线为棱线。棱柱有直棱柱（棱线与底面垂直）和斜棱柱（棱线与底面倾斜）两种形式，当直棱柱的底面为正多边形时，称正棱柱，底面是棱柱体的特征面，底面是几边形即为几棱柱。

直棱柱的形体特征为：两底面为全等且相互平行的多边形，各棱线垂直于底面且相互平行，各棱面均为矩形。常见的棱柱有三棱柱、四棱柱、五棱柱和六棱柱等。

下面以五棱柱为例分析其投影特性和作图方法。

1）投影分析。如图 1.52（a）所示，正五棱柱的顶面和底面平行于水平面，后棱面平行于正面，其余棱面均垂直于水平面。在这种位置下，五棱柱的投影特征是：顶面和底面的水平投影重合，并反映实形（正五边形）。五个棱面的水平投影分别积聚为五边形的五条边。正面和侧面投影上大小不同的矩形分别是各棱面的投影，不可见的棱线画虚线。

2）作投影图。可先作反映实形和有积聚性的投影，然后按照"长对正、宽相等、高平齐"的投影规律完成其他投影，如图 1.52（b）所示。

3）棱柱体表面上点的投影。如图 1.52（c）所示。

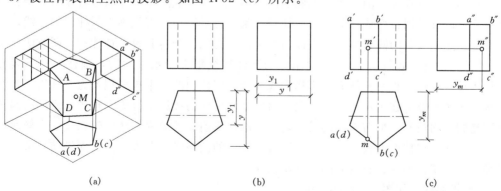

(a)　　　　　　　　　　(b)　　　　　　　　　　(c)

图 1.52　五棱柱的三面投影

（2）棱锥体的投影。棱锥体底面为多边形，各棱线均相交于锥顶点，各棱面均为三角形，锥顶点与底面重心的连线为棱锥体的轴线，轴线垂直于底面的为直棱锥，轴线倾斜于底面的为斜棱锥。对于直棱锥，底面是直棱锥的特征面，底面是几边形即为几棱锥，底面为正多边形时为正棱锥。常见的棱锥体有三棱锥、四棱锥、五棱锥等。

下面以四棱锥为例，分析其投影特性和作图方法。

1）投影分析。如图 1.53（a）所示，四棱锥的底面平行于水平面，水平投影反映实形。左、右两棱面垂直于正面，它们的正面投影积聚成直线。前、后两棱面垂直于侧面，它们的侧面投影积聚成直线。与锥顶相交的四条棱线既不平行、也不垂直于任何一个投影面，所以它们在三个投影面上的投影都不反映实长。

2）作投影图。如图 1.53（b）所示。

3）棱锥表面上点的投影。如图 1.53（b）所示。

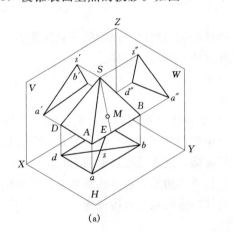 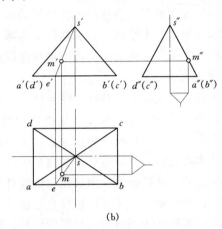

图 1.53　四棱锥的三面投影

2. 曲面立体的投影

曲面立体又称回转体，其曲表面均可看做是由一条动线绕某个固定轴线旋转而形成的，动线称为母线，母线在旋转过程中的任一具体位置称为曲面的素线。常见的曲面立体有圆柱体、圆锥体和球体等。

回转体的投影就是围成它的回转面和平面或回转面的投影。

（1）圆柱体的投影。圆柱体是由圆柱面与两个底面围成的。圆柱面可看作由一条直母线绕平行于它的轴线回转而成，圆柱面上任意一条平行于轴线的直线称为圆柱面的素线。

下面以正立放置的圆柱体（两底面为水平面）为例，分析其投影特性和作图方法。

1）投影分析。如图 1.54（a）所示，当圆柱轴线垂直于水平面时，圆柱上、下端面的水平投影反映实形，正面和侧面投影积聚成直线。圆柱面的水平投影积聚为一圆周，与两端面的水平投影重合。在正面投影中，前、后两半圆柱面的投影重合为一矩形，矩形的两条竖线分别是圆柱面最左、最右素线的投影，也是圆柱面前、后分界的转向轮廓线。在侧面投影中，左、右两半圆柱面的投影重合为一矩形，矩形的两条竖线分别是圆柱面最前、最后素线的投影，也是圆柱面左、右分界的转向轮廓线。

2）作投影图。如图 1.54（b）所示。

3）圆柱表面上点的投影。如图 1.54（c）所示。

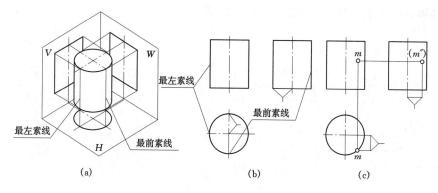

图 1.54 圆柱体的投影

（2）圆锥体的投影。圆锥体由圆锥面和底面组成。圆锥面可看作由一条直母线绕与它相交的轴线回转而成。圆锥面上任意一条与轴线相交的直线，称为圆锥面上的素线。

下面以正立放置的圆锥体（底面为水平面）为例，分析其投影特性和作图方法。

1）投影分析。如图 1.55（a）所示，当圆锥轴线垂直于水平面时，锥底面平行于水平面，水平投影反映实形，正面和侧面投影积聚成直线。圆锥面的三面投影都没有积聚性，水平投影与底面的水平投影重合，全部可见。正面投影由前、后两个半圆锥面的投影重合为一等腰三角形，三角形的两腰分别是圆锥最左、最右素线的投影，也是圆锥面前、后分界的转向轮廓线。圆锥的侧面投影由左、右两半圆锥面的投影重合为一等腰三角形，三角形的两腰分别是圆锥最前、最后素线的投影，也是圆锥面左、右分界的转向轮廓线。

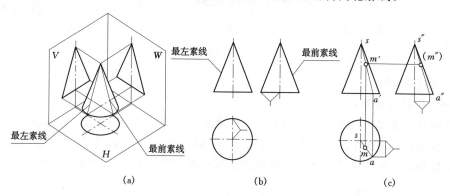

图 1.55 圆锥体的投影

2）作投影图。如图 1.55（b）所示。

3）圆锥表面上点的投影。如图 1.55（c）所示。也可用辅助纬圆法求圆锥表面上点的投影，如图 1.56 所示。

（3）球体的投影。球体的表面可视作由一条圆母线绕它的直径回转而成。

1）投影分析。如图 1.57（a）所示，球体的三个投影都是与球直径相等的圆，并且是球体表面平行于相应投影面的三个不同位置的最大轮廓圆。正面投影的轮廓圆是前、后两半球可见与不可见的分界线；水平投影的轮廓圆是上、下两半球面可见与不可见的分界线；侧面投影的轮廓圆是左、右两半球面可见与不可见的分界线。

2）作投影图。如图 1.57（b）所示。

3）**球体表面上点的投影。** 如图 1.57（c）所示。

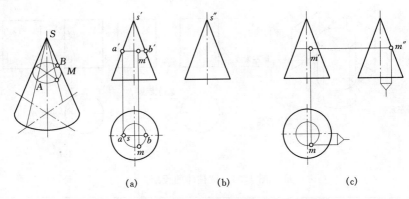

（a）　　　　　　　　（b）　　　　　　　　（c）

图 1.56　用辅助纬圆法求圆锥表面上点的投影

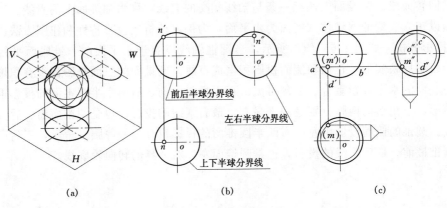

（a）　　　　　　　　（b）　　　　　　　　（c）

图 1.57　圆球体的投影

1.4.2　组合体的投影

1. 组合体的结合形式

组合体是指该物体由两个以上的基本几何体组合而成。组合体的结合形式有三种：

（1）叠加式。由两个或两个以上的基本几何体叠加而成，如图 1.58 所示。

（2）切割式。组合体是由基本几何体经切割后形成的，如图 1.59 所示。

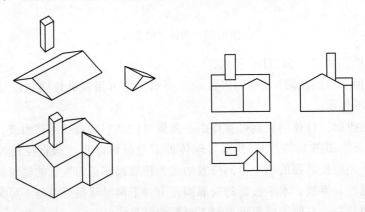

图 1.58　叠加式组合体

（3）综合式。组合体是由基本几何体叠加和切割组合而成的，如图1.60所示。

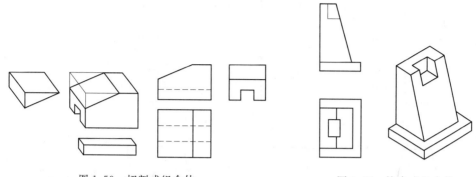

图1.59 切割式组合体   图1.60 综合式组合体

2. 组合体投影图的画法

由于组合体的形体较复杂，在画组合体投影图时，首先必须进行形体分析，了解组合体的组合方式，各基本形体之间的相对位置，再进行投影布置，最后画出组合体的投影图。

（1）形体分析。将组合体分解成若干个基本几何体，并对这些基本几何体的组合形式、彼此之间的连接关系及相互位置关系进行分析，从而逐一搞清各部分基本几何体的形状特征，画出其投影图，再作出组合体的投影图，这种逐步分析画图的方法称为形体分析法。

（2）投影图的布置。布置投影图应考虑图面布置合理、匀称，尽量用较少的投影图把形体的形状完整、清楚、准确地表达出来。通常在作图之前，先确定好组合体的安放位置和投影图数量，再选取最能反映物体的形状特征和各组合部分的相对位置的投影作为正面投影，以便使较多表面的投影反映实形，同时还应使各投影图尽量少出现虚线。

（3）作图。绘制组合体投影图的步骤如下：

1）选定比例和图幅。可根据形体所占位置大小选择合适的比例和图幅。

2）布置图面。先画出图框、标题栏框，然后按照合适的比例和投影图数量确定投影图的位置，并要考虑留出尺寸标注的位置，整个图面还要布置均称。

3）画底图并按规定的线型加深图线。按形体分析的结果和投影规律画每一个基本形体的投影，并要注意它们彼此间表面的连接关系，从而画出组合体的投影图。

3. 组合体投影图的尺寸标注

组合体尺寸标注的基本要求是：尺寸标注完整、清晰、合理。

（1）正确。是指尺寸标注要符合国家标准中关于尺寸注法的有关规定。

（2）完整。是指所注尺寸能够完全确定组合体的形状和大小，读图时能直接读出各部分的尺寸，不需要临时计算。完整的尺寸应包括定形尺寸、定位尺寸和总体尺寸三部分。

1）定形尺寸。确定基本几何体大小所需的尺寸。常见的基本几何体有棱柱体、棱锥体、棱台体、圆柱体、圆锥体和圆球等。标注基本几何体尺寸的原则是：能够确定基本体的形状、大小，且不重复。如图1.61所示是常见的基本形体的尺寸标注。

2）定位尺寸。确定各基本几何体间相对位置所需的尺寸。标注定位尺寸的起始点，称为尺寸的基准。在组合体的长、宽、高三个方向上标注的定位尺寸都要有基准。对一般物体来说，其高低位置常以底面为基准；对称物体以对称轴线为基准；不对称的物体以较大的或

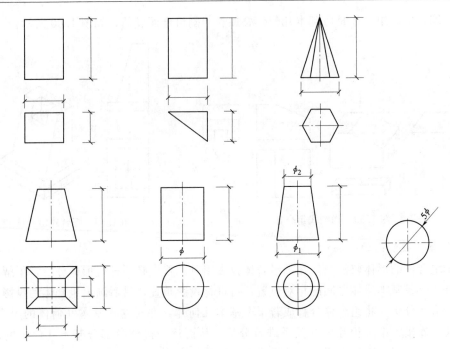

图 1.61　基本几何体的尺寸标注

重要的外表面为基准。回转体的定位尺寸，一定要标注出回转轴线到基准面的距离。不对称的物体要标注三个方向的定位尺寸。如图 1.62 所示为窨井的尺寸基准。

3）总体尺寸。确定组合体外形总长、总宽及总高的尺寸。有时组合体的总体尺寸会与部分形体的定位尺寸重合，此时只须将未标注出的尺寸标注出来就可以了，不要重复标注。

（3）清晰。是指标注的所有尺寸在投影图中的位置明显、排列整齐、便于读图。

位置明显。尺寸应尽量标注在反映形体形状特征的投影图上，并且尽量布置在投影图的轮廓线之外；相关的尺寸要集中，尽量避免在虚线上标注尺寸。

排列整齐。同一方向的尺寸应排列在一条尺寸线上，不要错开；互相平行的尺寸应小尺寸在内、

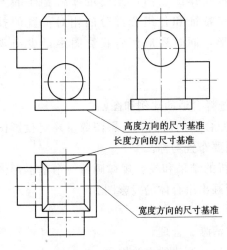

图 1.62　窨井的尺寸基准

大尺寸在外，平行、等距。

（4）合理。是指所注尺寸既能满足设计要求，又便于施工。

4. 组合体尺寸标注的步骤

对组合体进行形体分析之后，按如下步骤进行标注：①确定尺寸基准；②标注定形尺寸；③标注定位尺寸；④标注总体尺寸。

5. 组合体投影图的识读

组合体投影图的识读，就是根据给定的组合体的投影图，运用前面讲过的投影规律、基

本方法，对投影图进行分析，想象出组合体的空间形状。故在读图前应熟练掌握和运用三面投影的投影规律，掌握点、直线、平面及基本几何体的投影特性。

组合体投影图的识读常用的方法有如下两种：

（1）形体分析法。这就是根据组合体主要特征的投影图（通常是 V 面投影图为主，同时联系 H 面及 W 面投影图）分析组合体各组成部分的形状和相对位置，再分析各基本体之间的相互联系；然后按投影图把各部分叠加在一起，并综合起来想象出整个组合体的形状。如图 1.63 所示。

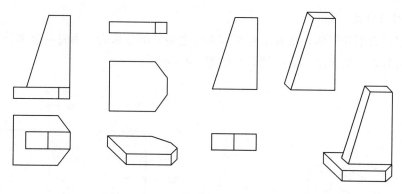

图 1.63 用形体分析法识读投影图

（2）线面分析法。根据线、面的投影特性，按照组合体上的线及线框来分析各形体的表面形状、形体的表面交线。一般先分析组合体各局部的空间形状，然后想象出整体形状。主要分析投影图中具有特征的线、面的投影，也是阅读投影图的方法之一，一般配合形体分析法来使用。

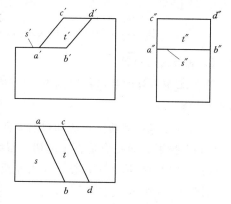

图 1.64 某形体的三面投影图

分析投影图时，应先从具有特征性的封闭图形入手，找出它在另一投影中的对应投影，再进行进一步分析。

在识读投影图时，一般不单一使用某种方法，而是综合运用所掌握的方法与经验。通常阅读投影图时"先整体，后细部"，即先用形体分析法认识形体的整体，进而用线面分析法认识形体的细部。

【例 1.5】 识读图 1.64 所示形体的三面投影图。

根据图 1.64 所示的三个投影图可初步确定该形体是个长方体。看 V 面投影可知，长方体的左上角被切去了一部分，再对应 H 面投影图可知，被切去的是楔形体，也就是长方体上挖了个楔形槽口，其 H 面投影为 s、t 两个封闭图形，s 是一梯形封闭形，对应 V 面与 W 面都积聚成两条水平直线段 s' 与 s''，据此可判断 S 平面为水平面；t 封闭形是一个四边形，对应 V 面与 W 面，都各有相像的四边形 t' 和 t''，则说明物体 T 平面是一般位置平面（没有积聚性，也不反映实形）。T 与 S 平面的几何关系，不是上下错开，而是相交于线段 AB。综合以上分析，该物体空间的确切形体即可识读出来。

1.5　剖面图和断面图

物体的三面投影图在表达内部结构比较复杂的形体时，就会有很多的虚线，相互重叠、交错，让人难以分辨，也不便于尺寸标注，因为三面投影图只能很好的表达形体的外部形状，内部形状比较复杂的形体可用国家制图标准中规定的剖面图和断面图来表达。

1.5.1　剖面图

1. 剖面图的形成

假想用剖切面剖开形体，将观察者和剖切面之间的部分移去，而将剩余部分向投影面投影所得到的图形称为剖面图，简称剖面，如图 1.65 所示。

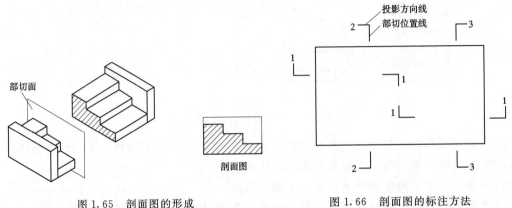

图 1.65　剖面图的形成　　　　图 1.66　剖面图的标注方法

2. 剖面图的标注

在剖面图以外的其他投影图上应标注剖切符号和编号，以反映出剖切平面的位置、剖切形式及投影方向。

剖切符号包括剖切位置线和投射方向线，均应以粗实线绘制。剖切位置线的长度约为 6~10mm；投射方向线应垂直于剖切位置线，其长度约 4~6mm，比剖切位置线略短。剖切符号的编号用阿拉伯数字，按顺序由左至右、由上至下连续编排，并应注写在投射方向线端部，如图 1.66 所示。

在剖视图的下方，书写与该图对应的剖切符号的编号作为图名，并在图名下方画一条粗实线。

3. 剖面图的画法

（1）画剖面图时，应先根据物体的内部结构和外形选择合适的剖切位置、数量、方向及范围。剖切平面一般选择投影的平行面，且一般通过物体的对称面或孔的轴线。具体剖切方法见剖面图种类部分。

（2）剖面图除应画出剖切面剖切到的部分的图形外，还应画出投射方向看到的部分。

（3）剖面图中一般不画出虚线。

（4）剖切平面与物体接触部分，一般要绘出材料图例。在不指明材料时，用与形体主要轮廓线成 45°倾角的细实线表示，并要间隔均匀。

4. 常用剖面图种类

根据剖面图剖切平面位置、数量、方向及范围等将剖面图分为以下几种：

（1）全剖面图。用单一的剖切面剖切物体后而画出的剖面图，适用于外形结构简单而内部结构复杂的物体。如图 1.67 所示。

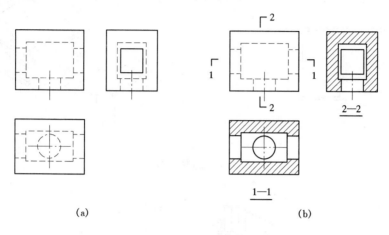

（a）　　　　　　　　　　　　　　　　　　（b）

图 1.67　全剖面图

（2）半剖面图。以图形对称线为界线，一半绘制物体的外形（投影图），一半绘制物体的内部结构（剖面图），即为半剖面图。适用于物体具有对称面，且内外结构都比较复杂的情况。如图 1.68 所示。

一般，剖面图部分画在水平对称线的下侧和垂直对称线的右侧。另外，在剖面图部分已表达清楚的内部结构，画外形投影图部分其虚线不再画出。

（3）阶梯剖面图。用两个（或两个以上）互相平行的剖切平面剖切物体后而得到的剖面图，适用于像房屋这种需要同时反映门和窗的具体情况的物体，如图 1.69所示。

（4）展开剖面图。用两个或两个以上相交的剖切面进行剖切，并将倾斜于基本投影面的剖面旋转到平行基本投影面后再投影而得到的剖面图。该剖面图的图名后应加注"展开"二字，如图 1.70 所示。

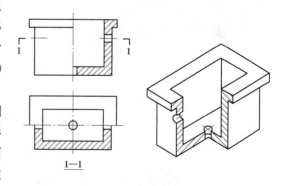

图 1.68　半剖面图

（5）局部剖面图。用一个剖切平面将物体的局部剖开后而得到的剖面图，如图 1.71（a）所示。适用于外形结构复杂且不对称的物体。应使用波浪线将剖面图和投影图分开，且波浪线不能与任何图线重合，也不能超出轮廓线之外。

（6）分层剖面图。用分层剖切的方法而得到的剖面图，如图 1.71（b）所示。属于局部剖切的一种形式，用来表达物体内部的构造，应按层次将各层用波浪线隔开。

分层剖切的剖面图的作用是反映墙面或楼面各层所用的材料和构造的做法。

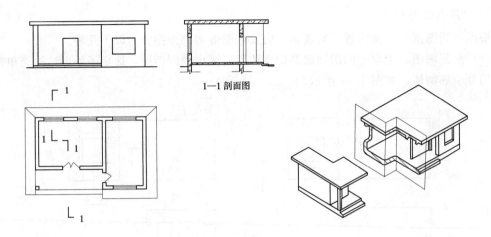

图 1.69　阶梯剖面图

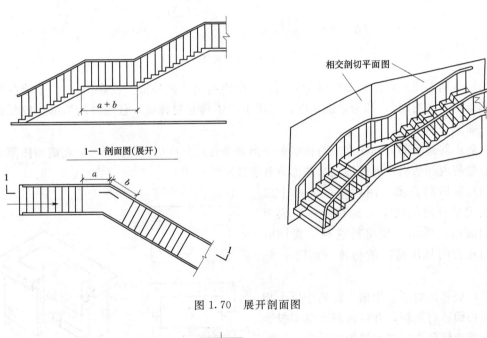

图 1.70　展开剖面图

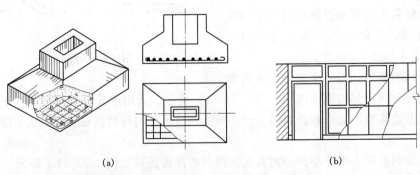

图 1.71　局部和分层剖切的剖面图

1.5.2 断面图

1. 断面图的形成

假想用剖切面剖开形体，仅画出该剖切面与物体接触部分的图形称为断面图，简称断面，如图1.72所示。

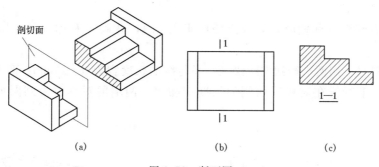

图1.72 断面图

2. 断面图的标注

断面图中的剖切符号只有剖切位置线，宜为6~10mm长的粗实线。断面符号的编号用阿拉伯数字，按顺序连续编写，并注写在剖切位置线一侧，编号所在的一侧，即表示该断面的投射方向。注写图名时，只写编号即可。

断面图中，剖切平面与物体接触部分，要绘出材料图例或用通用的剖面区域符号表示。

3. 断面图的分类和画法

根据断面图配置的位置不同可分为移出断面图、中断断面图和重合断面图三种。

（1）移出断面图。即画在投影图之外的断面图，其轮廓线用粗实线绘制。断面图上要画出材料的图例，如图1.72（c）所示。

（2）中断断面图。即画在投影图的中断处的断面图。适用于杆件较长、断面形状单一且对称的物体。中断断面图的轮廓线用粗实线绘制，断面图上要画出材料的图例。投影图的中断处用波浪线或折断线绘制。中断断面图不必标注剖切符号，如图1.73所示。

（3）重合断面图。即断面图绘制在投影图之内的断面图。重合断面的轮廓线用细实线绘制。当图面尺寸较小时，也可涂黑表示。断面图中不必标注剖切符号，如图1.74所示。

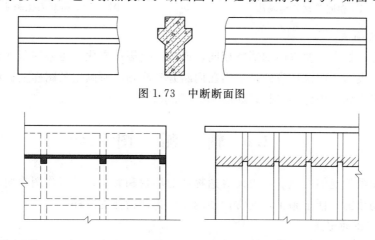

图1.73 中断断面图

图1.74 重合断面图的画法与标注

1.5.3　简化画法

1. 对称简化画法

（1）图样有一个对称轴时，只画出该图形的 1/2，并画上对称符号，如图 1.75（a）所示。对称图形也可稍超出对称线，此时可不画对称符号，而在超出对称线部分画上折断线，如图 1.75（c）所示。

（2）图样有两个对称轴时，只画出该图形的 1/4，并画上对称符号，如图 1.75（b）所示。

（3）对称符号。用两平行细实线绘制，平行线的长度宜为 6～10mm，两平行线的间距宜为 2～3mm，平行线在对称线两侧的长度应相等，两端的对称符号到图形的距离也应相等。

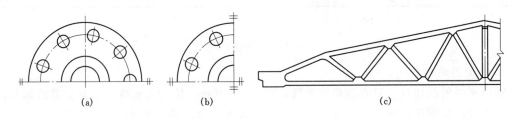

（a）　　　　　　　　（b）　　　　　　　　　　　（c）

图 1.75　对称简化画法

2. 相同要素省略画法

建筑物或构配件的图样中，如果图上有多个完全相同且连续排列的构造要素，可以仅在两端或适当位置画出其完整形状，其余部分以中心线或中心线交点确定它们的位置即可。如图 1.76 所示。

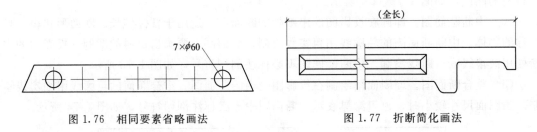

图 1.76　相同要素省略画法　　　　　　　　　图 1.77　折断简化画法

3. 折断简化画法

较长的构件，如沿长度方向的形状相同，或按一定规律变化，可采用断开省略画法。断开处应以折断线表示。应该注意的是：当在用断开省略画法所画出的图样上标注尺寸时，其长度尺寸数值仍应标注构件的全长，如图 1.77 所示。

1.6　轴　测　图

三面投影图虽然能够完整、准确地表达物体的形状和大小，并且作图简便，但它缺乏立体感，为了帮助读图，便于施工，通常把轴测图作为辅助性的图样。

1. 轴测投影图的形成

用平行投影的方法，把物体连同它的直角坐标轴一起向单一投影面投射得到的投影图，称为轴测投影图（或轴测图），如图 1.78 所示。轴测图具有较强的立体感，易读、易懂，但不能准确反映物体各表面的实形、大小及比例。轴测图主要在给排水、采暖、通风等专业中用来表达管道系统。

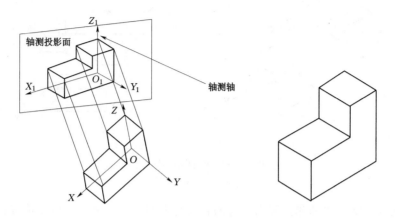

图 1.78　轴测投影图的形成

绘制轴测图的各要素为：

（1）轴测投影面。用于画轴测图的投影面。

（2）轴测轴。空间三根坐标轴（投影轴）OX、OY、OZ 在轴测投影面上的投影 O_1X_1、O_1Y_1、O_1Z_1。

（3）轴间角。两根轴测轴之间的夹角，如 $\angle X_1O_1Y_1$、$\angle X_1O_1Z_1$、$\angle Y_1O_1Z_1$。

（4）轴向伸缩系数。在轴测投影中，平行于空间坐标轴方向的线段，其投影长度与其空间实际长度的比值，分别用 p、q、r 表示，即：

$p=O_1X_1/OX$，为 X 轴的轴向伸缩系数；

$q=O_1Y_1/OY$，为 Y 轴的轴向伸缩系数；

$r=O_1Z_1/OZ$，为 Z 轴的轴向伸缩系数。

2. 轴测图的种类

（1）按投射方向与轴测投影面的相对位置，轴测图分为两类，如图 1.79 所示。

1）正轴测图。用正投影法所得到的轴测图。

2）斜轴测图。用斜投影法得到的轴测图。

（2）按三根轴的轴向伸缩系数是否相等，可分为三种：

1）等轴测图。三个轴向伸缩系数都相等的。

2）二轴测图。三个轴向伸缩系数中有两个相等的。

3）三轴测图。三个轴向伸缩系数都不等的。

建筑工程中应用最多的是正等轴测图和斜二测图。

3. 轴测图的基本特性

轴测投影图是用平行投影法绘制的，所以具有平行投影的各种特性。

（1）定比性。物体上平行于投影轴（坐标轴）的线段，在轴测图中平行于相应的轴测轴，并有同样的轴向伸缩系数。

（2）平行性。物体上互相平行的线段，在轴测图上仍互相平行。

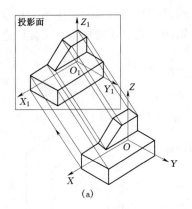
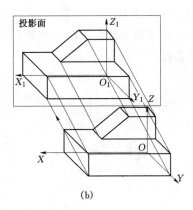

图 1.79　轴测投影图分类

(a) 正轴测图；(b) 斜轴测图

(3) 真实性。空间与轴测投影面平行的直线与平面，其轴测投影均反映实长或实形。

4. 正等轴测图

(1) 正等测图的轴测轴、轴间角和轴向伸缩系数。正等测图的轴测轴通常为：OZ 轴为竖直方向，OX 轴和 OY 轴与水平成 30°；轴间角为 120°；正等测图的轴向伸缩系数都相等，根据计算约等于 0.82，但在实际作图时通常采用简化系数，取 $p=q=r=1$，这样作出的正等测图被放大了 1.22 倍。

(2) 平面立体正等测图的画法。正等测图常用的基本作图方法有坐标法、特征面法、叠加法和切割法。其中坐标法是最基本的画法，而其他方法都是根据物体的形体特点对坐标法的灵活运用。

1) 坐标法。按坐标值确定平面体各特征点的轴测投影，然后连线成物体的轴测图。

2) 特征面法。适用于绘制柱类形体的轴测图。先画出柱类形体的一个底面（特征面），然后过底面多边形顶点作同一轴测轴的平行且相等的棱线，再画出另一底面。

3) 切割法。适用于切割型的组合体，先画出被切割形体的原体的轴测图，然后依次画出被切割掉的部分。

4) 叠加法。适用于叠加型的组合体，先用形体分析法，将组合体分解成几个基本体，根据基本体间的相对位置关系，按照先下后上、先后再前的方法绘制各个基本体。

【例 1.6】　如图 1.80 所示，用坐标法作长方体的正等测图。

作图步骤如下：

1) 在正投影图上定出原点和直角坐标轴的位置，确定长、宽、高分别为 a、b、h。

2) 画出长方体底面的轴测图。

3) 作出长方体各棱边的高。

4) 连接各顶点，擦去多余的图线，并描深而得到长方体的正等测图，图中的虚线可不必画出。

【例 1.7】　如图 1.81 所示，用特征面法作组合体的正等测图。

作图步骤如下：

1) 在正投影图上定出原点和直角坐标轴的位置，确定长、宽、高。

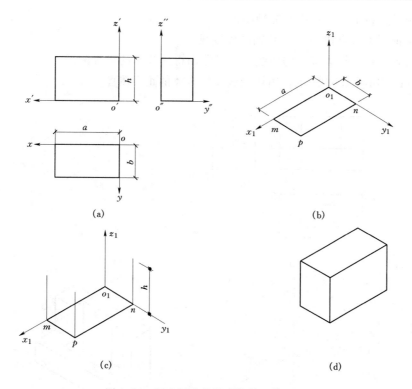

图 1.80　用坐标法作长方体的正等测图

（a）定坐标；（b）绘制底面轴测图；（c）确定高；（d）完成轴测图

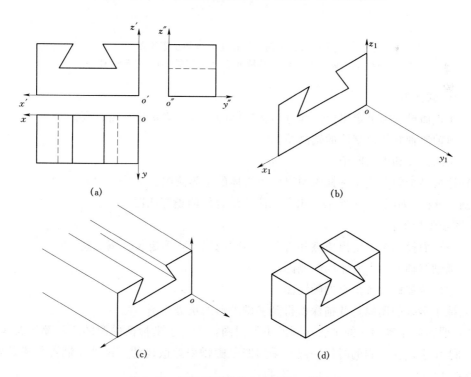

图 1.81　用特征面法作组合体的正等测图

（a）定坐标；（b）绘制特征面的轴测图；（c）作轴测轴的平行且相等的棱线；（d）完成轴测图

2）画出柱体特征面（正面）的轴测图。

3）过特征面上各点作平行于 Y 轴的各棱线。

4）连接各顶点，擦去多余的图线，并描深而得到柱体的正等测图。

【**例 1.8**】 如图 1.82 所示，用切割法作组合体的正等测图。

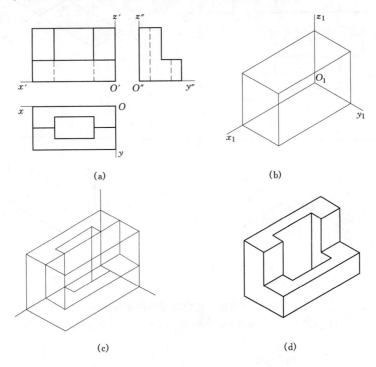

图 1.82 用切割法作组合体的正等测图

（a）定坐标；（b）绘制整体轴测图；（c）切割；（d）完成轴测图

作图步骤如下：

1）在正面投影图上定出原点和直角坐标轴的位置，确定长、宽、高。

2）画轴测轴并作出整体的轴测图。

3）切出前部和中间的槽。

4）擦去多余的图线，并描深而得到组合体的正等测图。

【**例 1.9**】 如图 1.83 所示，用叠加法作组合体的正等测图。

作图步骤如下：

1）在正面投影图上定出原点和直角坐标轴的位置，确定长、宽、高。

2）画轴测轴并作出底座的轴测图。

3）作出叠加棱台各角点的轴测图。

4）擦去多余的图线，并描深而得到基础外形的正等测图。

（3）曲面体正等测图的画法。圆的正等测图：平行于坐标面的圆的正等测图都是椭圆，如图 1.84 所示，在绘制的时候一般是采用四段圆弧来近似代替，这种绘制近似椭圆的方法称为四心法。

作图步骤如下：

1）在投影图中，画圆的外切正方形，如图 1.84（a）所示。

2）以圆心的投影 O_1 为原点，以 O_1 为中心绘制轴测轴，沿轴测轴的方向截取半径长度为 R，得到椭圆上四个点 A_1、B_1、C_1、D_1，过这四个点分别作轴测轴的平行线得到菱形。菱形对角线的端点 1、2 为两段圆弧的圆心；连接 $1A_1$ 和 $2B_1$ 交菱形的长对角线于 3、4 点，即为另外两个圆弧的圆心，如图 1.84（b）所示。

3）分别以 1、2 为圆心，以 $1A_1$、$2B_1$ 为半径画 A_1C_1、B_1D_1 圆弧，再分别以 3、4 点为圆心，以 $3A_1$、$4B_1$ 为半径画 A_1D_1、C_1B_1 圆弧，即得到圆的正等测图，如图 1.84（c）所示。

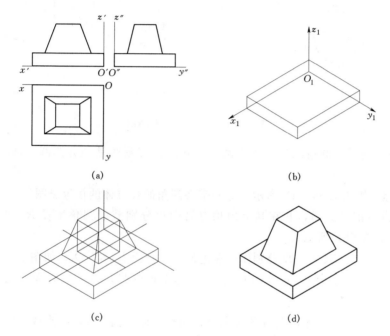

图 1.83 用叠加法作组合体的正等测图

（a）定坐标；（b）绘制底座轴测图；（c）叠加棱台的轴测图；（d）完成轴测图

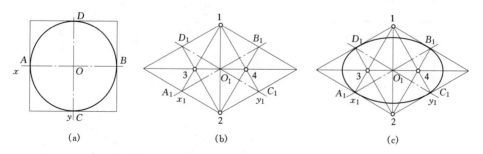

图 1.84 用"四心法"作圆的正等测图（椭圆）

【例 1.10】 如图 1.85 所示，作圆柱体的正等测图。

作图步骤如下：

1）在投影图上建立坐标系，如图 1.85（a）所示。

2）利用四心法绘制某一底面的椭圆，如图 1.85（b）所示。

3）根据圆柱体高度 h 绘制出另一底面的椭圆，如图 1.85（c）所示。

4）绘制两椭圆的公切线，即得圆柱轮廓线，擦去多余线条，加深轮廓线，完成全图，如图 1.85（d）所示。

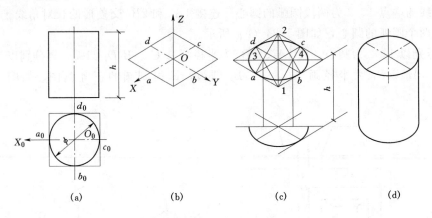

图 1.85　圆柱体的正等测图

圆角的正等测图：圆角相当于 1/4 圆周，它的正等测图是部分椭圆，通常根据四心法绘制。

【例 1.11】　如图 1.86（a）所示，绘制带有圆角的长方体的正等测图。

1）画长方体正等测图，并在其上由顶点沿两边分别截取圆角半径 R，得切点 A、B、C、D，如图 1.86（b）所示。

2）过各切点 A、B、C、D 分别作所在边的垂线得交点 O_1、O_2，如图 1.86（c）所示。

3）分别以 O_1、O_2 为圆心，以 O_1A、O_2C 为半径画弧，得到上底面圆角的正等测图，如图 1.86（d）所示。

4）将圆心 O_1、O_2 和各切点沿 Z 轴向下移动长方体的高度 h，得到底面圆心 O_3、O_4 与各切点，再分别以 O_3、O_4 为圆心，以上底面上对应的半径为半径画弧，得到下底面圆角的正等测图，如图 1.86（e）所示。

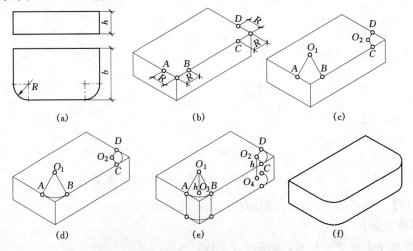

图 1.86　带有圆角的长方体的正等测图

5) 作右边上、下两圆弧的公切线,擦去多余线并加深轮廓线,结果如图 1.86 (f) 所示。

5. 斜二测图

(1) 斜二测图的轴测轴、轴间角和轴向伸缩系数。斜二测图的轴测轴通常为:OZ 轴为竖直方向,OX 轴水平,OY 轴与水平成 45°;轴间角为 $\angle X_1OZ_1 = 90°$,$\angle Z_1OY_1 = \angle Y_1OX_1 = 135°$;轴向伸缩系数取 $p = r = 1$,$q = 0.5$。

(2) 圆的斜二测图。在斜二测图中,若坐标面上的圆与轴测投影面平行,投影反映圆的实形,另外两个投影面上的圆投影则为椭圆,椭圆的长、短轴方向与之相应的轴测轴既不垂直也不平行,如图 1.87 所示,作这些椭圆可以利用平行弦法画出。

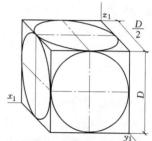

图 1.87 平行于坐标面圆的斜二测图

平行弦法就是利用通过平行于坐标轴弦的端点定出圆周上各点的位置,其实质仍是坐标法。

作图方法如图 1.88 所示,以圆心为坐标原点,以中心线为坐标轴,将 Y 轴方向 n 等分(以 8 等分为例),过每一等分点作与 OX 平行的弦。用坐标法在轴测图上画出相应的弦,求出各端点,用光滑的曲线连起来即为轴测投影椭圆。注意 O_1X_1 轴、O_1Y_1 轴的轴向伸缩系数不同。

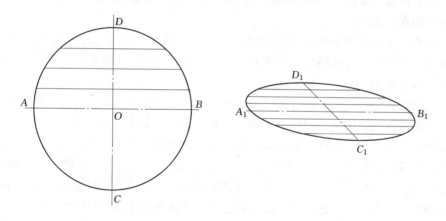

图 1.88 平行弦法画椭圆

(3) 形体的斜二测图。举例说明如下。

【例 1.12】 如图 1.89 (a) 所示,绘制形体的斜二测图。

分析:

形体正面投影反映其主要特征,作为特征面平行于轴测投影面绘制,Y 方向尺寸截取一半绘制。

作图:

1) 绘制轴测轴,画出形体正面实形,如图 1.89 (b) 所示。

2) 沿 Y_1 方向截取形体 Y 方向尺寸的一半长度,绘制后面的圆弧及可见轮廓线。

3) 绘制外轮廓线及两圆弧的公切线并加深,完成作图,如图 1.89 (c) 所示。

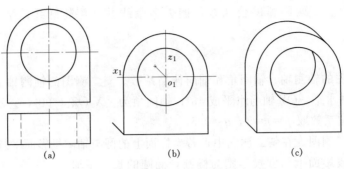

图 1.89　形体斜二测图的画法

本 章 小 结

本章主要介绍了以下内容：

（1）图纸、图线、字体、比例、尺寸标注等国家制图标准中的有关规定。这些内容是今后课程学习和绘制工程图的基础。学习中要注意图纸的幅面及格式、线型线宽的选用、比例的选取、尺寸标注的规定等，并要经常查阅国家制图标准，使绘图完全符合国家制图标准的有关规定，读图能充分依据国家制图标准。

（2）投影的基本概念、投影的形成、投影分类；三面投影体系的建立；点、直线、平面的投影特性和作图方法。

（3）平面立体和曲面立体投影图的画法及尺寸标注。平面立体中最常见的是棱柱和棱锥；曲面立体中最常用的是圆柱、圆锥和球体。按照"长对正、宽相等、高平齐"的投影规律来作立体的投影图。

（4）组合体的结合形式及组合体投影图的画法、尺寸标注和识读方法。组合体是由两个或两个以上的基本几何体组合而成的立体，它有三种结合形式，即叠加、切割和混合。作组合体投影图时主要先进行形体分析，搞清各基本几何体的情况及相互之间的表面连接关系。组合体的尺寸种类包括三种：定形尺寸、定位尺寸及总体尺寸。标注尺寸时先确定尺寸基准，然后依次将三种尺寸标注出来。组合体投影图识读就是运用正投影原理和特性，对所给出的投影图用形体分析法和线面分析法进行分析，从而想象出组合体空间形状。

（5）剖面图和断面图的形成方法、基本概念、种类、画法、标注方法及两者的区别等知识。

（6）轴测图。常用正等轴测图和斜二轴测图。在暖通、给排水工程图中，常采用正面斜二轴测图绘系统图。

复 习 思 考 题

1. 解释下列名词：图样、图样比例、投影法、投影、中心投影法、平行投影法、投影面平行线、投影面垂直线、一般位置直线、平面立体、曲面立体、组合体、形体分析法、定形尺寸、定位尺寸、轴测图、轴测轴、轴间角及轴向伸缩系数、剖面图、断面图。

2. 国家制图标准有哪些？其重要作用是什么？遵守国家制图标准的重要意义是什么？

3. 图纸幅面有哪几种规格？它们之间有什么关系？

4. 在尺寸标注时应注意哪些问题？

5. 什么是投影？形成投影的三个必要条件是什么？

6. 什么是投影法？投影法的分类有哪些？

7. 正投影的基本特征有哪些？

8. 三面投影体系是如何建立的？三面投影图的投影规律是什么？

9. 工程上常用的投影图有哪些？

10. 掌握点的投影的意义是什么？

11. 三面投影体系中点的投影规律是什么？

12. 重影点是怎么形成的？如何判别其可见性？

13. 各种位置直线的投影具有哪些投影特性？

14. 平面的表示方法有哪几种？

15. 各种位置平面的投影特性有哪些？

16. 直线上的点有哪些特性？

17. 判断空间两点相对位置关系的依据是什么？

18. 常见的基本体有哪些？它们的区别是什么？

19. 举例说明组合体的组成形式有哪几种？

20. 举例说明组合体投影图的画法。

21. 组合体投影图标注的尺寸有哪几种？如何进行尺寸标注？

22. 举例说明组合体投影图的识读方法。

23. 轴测投影的特性有哪些？

24. 常用轴测投影的类型有哪些？主要在哪些专业图中使用？

25. 圆的正等轴测图和斜二测投影如何绘制？

26. 剖面图和断面图各有哪几种？两者的区别是什么？

27. 常用的建筑材料图例有哪些？

28. 画半剖面图、阶梯剖面图及展开剖面图需注意哪些问题？

实 训 练 习 题

1. 图纸、图线、比例及尺寸标注训练：在 A3 幅面图纸上绘制 200mm×300mm 矩形图，要求：①分别用粗实线、中虚线绘制；②选取适当比例尺并标注相关尺寸；③图面布置时应做到合理、匀称、美观。

2. 图纸、图线、比例及尺寸标注训练：在 A3 幅面图纸上绘制直径 200mm 圆形图和球形图，要求：①用粗实线绘制；②选取适当比例尺并标注相关尺寸；③图面布置时应做到合理、匀称、美观。

3. 根据点的坐标求投影图：已知点 $A(20，15，10)$，求作点 A 的三面投影图。

4. 已知点 A 的三面投影图如图 1.90 所示，点 B 在点 A 的正右方 5mm，点 C 在点 A 的左方 10mm，前方 10mm，上方 5mm，求作点 B 和点 C 的三面投影图，并判别重影点的可见性。

5. 如图 1.91 所示三角形 ABC，要求过点 A 在已知三角形 ABC 上作一正平线。

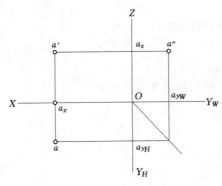

图 1.90　实训练习题 4 图

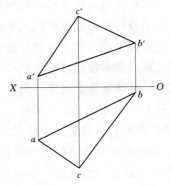

图 1.91　实训练习题 5 图

6. 如图 1.92 所示，已知四边形 $ABCD$ 的水平投影和 AB、AD 两边的正面投影，求作完整的四边形 $ABCD$ 的正面投影。

7. 已知某形体的立体图如图 1.93 所示，求作这个形体的三面投影图。

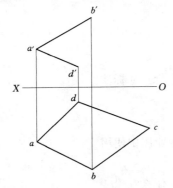

图 1.92　实训练习题 6 图

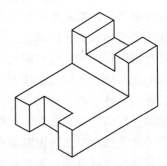

图 1.93　实训练习题 7 图

8. 给图 1.94 所示组合体标注尺寸。

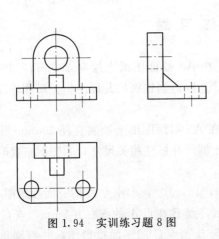

图 1.94　实训练习题 8 图

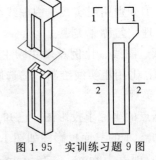

图 1.95　实训练习题 9 图

9. 根据图 1.95 所示内容画出 1—1 剖面图、2—2 断面图。

10. 根据图 1.96 所示投影图画正等轴测图。

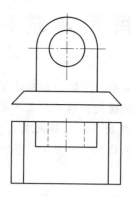

图 1.96　实训练习题 10 图

第2章 民用建筑构造概论

【知识目标】 了解民用建筑的类型、等级划分及建筑标准化的概念；掌握民用建筑物的构造组成及各组成部分的作用、建筑模数协调的意义及模数数列的应用、建筑的定位。

【能力目标】 能区分常见的建筑物、构筑物及其类型；能认清民用建筑物中的各个部件、构件、配件和主要工程设备的名称、结构形式，并明确其作用；明确各构造组成部分的细部构造做法。

2.1 民用建筑概述

2.1.1 常用建筑名词与术语

（1）建筑物。用建筑材料构筑的空间和实体，供人们居住和进行各种活动的场所。

（2）构筑物。为某种使用目的而建造的、人们一般不直接在其内部进行生产和生活活动的工程实体或附属建筑设施。

（3）建筑红线。城市规划管理部门签发的、规定建设用地范围一般用红线画在平面图上，此图称为用地红线图，其上画出的红线称为建筑红线。

（4）建筑面积。指建筑物（包括墙体）所形成的楼地面面积。

（5）结构面积。房屋各层平面中结构所占的面积总和。

（6）交通面积。房屋内外之间、各层之间联系通行的面积，如走廊、楼梯、电梯等所占的面积。

（7）使用面积。建筑面积中减去公共交通面积、结构面积等，留下的可供使用的面积。

（8）使用面积系数。使用面积占建筑面积的百分数。

（9）模数。选定的尺寸单位，作为尺度协调中的增值单位。

（10）横向轴线。与建筑物宽度方向平行设置的轴线

（11）纵向轴线。与建筑物长度方向平行设置的轴线。

（12）开间。建筑物纵向两个相邻的墙或柱中心线之间的距离。

（13）进深。建筑物横向两个相邻的墙或柱中心线之间的距离。

（14）建筑高度。建筑物室外地面到建筑物屋面、檐口或女儿墙的高度。

（15）建筑间距。两栋建筑物或构筑物外墙面之间的最小的垂直距离。

（16）层高。建筑物各楼层之间以楼（地）面面层（完成面）计算的垂直距离。

（17）室内净高。从楼（地）面面层（完成面）至吊顶或楼盖、屋盖底面之间的有效使用空间的垂直距离。

（18）标高。以某一水平面作为基准面，并作零点（水准原点）起算，地面（楼面）至基准面的垂直高度。

（19）室内外高差。一般指自室外地面至设计标高±0.000之间的垂直距离。

2.1.2 建筑分类和等级划分

2.1.2.1 建筑分类

1. 按建筑的使用功能分类

（1）民用建筑。供人们居住和进行各种公共活动的建筑的总称。民用建筑又分为：

1）居住建筑。供人们居住使用的建筑，如住宅、宿舍、公寓等。

2）公共建筑。供人们进行各种公共活动的建筑，如行政办公建筑、文教科研建筑、纪念性建筑、市政公用设施建筑等。

（2）工业建筑。以工业性生产为主要使用功能的建筑，如生产车间、辅助车间、仓库等建筑。

（3）农业建筑。以农业性生产为主要使用功能的建筑，如农机站、畜禽饲养场等建筑。

2. 按建筑规模和数量分类

（1）大量性建筑。指建筑规模不大，但建造量多、涉及面广的建筑，如住宅、学校、医院、商店、中小型影剧院、中小型工厂等。

（2）大型性建筑。指规模宏大、功能复杂、耗资多、建筑艺术要求较高的建筑，如大型体育馆、航空港、火车站以及大型工厂等。

3. 按建筑层数与高度分类

（1）居住建筑按层数分类。1～3 层为低层；4～6 层为多层；7～9 层为中高层；10 层以上为高层。

（2）公共建筑及综合性建筑按高度分类。总高度不大于 24m 的为单层和多层建筑；总高度超过 24m 时为高层（不包括高度超过 24m 的单层主体建筑）。

（3）工业建筑按层数和高度分类。只有一层的为单层；两层以上高度不超过 24m 时为多层；当层数较多且高度超过 24m 时为高层。

（4）高层建筑分类。联合国经济事务所根据全球高层建筑的发展趋势，把高层建筑划分为 4 种类型：

1）低高层建筑。建筑层数在 9～16 层，建筑高度在 50m 以下。

2）中高层建筑。建筑层数在 17～25 层，建筑高度在 50～75m。

3）高高层建筑。建筑层数在 26～40 层，建筑高度在 75～100m。

4）超高层建筑。建筑层数为 40 层以上，建筑总高度在 100m 以上，不论居住建筑或公共建筑均为超高层建筑。

4. 按承重结构的材料分类

（1）木结构建筑。指以木材作为房屋承重骨架的建筑。其自重轻、构造简单、施工方便，是我国古代建筑的主要结构类型。但木材易腐，耐火性及耐久性差，再加之我国木材资源有限，目前已基本不采用。

（2）砖石结构建筑。指以砖或石材作为承重墙柱和楼板（砖拱或石拱）的建筑。由于受材料特性的限制，这种结构的层高、总高、开间、跨度均较小，抗震性差，但造价较低，适用于低矮的民居、库房、菜窖等。

（3）混合结构建筑。指主要承重结构由两种或两种以上材料构成的建筑。如砖墙木楼板的砖木结构建筑；砖墙和钢筋混凝土楼板的砖混结构建筑；钢筋混凝土墙或柱和钢屋架的钢混结构建筑。其中砖混结构在大多数建筑中应用最为广泛，钢混结构多用于大跨度建筑，砖木结构由于木材资源的短缺而极少采用。

（4）钢筋混凝土结构建筑。指以钢筋混凝土柱、梁、板作为垂直方向和水平方向承重构件的建筑，属于骨架承重结构体系。其坚固耐久、防火和可塑性强，应用广泛。大跨度建筑、高层建筑大部分采用这种结构。

（5）钢结构建筑。指主要承重构件全部采用钢材制作的建筑。其力学性能好，结构自重轻，工业化施工工程度高，施工受季节影响小，特适宜于超高层和大跨度建筑。受钢产量限制，目前主要应用于少量工业建筑和大型公共建筑中。其应用前景广泛。

5. 按建筑结构的承重方式分类

（1）墙承重式。指承重方式是以墙体承受楼板及屋顶传来的全部荷载的建筑。砖木结构和砖混结构都属于这一类，常用于 6 层或 6 层以下的大量性民用建筑，如住宅、办公楼、教学楼、医院等建筑。

（2）框架承重式。指承重方式是以柱、梁、板组成的骨架承受全部荷载的建筑。常用于荷载及跨度较大的建筑和高层建筑。这类建筑中，墙体不起承重作用。

（3）局部框架承重式。又分内框架承重式和底部框架承重式。

1）内框架承重式。指承重方式是外部采用砖墙承重，内部用柱、梁、板承重。这种类型的结构常用于内部需要大空间的建筑。

2）底部框架承重式。指房屋下部为框架结构承重、上部为墙承重结构的建筑。这种类型的结构常用于底层需要大空间而上部为小空间的建筑，如食堂、商店、车库等综合类型的建筑。

（4）空间结构。指承重方式是用空间构架，如网架、悬索和薄壳结构来承受全部荷载的建筑。适用于跨度较大的公共建筑，如体育馆、展览馆、火车站、机场等建筑。

2.1.2.2 民用建筑等级分类划分

民用建筑等级分类划分是根据建筑的设计使用年限、耐火性能、规模大小和重要性来划分的。通常重要建筑的耐久年限长、耐火等级高，就要求建筑构件和设备的标准高，施工难度也大，造价也高。因此，应根据实际情况合理确定建筑的耐久年限和耐火等级。

1. 按建筑的设计使用年限划分

民用建筑的使用年限主要指建筑主体结构设计使用年限，即设计规定的结构或构件不需进行大修即可按其预定目的使用的时期。在我国《民用建筑设计通则》（GB 50352—2005）中将设计使用年限分为四类等级，见表2.1。

表 2.1 　　　　　　　　　　　设 计 使 用 年 限 分 类

类　别	设计使用年限（年）	示　　例	类　别	设计使用年限（年）	示　　例
1	5	临时性建筑	3	50	普通建筑和构筑物
2	25	易于替换结构构件的建筑	4	100	纪念性建筑和特别重要的建筑

2. 按建筑的耐火性能划分

按照建筑的耐火性能，根据我国现行规范规定，建筑物的耐火等级分为四级，见表2.2。耐火等级标准依据建筑物的主要构件（如墙、柱、梁、楼板、楼梯等）的燃烧性能和耐火极限两个因素来确定。

（1）燃烧性能。建筑构件的燃烧性能分为不燃烧体、难燃烧休、燃烧体三类。

1）不燃烧体。指用不燃烧材料制成的构件，其在空气中受到火烧或一般高温作用时不起火、不燃烧、不炭化。如金属材料、钢筋混凝土、混凝土、天然石材等。

2）难燃烧体。指用难燃烧材料制成的构件或用燃烧材料制成而用不燃烧材料做保护层的构件，其在空气中受到火烧或一般高温作用时难燃烧、难炭化。如沥青混凝土等。

3）燃烧体。指用燃烧材料制成的构件，其在空气中受到火烧或高温作用时立即起火或燃烧。如木材等。

（2）耐火极限。是指任一建筑构件按时间与温度标准进行耐火试验，从受到火的作用时起到失去支持能力或完整性而破坏，或到失去隔火能力时为止的这段时间。其单位是"小时"，用"h"表示。

表 2.2　　　　　　　　　　　建筑物构件的燃烧性能和耐火极限　　　　　　　　　　单位：h

构件名称		耐火等级			
		一级	二级	三级	四级
墙	防火墙	不燃烧体 3.00	不燃烧体 3.00	不燃烧体 3.00	不燃烧体 3.00
	承重墙	不燃烧体 3.00	不燃烧体 2.50	不燃烧体 2.00	难燃烧体 0.50
	非承重外墙	不燃烧体 1.00	不燃烧体 1.00	难燃烧体 0.50	燃烧体
	楼梯间的墙 电梯井的墙 住宅单元之间的墙 住宅分户墙	不燃烧体 2.00	不燃烧体 2.00	不燃烧体 1.50	难燃烧体 0.50
	疏散走道两侧的隔墙	不燃烧体 1.00	不燃烧体 1.00	不燃烧体 0.50	难燃烧体 0.25
	房间隔墙	不燃烧体 0.75	不燃烧体 0.50	难燃烧体 0.50	难燃烧体 0.25
柱		不燃烧体 3.00	不燃烧体 2.50	不燃烧体 2.00	难燃烧体 0.50
梁		不燃烧体 2.00	不燃烧体 1.50	不燃烧体 1.00	难燃烧体 0.50
楼板		不燃烧体 1.50	不燃烧体 1.00	不燃烧体 0.50	燃烧体
屋顶承重构件		不燃烧体 1.50	不燃烧体 1.00	燃烧体	燃烧体
疏散楼梯		不燃烧体 1.50	不燃烧体 1.00	不燃烧体 0.50	燃烧体
吊顶（包括吊顶搁栅）		不燃烧体 0.25	难燃烧体 0.25	难燃烧体 0.15	燃烧体

注　以木柱承重且以不燃烧材料作为墙体的建筑物，其耐火等级按四级确定。

3. 按建筑的规模大小和重要性划分

建筑按照其规模大小、重要性和复杂程度，分成特级、一级、二级、三级、四级、五级6 个级别，具体划分见表 2.3。

表 2.3　　　　　　　　　　　按建筑的规模大小和重要性划分等级

工程等级	工程主要特性	工程范围举例
特级	1. 列为国家重点项目或以国际性活动为主的特高级大型公共建筑； 2. 有全国性历史意义或技术要求复杂的中小型公共建筑； 3. 30 层以上建筑； 4. 高大空间有声、光等特殊要求的建筑	国宾馆、国家大会堂、国际会议中心、国际贸易中心、体育中心、国际大型航空港、国际综合俱乐部、重要历史纪念建筑、国家级美术馆、博物馆、图书馆、剧院、音乐厅、3 级以上人防等

工程等级	工程主要特性	工程范围举例
一级	1. 高级大型公共建筑； 2. 有地区性历史意义或技术要求复杂的中小型公共建筑； 3. 16 层以上、29 层以下或超过 50m 高的公共建筑	高级宾馆、旅游宾馆、高级招待所、别墅、省级展览馆、博物馆、图书馆、科学试验研究楼、高级会堂、高级俱乐部、大于 300 床位的医院、疗养院、医疗技术楼、大型门诊楼、大中型体育馆、室内游泳馆、室内滑冰馆、大城市火车站、航运站、候机楼、摄影棚、邮电通信楼、综合商业大楼、高级餐厅、4 级人防、5 级平战结合人防等
二级	1. 中高级、大中型公共建筑； 2. 技术要求较高的中小型建筑； 3. 16 层以上、29 层以下住宅	大专院校教学楼、档案楼、礼堂、电影院、部（省）级机关办公楼、300 床位以下（不含 300 床位）的医院、疗养院、地（市）级图书馆、文化馆、少年宫、俱乐部、排演厅、风雨球场、大中城市汽车客运站、中等城市火车站、邮电局、多层综合商场、风味餐厅、高级小住宅等
三级	1. 中级、中型公共建筑； 2. 7 层以上（含 7 层）、15 层以下有电梯的住宅或框架结构的建筑	重点中学和中等专业学校教学楼及试验楼、社会旅馆、招待所、浴室、邮电所、门诊所、百货楼、托儿所、幼儿园、综合服务楼、1~2 层商场、多层食堂、小型车站等
四级	1. 一般小型公共建筑； 2. 7 层以下无电梯的住宅、宿舍及砌体建筑	一般办公楼、中小学教学楼、单层食堂、单层汽车库、消防车库、消防站
五级	1、2 层单功能、一般小跨度结构建筑	同特征栏

2.1.3　民用建筑的构造组成及影响因素

2.1.3.1　民用建筑的构造组成

房屋建筑尽管其使用功能、结构形式不同，所用材料和做法上各有差别，但通常都是由基础、墙或柱、楼地层、楼梯、屋顶和门窗 6 大部分组成。它们各自所处部位的不同，发挥的作用也不相同。

1. 基础

基础是建筑最下部分的承重构件，它承受着建筑物的全部荷载，并把这些荷载传给地基。因此，基础必须具有足够的强度、刚度和耐久性，并能抵御地下各种有害因素的侵蚀。

2. 墙或柱

墙体是围成房屋空间的竖向构件，具有承重、围护和水平分隔的作用。它承受由屋顶及各楼层传来的荷载，并将这些荷载传给基础。外墙有围护功能，用以抵御自然界各种因素对室内的侵袭；内墙起到分隔建筑内部空间，创造适用的室内环境的作用。因此，墙体应具有足够的强度、刚度、稳定性，良好的热功性能及防火、防水、隔声、耐久性能。

柱是建筑物的竖向承重构件，并将承担的荷载传给基础。柱与墙体相比，不具备围护和分隔功能，其他要求跟墙体差不多。

3. 楼地层

楼地层指楼板层和地坪层，是水平承重、分隔构件。楼板层将房屋从高度方向分隔成若干层，承受着家具、设备、人体荷载及自重，并将这些荷载传给墙或柱。同时楼板支撑在墙体上，它还对墙体有水平支撑的作用，从而增强了建筑物的刚度和稳定性。楼板除应具有足够的强度和刚度外，还应具有隔声、防潮、防水等性能。

地坪层是房屋底层与下部地基土层相接触的部分，将底层的全部荷载传给地基土层。要求地坪层具有耐磨、防潮、防水和保温的性能。

4. 楼梯

楼梯是多层房屋上下层之间的垂直交通联系设施。其主要作用是供人们上下楼层和紧急疏散用。为了确保建筑物的使用安全,对楼梯的坡度、宽度、数量、位置、布局形式、细部构造及防火性能方面都有严格的要求。

5. 屋顶

屋顶是房屋顶部的承重和围护构件。主要作用是承重、保温、隔热和防水。屋顶承受着房屋顶部的全部荷载,并将这些荷载传递给墙或柱,同时抵御自然界的风、雨、雪等对顶层房间的侵袭。因此,屋顶应具有足够的强度、刚度、防水、保温及隔热等性能。

6. 门窗

门和窗均属于非承重的建筑配件。门的主要作用是水平交通、分隔房间,有时还起采光、通风和围护的作用。窗的主要作用是采光和通风,同时还具有分隔和围护的作用。处于外墙上的门窗是围护构件的一部分,要满足热工及防水的要求;某些有特殊要求的房间,门、窗应具有保温、隔声、防火的功能。

除上述 6 部分以外. 在一幢建筑中. 还有许多为人们使用服务和建筑物本身所必需的附属部分,如阳台、散水、明沟、勒脚、踢脚、墙裙、台阶、雨棚等。民用建筑的构造组成如图 2.1 所示。

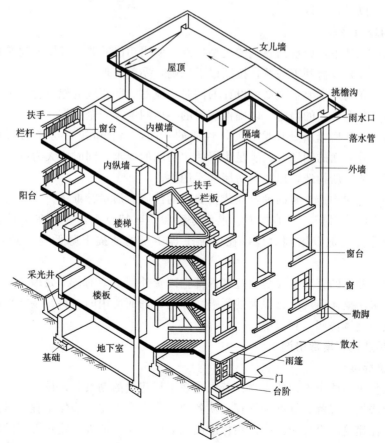

图 2.1 民用建筑的构造组成

2.1.3.2　房屋构造的影响因素和要求

1. 房屋构造的影响因素

（1）外界环境的影响。是指自然界和人为的影响，归纳起来有三个方面：

1）外力的影响。作用在建筑物上的各种力统称为荷载。荷载可归纳为恒载（如结构自重等）和活荷载（如人群、家具、雪荷载、地震荷载、风荷载等）两大类。荷载的大小是结构选型、材料选用及构造设计的重要依据。

2）自然气候的影响。我国幅员辽阔，各地区气候、地质及水文等情况大不相同。日晒、雨淋、风雪、冰冻、地下水、地震等因素将给建筑物带来影响。对于这些影响，在构造上必须考虑相应的防护措施，如防潮、防水、保温、隔热、防温度变形等。

3）人为因素的影响。如火灾、机械振动、噪声等影响，在建筑构造上需采取防火、防振和隔声的相应措施。

（2）建筑技术条件的影响。建筑技术条件是指建筑材料技术、结构技术和施工技术等。随着这些技术的不断发展和变化，建筑构造技术受它们的影响和制约也在改变着。所以建筑构造做法不能脱离一定的建筑技术条件而存在，设计中应采取相适应的构造措施。

（3）经济条件的影响。房屋构造设计必须考虑经济效益。在确保工程质量的前提下，既要降低建造过程中的材料、能源和劳动力消耗，以降低造价，又要有利于降低使用过程中的围护和管理费用。同时，在设计过程中要根据房屋的不同等级和质量标准，在材料选择和构造方式等方面予以区别对待。

2. 房屋构造的要求

在建筑构造设计中，应根据建筑的类型特点、使用功能的要求及影响建筑构造的因素分清主次和轻重，综合权衡利弊关系，按照以下原则，妥善处理。

（1）坚固。在满足主要承重结构设计的同时，应对一些相应的建筑物、配件的连接及各种装修在构造上采取必要的措施，以确保房屋的整体刚度和安全可靠。

（2）实用。根据房屋所处环境和使用性质的不同，综合解决好房屋的采光、通风、保温、隔热、防火等方面的问题，以满足房屋使用功能的要求。同时应大力推广先进技术，选用新材料、新工艺、新构造，以达到房屋的实用性。

（3）经济。房屋构造方案的确定应依据房屋的性质、质量标准进行，尽量节约资金。对于不同类型的房屋，根据它们的规模、重要程度和地区特点等，分别在材料选用、结构选型、内外装修等方面加以区别对待，在保证工程质量的前提下降低建筑造价，减少能源消耗。

（4）美观。房屋的美观主要是通过其内部空间及外观造型的艺术处理来实现，但它的细部构造处理对房屋整体美观也有很大的影响。如内外饰面所用的材料、装饰部件、构造式样等的处理都应与整体协调、和谐统一。

2.1.4　建筑标准化和模数协调

2.1.4.1　建筑标准化

建筑标准化包括两个方面的含义：首先是在工程建设的勘察、设计、施工及验收等工作中应制定各种法规、规范、标准和规程，使各项工作有章可循，确保工程质量；其次是在诸如住宅等大型性建筑的设计施工中使用标准图。如由国家或地方对建筑常用的构件和配件编制通用的标准构配件图集或由国家或地方编制的整个房屋或单元的设计图，供建设单位选用。

实行建筑标准化，可以避免重复设计，也可以有效减少建筑构配件的规格，构件生产厂家和施工单位也可以针对标准构配件的应用情况组织生产和施工，形成规模效益。进而提高施工效率，保证施工质量，降低造价。

2.1.4.2 建筑模数

为了实现建筑标准化，使不同材料、不同形式和不同制造方法的建筑构配件和组合件具有较大的通用性和互换性，从而使不同房屋建筑各组成部分之间的尺寸统一协调，我国颁布了《建筑模数协调统一标准》（GBJ 2—86）及住宅建筑、厂房建筑等模数协调标准。

1. 建筑模数

建筑模数是建筑设计中选定的标准尺度单位，作为建筑物、建筑构配件、建筑制品、建筑组合件及建筑设备尺寸间相互协调的基础。包括基本模数和导出模数。

（1）基本模数。基本模数是模数协调中选用的最基本的尺寸单位，符号用 M 表示，我国基本模数 1M＝100mm。各种尺寸应是基本模数的倍数。

（2）导出模数。分扩大模数与分模数，其基数应符合下列规定：

1）扩大模数。是基本模数的整数倍数。水平扩大模数的基数为 3M、6M、12M、15M、30M、60M，其相应尺寸为 300mm、600mm、1200mm、1500mm、3000mm、6000mm；竖向扩大模数的基数为 3M、6M，其相应尺寸为 300mm、600mm。

2）分模数。是基本模数的分数倍数，其基数为 1/10M、1/5M、1/2M，相应的尺寸为 10mm、20mm、50mm。

（3）模数数列。模数数列是由基本模数、扩大模数、分模数为基础扩展成的一系列尺寸，见表 2.4。它用以保证不同类型的建筑物及其各组成部分间的尺寸统一与协调，减少尺寸的范围以及使尺寸的叠加和分割有较大的灵活性。

表 2.4 模 数 数 列 单位：mm

基本模数	扩 大 模 数						分 模 数		
1M	3M	6M	12M	15M	30M	60M	M/10	M/5	M/2
100	300	600	1200	1500	3000	6000	10	20	50
100	300						10		
200	600	600					20	20	
300	900						30		
400	1200	1200	1200				40	40	
500	1500			1500			50		
600	1800	1800					60	60	
700	2100						70		
800	2400	2400	2400				80	80	
900	2700						90		
1000	3000	3000		3000	3000		100	100	100
1100	3300						110		
1200	3600	3600	3600				120	120	

续表

基本模数	扩 大 模 数						分 模 数		
1M	3M	6M	12M	15M	30M	60M	M/10	M/5	M/2
1300	3900						130		
1400	4200	4200					140	140	
1500	4500			4500			150		150
1600	4800	4800	4800				160	160	
1700	5100						170		
1800	5400	5400					180	180	
1900	5700						190		
2000	6000	6000	6000	6000	6000	6000	200	200	200
2100	6300						220		
2200	6600	6600					240		
2300	6900								250
2400	7200	7200	7200				260		
2500	7500			7500			280		
2600		7800					300		300
2700		8400	8400				320		
2800		9000		9000	9000		340		
2900		9600	9600						
3000				10500			360		
3100			10800				380		
3200			12000	12000	12000	12000	400		400
3300					15000				450
3400					18000				500
3500					21000				550
3600					24000				600
					27000				650
					30000				700
					33000				750
					36000	36000			800
									850
									900
									950
									1000

基本模数数列主要用于建筑物层高、门窗洞口和构配件截面等处；扩大模数数列主要用于建筑物的开间或柱距、进深或跨度、层高、构配件截面尺寸和门窗洞口等处；分模数数列主要用于缝隙、构造节点和构配件截面等处。

（4）建筑构件的几种尺寸。为了保证建筑构配件的安装与有关尺寸间的相互协调，在建筑模数协调中把尺寸分为标志尺寸、构造尺寸、实际尺寸。

1）标志尺寸。符合模数数列的规定，用以标注建筑物定位轴面、定位面或定位轴线、定位线之间的垂直距离（如跨度、柱距、层高等）以及建筑制品、构配件、有关设备等界限之间的距离。

2）构造尺寸。用以表示建筑制品、建筑组合件、建筑构配件等的设计尺寸。一般情况下，构造尺寸加上缝隙尺寸等于标志尺寸。

3）实际尺寸。是建筑制品、建筑组合件、建筑构配件等生产制作后的实有尺寸。实际尺寸因生产误差造成与构造尺寸间的差值应符合建筑公差的规定。

4）技术尺寸。是建筑功能、工艺技术和结构条件在经济上处于最优状态下所允许采用的最小尺寸数值（通常是指建筑构件的截面或厚度）。

标志尺寸、构造尺寸和缝隙尺寸之间的关系如图2.2所示。

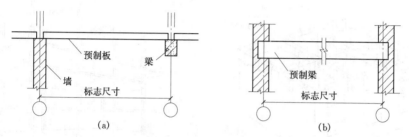

图2.2　几种尺寸间的关系

（a）构件标志尺寸大于构造尺寸；（b）构件标志尺寸小于构造尺寸

2.1.5　民用建筑工业化介绍

建筑工业化就是用现代化工业生产方式来建造房屋。它的特征主要体现在四个方面，即建筑设计标准化、构配件生产工厂化、施工机械化和管理科学化四个方面。其中建筑设计标准化是工业化建筑的前提，构配件生产工厂化是工业化建筑的手段，施工机械化是工业化建筑的核心，管理科学化是工业化建筑的保证。发展工业化建筑的意义是能够加快建设速度，降低劳动强度，减少人工消耗，提高施工质量。

工业化建筑可按结构类型和施工工艺分为砌块建筑、大板建筑、框架轻板建筑、盒子建筑、大模板建筑、滑模建筑、升板建筑等。

砌块建筑是指墙用各种砌块砌成的建筑。由于砌块的尺寸比砌墙砖大得多，每砌一块砌块就相当于砌很多块砌墙砖，所以生产效率高。制造砌块可以利用煤灰、煤矸石、炉渣等工业废料，既生产了建筑材料，又解决了环境污染。大板建筑（大型板材建筑）是一种全装配式的工业化建筑，它由预制的外墙板、内墙板、楼板、楼梯、屋面板等构件组合连接装配而成。框架轻板建筑是以柱、梁、板组成的框架为承重结构，以轻型墙板为分隔与围护构件的新型建筑形式。盒子建筑是以在工厂预制成整间的盒子状结构为基础，运至施工现场吊装组合而成的建筑，如图2.3所示。大模板建筑是在现代化工业生产混凝土基础上的一种现浇建筑（图2.4）。滑模建筑即滑升模板建筑，它是在混凝土工业化生产的基础上，预先将工具式模板组合好，利用墙体内特制的钢筋作导杆，以油压千斤顶作提升动力，有间隔节奏地边浇筑混凝土，边提升模板（图2.5）。升板建筑是利用房屋自身网状排列的柱子为导杆，在每根柱子上安装一台提升机，将叠层浇置在底层地面上的现浇大面积楼板和屋面板由下往上逐层提升就位固定的一种建筑（图 2.6）。

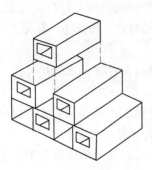

图 2.3 盒子建筑示意图

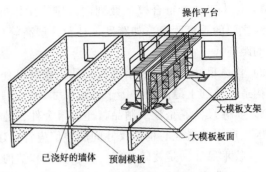

图 2.4 大模板施工示意图

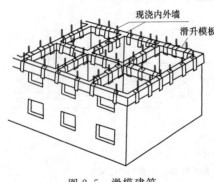

图 2.5 滑模建筑

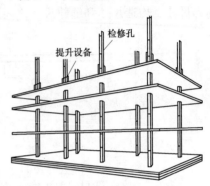

图 2.6 升板建筑示意图

2.1.6 定位轴线

建筑主体结构的定位分平面定位和竖向定位。平面定位通常采用平面定位轴线；竖向定位通常采用标高。

定位轴线是确定建筑构配件位置及相互关系的基准线。其作用是定位主要承重构件的位置，确定其标志尺寸，同时也是施工放线和设备安装的重要依据。

为了尽量减少建筑空间尺寸参数的数量，便于实现建筑工业化，应当合理选择定位轴线。有关技术标准对不同结构建筑的定位轴线划分原则都作出了具体规定。本书简单介绍砖混结构和框架结构的定位轴线划分原则。

1. 砖混结构建筑

（1）墙体的平面定位。承重外墙的平面定位轴线应与顶层墙身内缘距离为 120mm（图 2.7）。承重内墙的平面定位轴线应与顶层墙身中线重合（图 2.8）。非承重墙的平面定位轴线除了可按承重墙定位轴线的规定定位以外，还可以使墙身内缘与平面定位轴线相重合。带壁柱外墙的平面定位轴线与墙体内缘相重合，或距墙体内缘为 120mm。

（2）墙体的竖向定位。楼、地面的竖向定位应与楼、地面面层的上表面重合（图 2.9）。屋面的竖向定位应在屋面结构层上表面与距墙内缘 120mm 处的外墙定位轴线或与墙内缘重合处的外墙定位轴线的相交处（图 2.10）。

2. 框架结构建筑

框架结构建筑中柱定位轴线一般与顶层柱截面中心线相重合。边柱定位轴线一般与顶层柱截面中心线重合或距柱外缘 250mm 处，如图 2.11 所示。

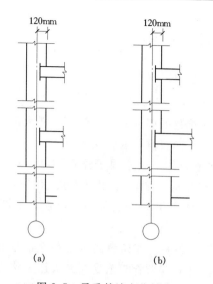

图 2.7　承重外墙定位轴线

（a）底层与顶层墙厚相同；（b）底层与顶层墙厚不同

图 2.8　承重内墙定位轴线

（a）定位轴线中分底层墙身；（b）定位轴线偏分底层墙身

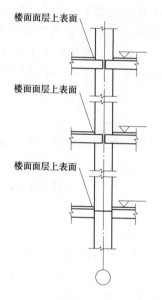

图 2.9　楼地面的竖向定位

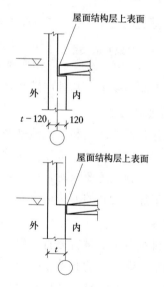

图 2.10　屋面的竖向定位

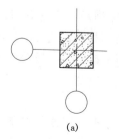

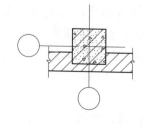

图 2.11　框架结构柱定位轴线

2.2 基础与地下室

2.2.1 基础与地基的基本概念

2.2.1.1 基础与地基的关系

（1）基础。是建筑物地面以下的承重结构，是建筑物的墙或柱子在地下的扩大部分，其作用是承受建筑物上部结构传下来的荷载，并把它们连同自重一起传给地基。

（2）地基。是位于基础下部并支承基础的土体或岩体，它不属于建筑物，但对保证建筑物的坚固耐久具有非常重要的作用。直接承受荷载的土层称为持力层，持力层以下的土层称为下卧层，如图 2.12 所示。

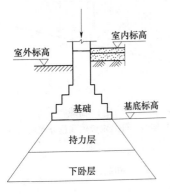

图 2.12　基础与地基的关系

（3）基础与地基的关系。建筑物的全部荷载都是通过基础传给地基的。地基每平方米所能承受的最大压力称为地基承载力，为了保证建筑物的稳定和安全，必须控制建筑物基础底面的平均压应力不超过地基承载力特征值。因此，当荷载一定时，可通过加大基础底面积来减少单位面积上地基所承受的压力。可见建筑物的基础与地基之间有着相互影响、相互制约的密切关系。基础的类型和构造不仅与建筑物上部结构有关系，更取决于地基土的性质。地基应满足强度、变形及稳定性方面的要求，基础应满足强度、刚度、耐久性与经济性的要求。

2.2.1.2 地基的分类

地基可分为天然地基和人工地基两种类型。天然地基是指天然状态下即可满足承载力要求、不需人工处理的地基。可作为天然地基的岩土体包括岩石、碎石、砂土、黏性土等。当天然岩土体达不到上述要求时，可以对地基进行补强和加固。经人工处理的地基称为人工地基。采用人工加固地基的方法通常有以下几种。

1. 压实法

用各种机械对土层进行夯打、碾压、振动来压实松散土的方法为压实法。土的压实法主要是通过减小土颗粒间的孔隙，挤出土层颗粒间的空气，提高土的密实度，以增加土层的承载力。这种做法比较经济，适用于土层承载力与设计要求相差不大的情况。

2. 换土法

当基础下土层比较软弱，或地基有部分较软弱的土层，不能满足上部荷载对地基的要求，且不宜用压实法加固时，可将软弱土层全部或部分挖去，换成其他较坚硬的材料，这种方法叫换土法。一般选用压缩性低的无侵蚀性材料，如砂、碎石、矿渣、石屑等。这种做法造价较压实法为高。

3. 打桩法

当建筑物荷载很大、地基土层很弱，地基承载力不能满足要求时，可采用桩基。这种方法是将钢筋混凝土桩、钢桩或砂桩打入或灌入土中，使建筑物的全部荷载经过桩传给地基土层，所以也称为桩基础。这种做法造价较高。

4. 预压法

是在基础施工前，对地基进行堆载或真空预压，使地基土被预先压实的地基处理方法。适用于处理淤泥质土、淤泥和冲填土等饱和黏性土地基。

5. 复合地基法

是采用振动、冲击或水冲等方式在软弱地基中成孔后，再将砂、碎石、素土、灰土和水泥等挤压进孔中形成高强度桩，把原来的地基置换、挤密和振动密实，并由桩和桩间土构成复合地基，使地基承载力提高，变形减少。适用于处理砂土、粉土、粉质黏土、素填土和杂填土等地基。

2.2.1.3 基础的埋置深度

基础埋置深度是指从设计室外地面至基础底面的垂直距离，如图 2.13 所示。基础按其埋置深度大小可分为浅基础和深基础。基础埋置深度不超过 5m 时称为浅基础，大于 5m 的属于深基础。在确定基础埋置深度时，应优先选择浅基础，它的优点是不需要特殊的施工设备，施工技术也较简单。一般情况下，基础尽量浅埋，但不应小于 0.5m。若浅层土质不良，需将基础加大埋深，此时需采取一些特殊的施工手段和相应的基础形式，如采用桩基、沉箱、沉井和地下连续墙等深基础。

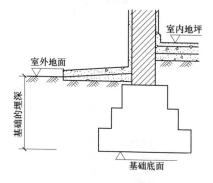

图 2.13　基础的埋深

影响基础埋置深度的因素很多，一般应根据以下几个方面综合考虑确定。

1. 建筑物的使用要求、基础形式及荷载

当建筑物设置地下室、设备基础或地下设施时，基础埋深应满足其使用要求；高层建筑基础埋置深度随建筑高度增加适当增大，才能满足稳定性的要求；荷载大小和性质也影响基础埋置深度，一般荷载较大时加大基础埋深；受向上拔力的基础，应有较大埋深以满足抗拔力的要求。

2. 工程地质和水文地质的条件

基础底面应尽量建造在常年未经扰动而且坚实平坦的土层或岩石上，而不能设置在承载力低、压缩性高的软弱土层上。在满足地基稳定和变形要求的前提下，基础宜浅埋。当地基土由多层土组成且均属于软弱土层，或上部荷载很大，或上层软弱土较厚时，宜进行技术、经济等方面的分析对比，采用综合效益较好的深基础及相应结构型式，如桩基等。

存在地下水时，基础埋深一般应考虑埋于最高地下水位以上不小于 200mm 处。当地下水位较高，基础不能埋置在地下水位以上时，宜将基础埋置在最低地下水位以上不少于 200mm 的深度，且同时考虑施工时基坑的排水和坑壁的支护等因素。地下水位以下的基础，选材时，应考虑地下水对地基有腐蚀性的可能而要采取防腐措施，如图 2.14 所示。

3. 土的冻结深度的影响

土层的冻结深度由各地气候条件决定，如北京地区一般为 0.8～1.0m，哈尔滨一般为 2m 左右。建筑物的基础若放在冻胀土上，冻胀力会将建筑物拱起，使建筑物产生变形。解冻时，又会产生陷落，使基础处于不稳定状态。冻融的不均匀使建筑物产生变形，严重时会产生开裂等破坏情况，因此，一般应将基础的灰土垫层部分放在冻结深度以下不少 200mm，如图 2.15 所示。

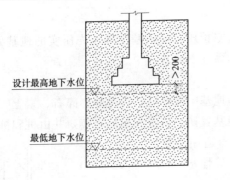
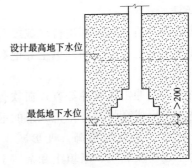

图 2.14 地下水位对基础埋置深度的影响

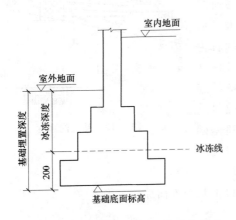

图 2.15 基础埋置深度和冰冻线的关系

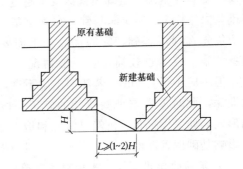

图 2.16 基础埋置深度与相邻基础的关系

4. 相邻建筑物基础埋置深度

新建的建筑物基础埋置深度不宜大于相邻原有建筑物基础,如果新建基础大于原有建筑物的基础时,基础间的净距应根据荷载大小和性质等确定,一般为相邻基础底面高差的1～2倍,即 $L \geqslant (1 \sim 2)H$,如图 2.16 所示。若不能满足时,应加固原有地基或分段施工、设临时加固支撑、打板桩、地下连续墙等施工措施。

5. 其他

为保护基础,一般要求基础顶面低于设计室外地面不少于 0.1m,地下室或半地下室基础的埋置深度则要结合建筑设计的要求确定。

2.2.2 基础的类型与构造

1. 按基础所用材料及受力特点分类

(1) 刚性基础。这是指由刚性材料制作的基础。一般抗压强度高,而抗拉、抗剪强度较低的材料就称为刚性材料,常用的有砖、灰土、混凝土、三合土、毛石等。为满足地基允许承载力的要求,需要加大基础底面积。基础底面尺寸的放大应根据材料的刚性角来决定。刚性角是指基础放宽的引线与墙体垂直线之间的夹角（α 角）,如图 2.17 所示。

凡受刚性角限制的基础称为刚性基础,为设计

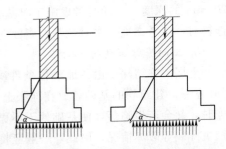

图 2.17 刚性基础的受力、传力特点

施工方便，将刚性角换算成正切值，即宽高比。表 2.5 是各种材料基础的宽高比的容许值。如砖基础的大放脚宽高比不大于 1：1.5。大放脚的作法，一般采用每两皮砖挑出 1/4 砖或每两皮砖挑出 1/4 砖与一皮砖挑出 1/4 砖相间砌筑。

表 2.5 　　　　　　　　　　　　　刚性基础台阶宽高比的容许值

基础材料	质 量 要 求		台阶宽高比的允许值		
			$p \leqslant 100$	$100 < p \leqslant 200$	$200 < p \leqslant 300$
混凝土基础	C10 混凝土		1：1.00	1：1.00	1：1.00
	C7.5 混凝土		1：1.00	1：1.25	1：1.50
毛石混凝土基础	C7.5 ～ C10 混凝土		1：1.00	1：1.25	1：1.50
砖基础	砖不低于 MU7.5	M5 砂浆	1：1.50	1：1.50	1：1.50
		M2.5 砂浆	1：1.50	1：1.50	
毛石基础	M2.5 ～M5 砂浆		1：1.25	1：1.50	
	M1 砂浆		1：1.50		
灰土基石	体积比为 3：7 或 2：8 的灰土其最小干密度粉土 15.0kN/m³ 粉质黏土 15.0kN/m³ 黏土 14.5kN/m³		1：1.25	1：1.50	
三合土基础	体积比 1：2：4 ～1：3：6 （石灰：砂：骨料），每层约虚铺 220mm ， 夯至 150mm		1：1.50	1：2.00	

注 表中 p 为承载力设计值（单位：kPa）。

（2）柔性基础。主要是指钢筋混凝土基础，它是在混凝土基础的底部配以钢筋，利用钢筋来抵抗拉应力，使基础底部能够承受较大弯矩。这种基础不受材料刚性角的限制，故称为柔件基础，如图 2.18 所示，这类基础大放脚矮、体积小、挖方少、埋置浅。适用于土质较差、荷载较大、地下水位较高等条件下的大小型建筑。

2. 按基础的结构型式分类

（1）独立基础。独立存在，互不连接的基础称为独立基础，独立基础的形式有台阶式、锥形、杯形等。当房屋上部结构为柱梁构成的框架、排架以及其他类似结构时，通常将承重柱下扩大形成柱下独立基础

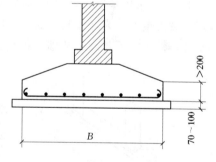

图 2.18　钢筋混凝土基础

［图 2.19（a）］；当房屋上部为墙承重结构，但是基础要求埋深较大时，为避免土方的大量开挖和便于管道的穿过，可采用墙下独立基础［图 2.19（b）］。墙下独立基础应布置在墙的转角处以及纵横墙相交处，当墙较长时中间也应设置。独立基础的距离一般为 3～4m，上设钢筋混凝土基础梁以支承墙体。

（2）条形基础。当建筑物上部结构采用墙承重时，基础沿墙身设置，多做成长条形，这类基础称为条形基础或带形基础，是墙承式建筑基础的基本形式，有墙下条形基础和柱下条形基础两类。

1）墙下条形基础。一般用于多层混合结构的墙下，低层或小型建筑常用砖、混凝土等

刚性条形基础。如上部为钢筋混凝土墙，或地基较差、荷载较大时，可采用钢筋混凝土条形基础，如图 2.20 所示。

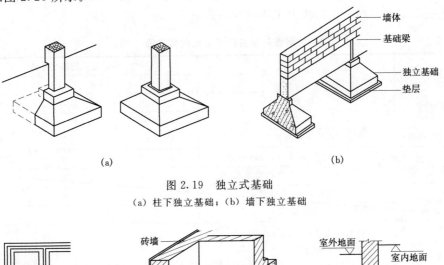

图 2.19　独立式基础
（a）柱下独立基础；（b）墙下独立基础

 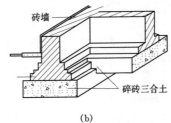 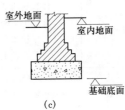

图 2.20　墙下条形基础
（a）平面；（b）轴侧；（c）剖面

　　2）柱下条形基础。因为上部结构为框架结构或排架结构，荷载较大或荷载分布不均匀，地基承载力偏低，为增加基底面积或增强整体刚度，以减少不均匀沉降，常用钢筋混凝土条形基础，将各柱下基础用基础梁相互连接成一体，形成井格基础，如图 2.21 所示。

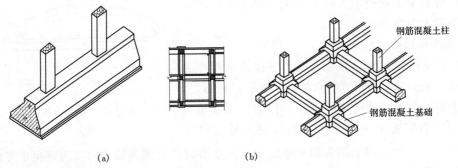

图 2.21　柱下条形基础
（a）柱下条形基础；（b）井格式柱下条形基础

　　（3）片筏基础。建筑物的基础由整片的钢筋混凝土板组成，板直接作用在地基上，称为片筏基础。片筏基础的整体性好，可以跨越基础下的局部软弱土。

　　片筏基础常用于地基软弱的多层砌体结构、框架结构、剪力墙结构的建筑，以及上部结构荷载较大且不均匀或地基承载力低的情况，按其结构布置分为梁板式和无梁式，其受力特点与倒置的楼板相似，如图 2.22 所示。

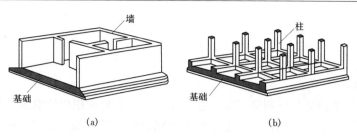

图 2.22 片筏基础

(a) 无梁式; (b) 梁板式

(4) 箱型基础。当钢筋混凝土基础埋置深度较大，为了增加建筑物的整体刚度，有效抵抗地基的不均匀沉降，常采用由钢筋混凝土底板、顶板和若干纵横墙组成的箱形整体来作为房屋的基础，这种基础称为箱形基础（图 2.23）。箱形基础具有较大的强度和刚度，且内部空间可用作地下室，故常作为高层建筑的基础。

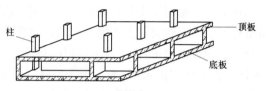

图 2.23 箱形基础

(5) 桩基础。当浅层地基上不能满足建筑物对地基承载力和变形的要求，而又不适宜采取地基处理措施时，就要考虑以下部坚实土层或岩层作为持力层的深基础，广泛采用桩基础。桩基础具有承载力高、沉降量小、节省基础材料、减少挖填土方工程量、改善施工条件和缩短工期等优点。

桩基础一般由设置于土中的桩身和承接上部结构的承台组成，如图 2.24 所示。桩基是按设计的点位将桩身置于土中，桩的上端灌注钢筋混凝土承台梁（或板），以支撑上部结构，使建筑物荷载均匀地传递给桩基。在寒冷地区，承台梁下一般铺设 100～200mm 厚的粗砂或焦渣，以防土壤冻胀引起承台的反拱破坏。

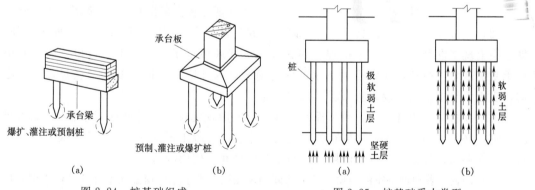

图 2.24 桩基础组成

(a) 墙下桩基础; (b) 柱下桩基础

图 2.25 桩基础受力类型

(a) 端承桩基础; (b) 摩擦桩基础

桩基础的类型很多，按受力方式可分为端承桩和摩擦桩。端承桩把荷载从桩顶传递到桩底，由桩底支承在坚实土层上；摩擦桩则通过桩表面和四周土壤间的摩擦力或附着力逐渐把荷载传递到周围，如图 2.25 所示；按材料不同可分为混凝土桩、钢筋混凝土桩、土桩、木桩、砂桩、钢桩等。其中采用较多的是钢筋混凝土桩，其按施工方法不同又分为预制桩和灌注桩。我国目前常用的桩基础有钢筋混凝土预制桩、振动灌注桩、钻孔灌注桩、爆扩灌注桩等。

2.2.3 地下室构造

2.2.3.1 地下室的概念、分类及组成

1. 地下室的概念

在建筑物首层下面的房间叫地下室，它是在限定的占地面积中争取到的使用空间。在城市用地比较紧张的情况下，把建筑向上下两个空间发展，是提高土地利用率的手段之一。如高层建筑的基础很深，利用这个深度建造一层或多层地下室，既增加了使用面积，又省掉房心填土之费用，一举两得。

2. 地下室的分类

地下室按使用性质分，有普通地下室（普通的地下空间，一般按地下楼层进行设计）和防空地下室（有防空要求的地下空间，应妥善解决紧急状况下的人员隐蔽与疏散，应有保证人身安全的技术措施）；按地下层房间地坪低于室外地坪的埋深分，有半地下室（埋深为 1/3～1/2 倍的地下室净高）和全地下室（埋深为地下室净高的 1/2 以上）；按结构材料分，有砖混结构地下室和钢筋混凝土结构的地下室。

3. 地下室的组成

地下室一般由墙体、底板、顶板、门窗、楼梯五大部分组成，如图 2.26 所示。

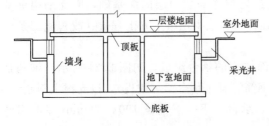

图 2.26　地下室组成

（1）墙体。地下室的外墙不仅承受垂直荷载，还承受土、地下水和土壤冻胀的侧压力。因此地下室的外墙应按挡土墙设计，如用钢筋混凝土或素混凝土墙，应按计算来确定，其最小厚度除应满足结构要求外，还应满足抗渗厚度的要求。其最小厚度不低于 300mm，外墙应做防潮或防水处理，如用砖墙（现在较少采用），其厚度不小于 490mm。

（2）底板。底板处于最高地下水位以上，并且无压力作用时，可按一般地面工程处理，即垫层上现浇混凝土 60～80mm 厚，再做面层；如底板处于最高地下水位以下时，底板不仅承受上部垂直荷载，还承受地下水的浮力荷载，因此应采用钢筋混凝土底板，并双层配筋，底板下垫层上还应设置防水层，以防渗漏。

（3）顶板。可用现浇板、预制板或者预制板上做现浇层（装配整体式楼板）。如为防空地下室，必须采用现浇板，并按有关规定决定厚度和混凝土强度等级，在无采暖的地下室顶板上，即首层地板处应设置保温层，以利于首层房间的使用舒适。

（4）门窗。普通地下室的门窗与地上房间门窗相同，地下室外窗如在室外地坪以下时，应设置采光井和防护箅，以利室内采光、通风和室外行走安全。防空地下室一般不允许设窗，如需开窗，应设置战时堵严措施。防空地下室的外门应按防空等级要求，设置相应的防护构造。

（5）楼梯。可与地面上房间结合设置，层高小或用作辅助房间的地下室，可设置单跑楼梯，有防空要求的地下室，至少要设置两部楼梯通向地面的安全出口，并且必须有一个是独立的安全出口，这个安全出口周围不得有较高建筑物，以防空袭倒塌，堵塞出口，影响安全疏散。

2.2.3.2 地下室防潮、防水构造

地下室外墙和底板都埋于地下，地下水通过地下室围护结构渗入室内，不仅影响使用，

而且当水中含有酸、碱等腐蚀性物质时，还会对结构产生腐蚀，影响其耐久性。因此防潮、防水往往是地下室构造处理的重要问题。

1. 地下室防潮构造

当最高地下水位低于地下室地坪且无滞水可能时，地下水不会直接侵入地下室，地下室的外墙和底板只受到土层中潮气的影响时一般只做防潮处理。

地下室防潮构造要求：砖墙必须采用水泥砂浆砌筑，灰缝必须饱满；在外墙外侧设垂直防潮层，做法一般为用1:2.5水泥砂浆找平、刷冷底子油一道、热沥青两道，防潮层做至室外散水处，然后在防潮层外侧回填低渗透性土壤如黏土、灰土等，并且逐层夯实，底宽500mm左右；此外，地下室所有墙体，必须设两道水平防潮层，一道设在底层地坪附近，一般设置在结构层之间，另一道设在室外地面散水以上150～200mm的位置。地下室底板的防潮做法是：灰土或二合土垫层上浇筑60～80mm厚的密实C15混凝土，然后再做面层。对外墙与地下室地面交接处，外墙与首层地面交接处，都应分别做好墙身水平防潮处理。如图2.27所示。

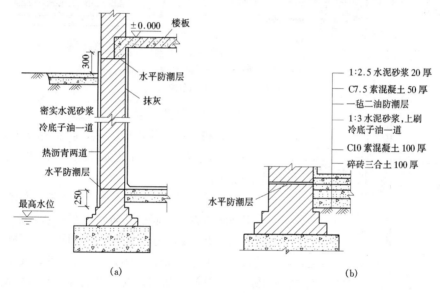

图 2.27　地下室防潮处理
(a) 墙身防潮；(b) 地坪防潮

2. 地下室防水构造

当最高地下水位高于地下室地坪时，地下水不仅可以侵入地下室，而且地下室外墙和底板还分别受到地下水的侧压力和浮力作用，这时，对地下室必须采取防水处理。地下室防水措施有卷材防水、防水混凝土防水等。

(1) 卷材防水。根据卷材与墙体的关系可分为内防水和外防水，地下室卷材外防水做法如图2.28所示。卷材铺贴在地下室墙体外表面的做法称为外防水或外包防水，具体做法是：先在外墙外侧抹20mm厚1:3水泥砂浆找平层，其上刷冷底子油一道，然后铺贴卷材防水层，并与从地下室地坪底板下留出的卷材防水层逐层搭接。防水层的层数应根据地下室最高水位到地下室地坪的距离来确定。当两者的高差不大于3m时用3层，3～6m时用4层，6～12m时用5层，大于12m时用6层。防水层应高出最高水位300mm，其上应设一层油毡贴至散水底。防水层外面砌半砖保护墙一道，在保护墙与防水层之间用水泥砂浆填实。砌筑保护墙时，先在底部干铺油毡一层，并沿保护墙长度方向每隔 5～8m 设一垂直通缝，以便使保护墙在土的侧压力作用下能紧紧压住卷材防水层。最后在保护墙外 0.5m 的范围内回填 2∶8 灰土或炉渣。此外，还有将防水卷材铺贴在地下室外墙内表面的内防水做法（又称内包防水）。这种防水方案对防水不太有利，但施工方便，易于维修，多用于修缮工程。

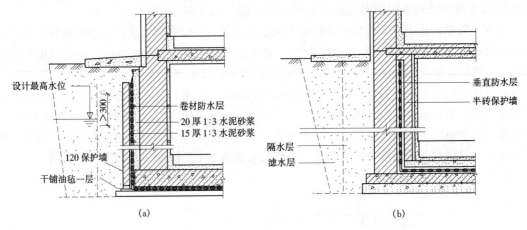

（a）　　　　　　　　　　　　　　　　　　　（b）

图 2.28　地下室卷材防水构造
（a）外包防水；（b）内包防水

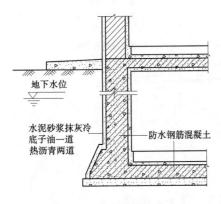

图 2.29　防水混凝土防水

地下室水平防水层的做法，先在垫层做水泥砂浆找平层，找平层上涂冷底子油，再铺贴防水层，最后做基坑回填隔水层（黏土或灰土）和滤水层（砂），并分层夯实。

（2）防水混凝土防水。地下室的地坪与墙体一般都采用钢筋混凝土材料。其防水以采用防水混凝土为佳。防水混凝土的配制与普通混凝土相同，所不同的是借不同的集料级配，以提高混凝土的密实性；或在混凝土内掺入一定量的外加剂，以提高混凝土自身的防水性能。防水混凝土的外墙、底板均不宜太薄，外墙厚度一般应在 200mm 以上，底板厚度应在 150mm 以上。为防止地下水对混凝土侵蚀，在墙外侧应抹水泥砂浆，然后涂抹冷底子油，如图 2.29 所示。

2.3　墙　　体

2.3.1　墙体的作用及分类

2.3.1.1　墙体的作用

在民用建筑中，墙体一般有以下三个作用：

（1）承重作用。墙体承受屋顶、楼板（梁）传给它的荷载，本身的自重荷载和风荷载。

（2）围护作用。墙体隔住了自然界的风、雨、雪的侵袭，防止太阳辐射、噪声干扰以及室内热量的散失，起保温、隔热、隔声、防水等作用。

（3）分隔作用。墙体把房屋内部划分为若干房间和使用空间。

并不是所有的墙都同时具有这三个作用，有的既起承重作用又起围护作用，有的只起分隔作用，有的具有承重和分隔双重作用。

2.3.1.2 墙体的分类

墙体的分类方法很多，根据墙体在建筑物中的位置、受力情况、材料选用、构造施工方法的不同，可将墙体分为不同的类型。

1. 按位置分类

墙体按所处的位置不同分为外墙和内墙。外墙指房屋四周与室外接触的墙；内墙是位于房屋内部的墙。墙体按轴线方向又可以分为纵墙和横墙。沿建筑物长轴方向布置的墙称为纵墙，沿建筑物短轴方向布置的墙称为横墙，外横墙又称为山墙。另外，窗与窗、窗与门之间的墙称为窗间墙，窗洞下部的墙称为窗下墙，屋顶上部的墙称为女儿墙等（图2.30）。

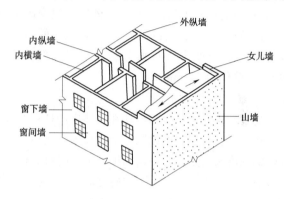

图 2.30 墙体名称

2. 按受力情况分类

按墙体受力情况的不同，可分为承重墙和非承重墙。凡是承担上部构件传来荷载的墙称为承重墙；不承担上部构件传来荷载的墙称为非承重墙。非承重墙包括自承重墙和隔墙，自承重墙仅承受自身重量而不承受外来荷载，而隔墙主要用作分隔内部空间而不承受外力。在框架结构中，不承受外来荷载，自重由框架承受，仅起分隔作用的墙，称为框架填充墙。

3. 按材料分类

按所用材料的不同，墙体有砖墙、石墙、土墙、混凝土墙、钢筋混凝土墙、轻质板材墙以及各种砌块墙等。

4. 按构造方式分类

按构造方式不同，可分为实体墙、空体墙和复合墙三种。实体墙是由普通黏土砖及其他实体砌块砌筑而成的墙；空体墙内部的空腔可以靠组砌形成，如空斗墙，也可用本身带孔的材料组合而成，如空心砌块墙等；复合墙由两种以上材料组合而成的，目的是提高墙体的保温、隔声或其他功能方面的要求，如加气混凝土复合板材墙，其中混凝土起承重作用，加气混凝土起保温、隔热作用。

5. 按施工方法分类

根据施工方法不同，墙体可分为块材墙、板筑墙和板材墙三种。块材墙是用砂浆等胶结材料将砖、石、砌块等组砌而成的，如实砌砖墙；板筑墙是在施工现场立模板现浇而成的墙体，如现浇钢筋混凝土墙；板材墙是预先制成墙板，在施工现场安装、拼接而成的墙体，如预制混凝土大板墙。

2.3.2 墙体构造

2.3.2.1 砖墙的构造

1. 砖墙材料

砖墙是由砖和砂浆按一定的规律和组砌方式砌筑而成的砌体。砖墙具有较好的保温、隔热及隔声效果，具有防火和防冻性能，有一定的承载能力，并且容易取材，生产制造及施工操作简单，不需要大型设备等优点；同时也有施工速度慢、劳动强度大、黏土砖生产占用农田等缺点。

砖的种类很多，从所采用的原材料上看有黏土砖、灰砂砖、页岩砖、煤矸石砖、水泥砖、矿渣砖等。从形状上看有实心砖及多孔砖。砖的等级强度以抗压强度划分为 6 级：MU30、MU25、MU20、MU15、MU10、MU7.5，单位为 N/mm^2。

砂浆由胶结材料（水泥、石灰、黏土）和填充材料（砂、石屑、矿渣、粉煤灰）用水搅拌而成，当前我们常用的有水泥砂浆、混合砂浆和石灰砂浆，水泥砂浆的强度和防潮性能最好，混合砂浆次之，石灰砂浆最差，但它的和易性好，在墙体要求不高时采用。砂浆的等级也是以抗压强度来进行划分的，从高到低依次为 M15、M10、M7.5、M5、M2.5、M1、M0.4，单位为 N/mm^2。

2. 砖墙的组砌方式

砖墙的砌筑方式是指砖块在砌体中的排列方式，为了保证墙体的坚固，砖块的排列应遵循内外搭接、上下错缝的原则。错缝长度不应小于 60mm，且应便于砌筑及少砍砖，否则会影响墙体的强度和稳定性。在墙的组砌中，砖块的长边平行于墙面的砖称为顺砖，砖块的长边垂直于墙面的砖称为丁砖。上下皮砖之间的水平缝称为横缝，左右两砖之间的垂直缝称为竖缝，砖砌筑时切忌出现竖直通缝，否则会影响墙的强度和稳定性，如图 2.31 所示。砖墙的叠砌方式可分为下列几种：全顺式、一顺一丁式、多顺一丁式、十字式，如图 2.32 所示。

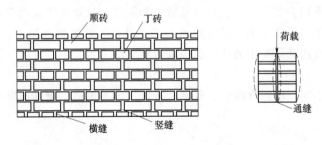

图 2.31　砖墙组砌名称及错缝

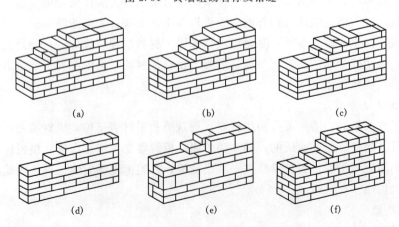

图 2.32　砖的砌筑方式

(a) 240 砖墙（一顺一丁式）；(b) 240 砖墙（多顺一丁式）；(c) 240 砖墙（丁顺相间式）；
(d) 120 砖墙；(e) 180 砖墙；(f) 370 砖墙

3. 实心砖墙的尺度

我国现行标准黏土砖的规格是 240mm×115mm×53mm（长×宽×厚）。长宽厚之比为 4:2:1（包括 10mm 灰缝）。用标准砖砌筑墙体时以砖宽度的倍数（115＋10＝125mm）为模数，与我国现行《建筑模数协调统一标准》中的基本模数 $M＝100mm$ 不协调，这是由于砖尺寸的确定时间要早于模数协调的确定时间。因此，在使用中必须注意标准砖的这一特征。

砖墙的尺度包括墙体厚度、墙段长度和墙体高度等。

（1）砖墙的厚度。砖墙的厚度习惯上以砖长为基数来称呼，如半砖墙、一砖墙、一砖半墙等，工程上以其标志尺寸来称呼，如一二墙、二四墙、三七墙等；常用墙厚的尺寸规律，见表 2.6。

表 2.6 砖 墙 厚 度 的 组 成 单位：mm

砖墙断面					
尺寸组成	115×1		115×2＋10	115	115×4＋30
构造尺寸	115	178	240	365	490
标志尺寸	120	180	240	370	490
工程称谓	一二墙	一八墙	二四墙	三七墙	四九墙
习惯称谓	半砖墙	3/4 砖墙	一砖墙	一砖半墙	两砖墙

（2）墙段长度和洞口尺寸。普通黏土砖墙的砖模数为 125mm，所以墙段长度和洞口宽度都应以此为递增基数。即墙段长度为（125n－10）mm，洞口宽度为（125n＋10）mm。这样，符合砖模数的墙段长度系列为 115mm、240mm、365mm、490mm、615mm、740mm、865mm、990mm、1115mm、1240mm、1365mm、1490mm 等；符合砖模数的洞口宽度系列为 135mm、260mm、385mm、510mm、635mm、760mm、885mm、1010mm 等。我国的《建筑模数协调统一标准》的基本模数 100mm，房屋的开间、进深采用了扩大模数 3M 的倍数，门窗洞口亦采用 3M 的倍数，1m 内的小洞口可采用 100mm 的倍数。这样一栋房屋中采用两种模数，必然会在设计施工中出现不协调现象，而砍砖过多会影响砌体强度，也给施工带来麻烦，解决这一矛盾的另一办法是调整灰缝大小。由于施工规范允许竖缝宽度为 8～12mm，使墙段有少许的调整余地。但是，墙段短时，灰缝数量少，调整范围小故墙段长度小于 1.5m 时，设计时宜使其符合砖模数；墙段长度超过 1.5m 时，可不再考虑砖模数。

另外，墙段长度尺寸尚应满足结构需要的最小尺寸，以避免应力集中在小墙段上而导致墙体的破坏，对转角处的墙段和承重窗间墙尤其应注意。如图 2.33 所示为多层房屋窗间墙宽度限值。

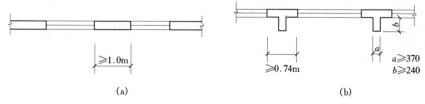

图 2.33 多层房屋窗间墙宽度限制
（a）采用砖墙承重；（b）采用砖跺

在抗震设防地区，墙段长度应符合现行《建筑抗震设计规范》，具体尺寸见表 2.7。

表 2.7　　　　　　　　　抗震设计规范的最小墙段长度　　　　　　　　单位：mm

构 造 类 型	设 计 烈 度			备 注
	Ⅵ、Ⅶ度	Ⅷ度	Ⅸ度	
承重窗间墙	1000	1200	1500	在墙角设钢筋混凝土构造柱时，不受此限制
承重外墙尽端墙段	1000	1500	2000	
内墙阳角至门洞边	1000	1500	2000	

（3）砖墙高度。按砖模数要求，砖墙的高度应为 53＋10＝63（mm）的整倍数。但现行统一模数协调系列多为 3M，如 2700mm、3000mm、3300mm 等，住宅建筑中层高尺寸则按 1M 递增，如 2700mm、2800mm、2900mm 等，均无法与砖墙皮数相适应。为此，砌筑前必须事先按设计尺寸反复推敲砌筑皮数，适当调整灰缝厚度，并制作若干根皮数杆以作为砌筑的依据，如图 2.34 所示。

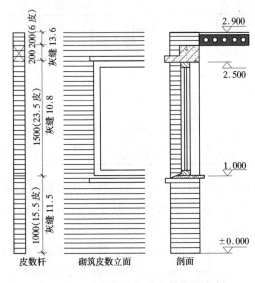

图 2.34　砖墙高度与砖皮数协调实例

4. 砖墙的细部构造

墙体作为建筑物主要的承重或围护构件，不同部位必须进行不同的处理，才可能保证其耐久适用。砖墙主要的细部构造包括墙脚构造（勒脚、墙身防潮层、散水、明沟）、门窗洞口构造、墙身加固措施，以及变形缝构造（详见 2.8 节）。

（1）勒脚。一般是指室内地坪以下与室外地面以上的这段墙体。勒脚有三方面的作用：①保护墙脚，防止外界碰撞；②防止地表水对墙脚的侵蚀破坏；③增强建筑物立面美观。所以要求勒脚坚固、防水和美观。一般采用以下几种构造作法（图 2.35）：一般建筑，可采用 20mm 厚 1：3 水泥砂浆抹面，1：2 水泥白石子水刷石或斩假石抹面；标准较高的建筑，可用天然石材或人工石材贴面，如花岗石、水磨石等；整个勒脚采用强度高、耐久性和防水性好的材料砌筑，如条石、混凝土等。

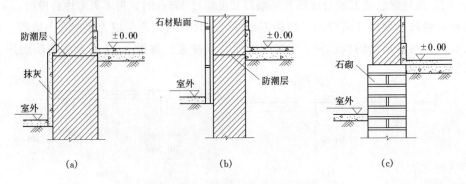

图 2.35　勒脚构造做法
(a) 抹面；(b) 贴面；(c) 石砌

(2) 墙身防潮层。由于砖或其他砌块基础的毛细管作用，土壤中的水分易从基础墙处上升，腐蚀墙身，因此必须在内、外墙脚部设置连续的防潮层以隔绝地下水的作用，构造形式上有水平防潮层和垂直防潮层。

1）防潮层的位置。水平防潮层一般应在室内地面不透水垫层（如混凝土）范围以内，通常在 −0.060m 标高处设置，而且至少要高于室外地坪 150mm，以防雨水溅湿墙身。当地面垫层为透水材料（如碎石、炉渣等）时，水平防潮层的位置应平齐或高于室内地面 60mm，即在 +0.060m 处。当两相邻房间室内地面有高差时，应在墙身内设置高低两道水平防潮层，并在靠土壤一侧设置垂直防潮层，以避免回填土中的潮气侵入墙身。墙身防潮层位置，如图 2.36 所示。

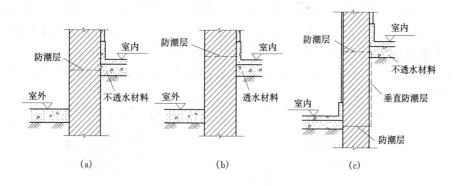

图 2.36 墙身防潮层的位置
(a) 地面垫层为不透水材料；(b) 地面垫层为透水材料；(c) 室内地面有高差

2）水平防潮层的做法。通常有以下几种：

油毡防潮层。在防潮层部位先抹 20mm 厚的水泥砂浆找平层，然后干铺油毡一层或用沥青粘贴一毡二油。油毡防潮层具有一定的韧性、延伸性和良好的防潮效果，但日久易老化失效，同时由于油毡使墙体隔离，削弱了砖墙的整体性和抗震能力，不宜用于有抗震要求的建筑中，如图 2.37 (a) 所示。

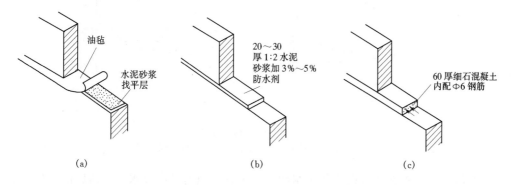

图 2.37 墙身水平防潮层构造
(a) 油毡防潮；(b) 水泥砂浆防潮；(c) 细石混凝土防潮

防水砂浆防潮层。在防潮层位置抹一层 20～30mm 厚、1∶2 水泥砂浆中加入 3%～5% 的防水剂配制成的防水砂浆，也可以用防水砂浆砌筑 4～6 皮砖。用防水砂浆作防潮层适用于抗震地区、独立砖柱和振动较大的砌体中，但砂浆开裂或不饱满时影响防潮效果；不宜用于地基会产生不均匀变形的建筑中，如图 2.37（b）所示。

细石混凝土防潮层。在防潮层位置铺设 60mm 厚 C15 或 C20 细石混凝土，内配 3Φ6、分布钢筋Φ4@250 的钢筋网以抗裂。由于混凝土密实性好，有一定的防水性能，并与砌体结合紧密，故适用于整体刚度要求较高的建筑中，如图 2.37（c）所示。

3）垂直防潮层的做法。在需设垂直防潮层的墙面（靠回填土一侧）先用水泥砂浆抹面，刷上冷底子油一道，再刷热沥青两道；也可以采用掺有防水剂的砂浆抹面的做法。

（3）散水与明沟。为了防止屋顶落水或地表水下渗侵蚀基础，必须沿外墙四周设置散水或明沟，以便将建筑物周围的积水及时排离。

1）散水。是沿建筑物外墙四周设置的向外倾斜的坡面，适用于年降水量较少，或建筑四周易于排除地面水的情况，否则应采用明沟。散水可用水泥砂浆、混凝土、砖、石块等材料做面层，其宽度一般为 600～1000mm，坡度为 3%～5% 。当屋面为自由落水时，其宽度应比屋檐挑出的宽度大 200～300mm，一般外缘高出室外地坪 30～50mm。由于建筑物的沉降，勒脚与散水施工时间的差异，在勒脚与散水交接处应留有缝隙，缝内填粗砂或碎石子，上嵌沥青胶盖缝，以防渗水，如图 2.38 所示。

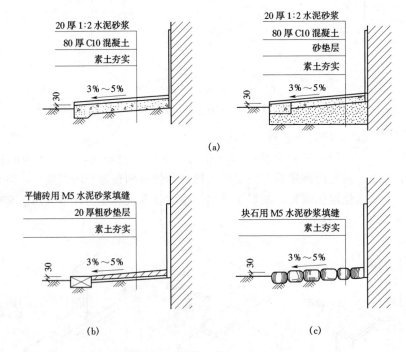

图 2.38　散水构造做法
（a）混凝土散水；（b）砖散水；（c）块石散水

2）明沟。是设置在外墙四周的排水沟，将水有组织地导向集水井，然后流入排水系统。明沟常用于降雨量较大的南方地区。一般用素混凝土现浇，或用砖石铺砌成 180mm 宽、150mm 深的沟槽，然后用水泥砂浆抹面。沟底应有不小于 1% 的坡度，以保证排水畅通。其构造如图 2.39 所示。

（4）门窗洞口过梁。为了支承门窗洞口上传来的荷载，并把这些荷载传递给洞口两侧的墙体，常在门窗洞顶上设置一根横梁，这根横梁叫过梁。根据材料和构造方式不同，过梁有

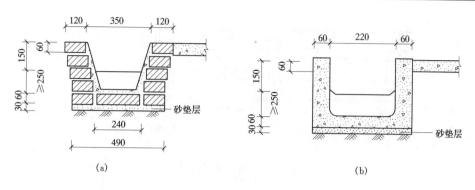

图 2.39 明沟构造做法

(a) 砖砌明沟；(b) 混凝土明沟

钢筋混凝土过梁、砖砌平拱过梁及钢筋砖过梁三种。

钢筋混凝土过梁承载能力强，跨度大，适应性好，有现浇和预制两种。常用的钢筋混凝土过梁有矩形和 L 形两种断面形式，其断面尺寸主要根据荷载的多少、跨度的大小计算确定。过梁的宽度一般同墙宽，如 115mm、240mm 等（即宽度等于半砖的倍数）。过梁的高度可做成 60mm、120mm、180mm、240mm 等（即高度等于砖厚的倍数）。过梁两端搁入墙内的支撑长度不小于 240mm。矩形断面的过梁用于没有特殊要求的外立面墙或内墙中。L 形断面多用于有窗套的窗、带窗楣板的窗。出挑部分尺寸一般厚度 60mm、长度 300～500mm，也可按设计给定，如图 2.40 所示。

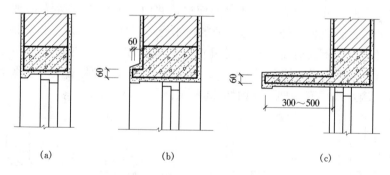

图 2.40 钢筋混凝土过梁

(a) 平墙过梁；(b) 带窗套过梁；(c) 带窗楣过梁

砖砌平拱过梁是我国的传统做法，由竖砖砌筑而成的，它利用灰缝上大下小，使砖向两边倾斜、相互挤压形成拱的作用来承担荷载。砖砌平拱的高度多为一砖长，灰缝上部宽度不宜大于 15mm，下部宽度不应小于 5mm，两端下部伸入墙内 20～30mm，中部起拱高度为洞口跨度的 1/50。砖不应底于 MU7.5，砂浆不低于 M2.5。它的优点是不用钢筋，水泥用量少，较经济。但其跨度一般不超过 1.2m（当拱高为 1.5 砖时可达 1.4m），如图 2.41 所示。

钢筋砖过梁即在洞口顶部配置钢筋，其上用砖平砌，形成能承受弯矩的加筋砖砌体。将间距小于 120mm 的 Φ6 钢筋埋在梁底部厚度为 30mm 的水泥砂浆层内，钢筋伸入洞口两侧墙内的长度不应小 240mm，并设 90°直弯钩，埋在墙体的竖缝内。在洞口上部不小于 1/4 洞口跨度的高度范围内（且不应小于 5 皮砖），用不低于 MU7.5 的砖和不低于 M5 的砂浆砌筑。钢筋砖过梁最大跨度为 2m，如图 2.42 所示。

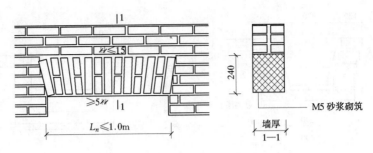

图 2.41　砖砌平拱过梁

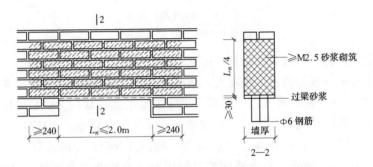

图 2.42　钢筋砖过梁

（5）窗台。外窗的窗洞下部设窗台，目的是排除窗面流下的雨水，防止其渗入墙身和沿窗缝渗入室内。因此，外窗台应有不透水的面层，并向外形成 10％ 左右的坡度。外窗台有悬挑窗台和不悬挑窗台两种。处于阳台等处的窗不受雨水冲刷，可不必设悬挑窗台；外墙面材料为贴面砖时，也可不设悬挑窗台。悬挑窗台常采用顶砌一皮砖出挑 60mm 或将一砖侧砌并出挑 60mm，也可采用钢筋混凝土窗台。悬挑窗台底部边缘处抹灰时应做宽度和深度均不小于 10mm 的滴水线或滴水槽，如图 2.43 所示。

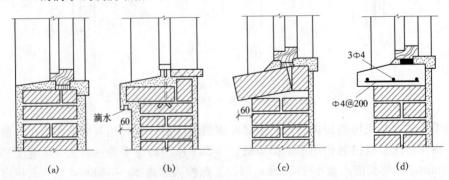

图 2.43　窗台构造
（a）不悬挑窗台；（b）滴水窗台；（b）侧砌砖窗台；（d）预置钢筋混凝土窗台

（6）墙身加固措施。对于多层砖混结构的承重墙，由于可能承受上部集中荷载、开洞以及其他因素，会造成墙体的强度及稳定性有所降低，因此要考虑对墙身采取加固措施。

1）增加壁柱和门垛。当墙体承受集中荷载，强度不能满足要求，或由于墙体长度和高度超过一定限度而影响墙体的稳定性时，常在墙身局部适当位置增设壁柱，使之和墙体共同承担荷载并稳定墙身。壁柱突出墙面的尺寸应符合砖规格，一般为 120mm×370mm、240mm×370mm、240mm×490mm，或根据结构计算确定 [图 2.44 (a)]。

在墙体转角处或在丁字墙交接处开设门窗洞口时，为了保证墙体的承载力及稳定性和便于门窗板安装，应设门垛。门垛凸出墙面不少于 120mm，宽度同墙厚 [图 2.44 (b)]。

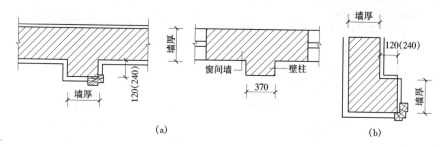

图 2.44　壁柱与门垛
(a) 壁柱；(b) 门垛

2) 设置圈梁。圈梁是沿外墙四周及部分内墙的水平方向设置的连续闭合的梁。圈梁配合楼板共同作用，可提高建筑物的空间刚度及整体性，增加墙体的稳定性，减少地基不均匀沉降引起的墙体开裂。在抗震设防地区，圈梁与构造柱一起形成骨架，可提高抗震能力。

圈梁有两种，即钢筋砖圈梁和钢筋混凝土圈梁。钢筋砖圈梁多用于非抗震区，结合钢筋砖过梁沿外墙形成；钢筋混凝土圈梁的宽度同墙厚度且不小于 180mm，高度不应小于200mm。外墙圈梁顶一般与楼板持平，铺预制楼板的内承重墙的圈梁一般设在楼板之下。

圈梁最好与门窗过梁合一。在特殊情况下，当遇有门窗洞口致使圈梁局部被截断时，应在洞口上部增设相应截面的附加圈梁。附加圈梁与圈梁搭接长度不应小于其垂直间距的两倍，且不得小于 1m，如图 2.45 所示，但对有抗震要求的建筑物，圈梁不宜被洞口截断。

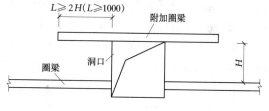

图 2.45　附加圈梁

3) 设置构造柱。钢筋混凝土构造柱是从抗震角度考虑设置的，一般设在外墙转角、内墙交接处、较大洞口两侧及楼梯、电梯间四角等。由于房屋的层数和地震的烈度不同，构造柱的设置要求也有所不同。构造柱必须与圈梁紧密连接，形成空间骨架，以增强房屋的整体刚度，提高墙体抵抗变形的能力，并使砖墙在受震开裂后，也能裂而不倒。

构造柱的最小截面尺寸为 240mm×180mm，一般为 240mm×240mm；构造柱的最小配筋量是：纵向钢筋 4Φ12，箍筋Φ6，间距不宜大于 250mm，在柱的上下端宜适当加密。设防烈度Ⅶ度时房屋超过 6 层、Ⅷ度时超过 5 层、Ⅸ度时纵向钢筋采用 4Φ14，箍筋用Φ6 间距不应大于 200mm，房屋四角的构造柱可适当加大截面及配筋。构造柱下端应伸入地梁内，无地梁时应伸入底层地坪下 500mm 处。为加强构造柱与墙体的连接，该处墙体宜砌成马牙槎，并应沿墙高每隔 500mm 设 2Φ6 拉结钢筋，每边伸入墙内不少于 1m。施工时应先放置构造柱钢筋骨架，后砌墙，随着墙体的升高而逐段现浇混凝土构造柱身，如图 2.46 所示。

2.3.2.2　砌块墙的构造

砌块墙是采用预制块材按一定技术要求砌筑而成的墙体。砌块是利用工业废料（煤渣、

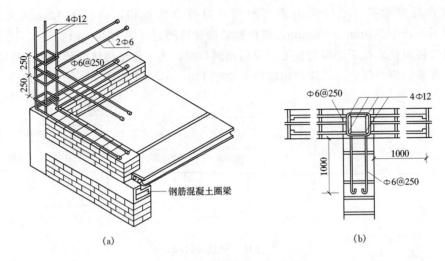

图 2.46　砖砌体中的构造柱

(a) 外墙转角处；(b) 内外墙交接处

矿渣等）和地方资源制作而成，它既能减少对耕地的破坏，又施工方便、适应性强，便于就地取材，造价低廉，我国目前许多地区都在提倡采用。一般 6 层以下的民用建筑及单层厂房均可使用砌块替代黏土砖。

1. 砌块的类型与规格

砌块按其构造方式可分为实心砌块和空心砌块，空心砌块有单排方孔、单排圆孔和多排扁孔三种形式；砌块按其重量和尺寸大小分为大、中、小三种规格。重量在 20kg 以下，系列中主规格高度在 115～380mm 之间的称作小型砌块；重量在 20～350kg 之间，高度在 380～980mm 之间的称作中型砌块；重量大于 350kg，高度大于 980mm 的称作大型砌块。砌块的厚度多为 190mm 或 200mm。常用砌块类型与规格，见表 2.8。

表 2.8　　　　　　　　　　　　　　　　　　　　砌 块 类 型 与 规 格

分　类	小 型 砌 块	中 型 砌 块		大 型 砌 块
用料及配合比	C15 细石混凝土，配合比经计算与实验确定	C20 细石混凝土，配合比经计算与实验确定	粉煤灰：30～580kg/m³；石灰：50～160kg/m³；磷石膏：350kg/m³；煤渣：960kg/m³	粉煤灰：68%～75%；石灰：21%～23%；石膏：4%；泡沫剂：1%～2%
规格　厚×高×长　(mm×mm×mm)	90×190×190 190×190×190 190×190×390	180×845×630 180×845×830 180×845×1030 180×845×1280 180×845×1480 180×845×1680 180×845×1880 180×845×2130	190×380×280 190×380×430 190×380×580 190×380×880	厚：200 高：600、700、800、900 长：2700、3000、3300、3600
最大块质量	13kg	295kg	102kg	大型：650kg
使用情况	广州、陕西等地区，用于住宅建筑和单层厂房等	浙江，用于 3～4 层住宅和单层厂房	上海，用于 4～5 层宿舍和住宅	天津，用于 4 层宿舍、3 层学校、单层厂房

2. 砌块的组砌原则

力求排列整齐、有规律性，以便施工；上下皮错缝搭接，避免通缝；纵横墙交接处和转角处砌块也应彼此搭接，有时还应加筋，以提高墙体的整体性，保证墙体强度和刚度；当采用混凝土空心砌块时，上下皮砌块应孔对孔、肋对肋，使其之间有足够的接触面，扩大受压面积；尽可能减少镶砖，必须镶砖时，应分散、对称布置，以保证砌体受力均匀；优先采用大规格的砌块，尽量减少砌块规格，充分利用吊装机械的设备能力。砌块建筑进行施工前，必须遵循以上原则进行反复排列设计，通过试排来发现和分析设计与施工间的矛盾，并给予解决。

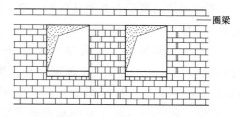

图 2.47 小型砌块排列及圈梁位置示例

3. 细部构造

(1) 圈梁。圈梁的作用是加强砌块墙体的整体性，圈梁可预制和现浇，圈梁通常与窗过梁合用。在抗震设防区，圈梁设置在楼板同一标高处，将楼板与之联牢箍紧，形成闭合的平面框架，对抗震有很大的作用，如图 2.47 所示为小型砌块排列及圈梁位置示例。

(2) 砌块灰缝。砌块在厚度方向大多没有搭接，因此对砌块的长向错缝搭接要求比较高。中型砌块上下皮搭接长度不少于砌块高度的 1/3，且不小于 150mm。小型空心砌块上下皮搭接长度不小于 90mm。当搭接长度不足时，应在水平灰缝内设置不小于 2φ4 的钢筋网片，网片每端均应超过该垂直缝不小于 300mm。砌筑砌块的砂浆一般采用强度不小于 M5 的水泥砂浆。灰缝的宽度主要根据砌块材料和规格大小确定，一般情况下，小型砌块为 10～15mm，中型砌块为 15～20mm。当竖缝宽大于 30mm 时，须用 C20 细石混凝土灌实，如图 2.48 所示。

(3) 构造柱。砌块墙的竖向加强措施是在外墙转角以及交接处增设构造柱，将砌块在垂直方向连成整体。构造柱多利用空心砌块上下孔洞对齐，并在孔中用 φ12～14 的钢筋分层插入，再用 C20 细石混凝土分层灌实。构造柱与砌块墙连接处的拉结钢筋网片，每边深入墙内不少于 1m。混凝土小型砌块房屋可采用 φ4 点焊钢筋网片，沿墙高每隔 600mm 设置；中层砌块可采用 φ6 钢筋网片，并隔皮设置，如图 2.49 所示。

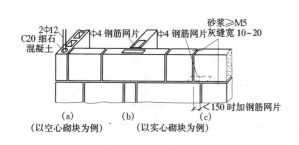

图 2.48 砌缝处理

(a) 转角配筋；(b) 丁字墙配筋；(c) 错缝配筋

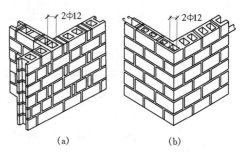

图 2.49 砌块墙构造柱

(a) 内外墙交接处构造柱；(b) 外墙转角处构造柱

(4) 门窗部位构造。门窗过梁与阳台一般采用预制钢筋混凝土构件，门窗固定可用预埋木块、铁件锚固，或膨胀木块、膨胀螺栓固定等。

(5) 勒脚。砌块建筑的勒脚，根据具体情况确定，硅酸盐、加气混凝土等吸水性较大的砌块，不宜做勒脚。

2.3.2.3 隔墙的构造

隔墙的作用在于分隔，不承受外来荷载，本身重量由楼板和墙下小梁来承担，因此隔墙应满足自重轻、厚度薄、隔声、防潮、耐火性能好、便于安装和拆卸的特点。隔墙的类型很多，按其构造方式可分为块材隔墙、轻骨架隔墙、板材隔墙三大类。

1. 块材隔墙

常用的块材隔墙有普通砖隔墙、空心砖隔墙、加气混凝土块隔墙等多种形式，常用的有普通砖隔墙和砌块隔墙。

（1）普通砖隔墙。有顺砌半砖（120mm）隔墙和侧砌 1/4 砖隔墙（60mm），一般采用顺砌半砖隔墙。砖隔墙的砌筑砂浆强度等级不低于 M5。墙体高度超过 3m，长度超过 5m 时要考虑墙身的稳定而加固，一般沿高度每隔 0.5m 砌入 2φ4 钢筋，或每隔 1.2～1.5m 设一道 30～50mm 厚的水泥砂浆层，内放 2φ6 钢筋。隔墙上部与楼板相接处，用立砖斜砌，使墙和楼板挤紧。隔墙上有门时，要预埋铁件或将带有木楔的混凝土预制块砌入隔墙中以固定门框。1/4 砖隔墙的高度、长度不宜过大，且一般用于不设门洞的次要房间。若隔墙必须开设门洞时，则须将门洞两侧墙垛放宽到半砖墙，或在墙内每隔 1200mm 设钢筋混凝土小立柱加固，并每隔 7 皮砖砌入 φ16 钢筋，且与两端垂直墙相接。图 2.50 所示为半砖隔墙。

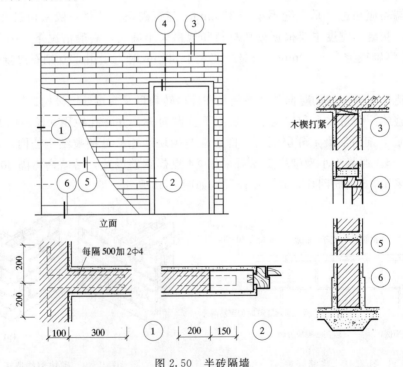

图 2.50 半砖隔墙

（2）砌块隔墙。砌块隔墙重量轻、块体大。目前常用加气混凝土块、粉煤灰硅酸盐砌块、水泥炉渣空心砖等砌筑隔墙。砌块大多质轻、空隙率大、隔热性能好，但吸水性较强，因此应在砌块下方先砌 3～5 皮黏土砖。砌块隔墙采取的加固措施同砖墙，如图 2.51 所示。

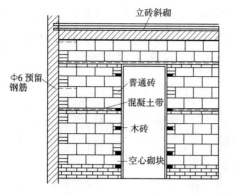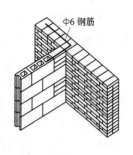

图 2.51 砌块隔墙

2. 轻骨架隔墙

轻骨架隔墙也称立筋隔墙，它是以木材、钢材或其他材料构成骨架，把面层钉结、涂抹或粘贴在骨架上形成的隔墙，由骨架和面层两部分组成。

（1）骨架。骨架有木骨架、轻钢骨架、石膏骨架、石棉水泥骨架和铝合金骨架等。木骨架自重轻、构造简单、便于拆装，故应用较广。但防水、防潮、防火、隔声性能较差，耗费大量木材；轻钢骨架常采用 0.8～1mm 厚的槽钢或工字钢，它具有强度高、刚度大、质量轻、整体性好、易于加工和大批量生产，且防火、防潮性能好等优点；石膏骨架、石棉水泥骨架和铝合金骨架，是利用工业废料和地方材料及轻金属制成的，具有良好的使用性能，同时可以节约木材和钢材，应推广采用。骨架由上槛、下槛、墙筋、横撑或斜撑组成。

墙筋的间距取决于面板的尺寸，一般为 400～600mm。当饰面为抹灰时取 400mm，饰面为板材时取 500mm 或 600mm。骨架的安装过程是先用射钉将上槛、下槛（也称导向骨架）固定在楼板上，然后安装龙骨（墙筋和横撑）。

（2）面层。骨架隔墙的面层有人造面板和抹灰面层。根据不同的面板和骨架材料可分别采用钉子、自攻螺钉、膨胀铆钉或金属夹子等，将面板固定于立筋骨架上。隔墙的名称是依据不同的面层材料而定的，如板条抹灰隔墙和人造板面层骨架隔墙等。

板条抹灰隔墙是先在木骨架的两侧钉灰板条，然后抹灰。灰板条的尺寸一般为 1200mm×30mm×6mm，其间隙为 9mm 左右，以便让底灰挤入板条间隙的背面"咬"住灰板条；同时为避免灰板条在一根墙筋上接缝过长而使抹灰层产生裂缝，板条的接头一般连续高度不应超过 500mm，如图 2.52 所示。

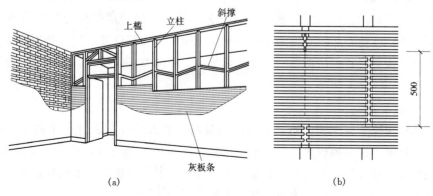

(a)　　　　　　　　　　　　　　(b)

图 2.52 板条抹灰隔墙

人造板面层骨架隔墙常用的人造板面层（即面板）有胶合板、纤维板、石膏板等。胶合板、硬质纤维板以木材为原料，多采用木骨架。石膏板多采用石膏或轻金属骨架。面板可用镀锌螺钉、自攻螺钉或金属夹子固定在骨架上，如图 2.53 所示。

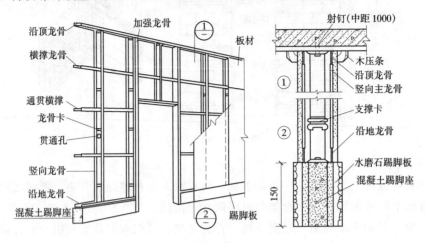

图 2.53　人造板面层骨架隔墙

隔墙一侧为卫生间或盥洗室用水房间，应做好防水、防潮处理，在构造处理上应先在楼板四周用细石混凝土浇筑一段不小于 150mm 高的墙体，然后再立骨架。在有水一侧的墙面可采用绑扎钢筋、固定钢板网并以水泥砂浆粉刷，可加贴墙面砖；而隔墙的另一面仍可采用纸面石膏板等面板。隔墙遇有门窗或特殊部位处，应使用附加龙骨来加固。

3. 板材隔墙

板材隔墙是指采用各种轻质材料制成的各种预制条形板材，现场裁切、安装而成的隔墙。目前多采用条板，常见的板材有加气混凝土条板、石膏条板、炭化石条板、石膏珍珠岩条板以及各种复合板等。为减轻自重，常做成空心板。条板隔墙直接拼装，不依赖骨架，因此它具有自重轻、安装方便、施工速度快、工业化程度高的特点。条板厚度大多为 60～100mm，宽度为 600～1000mm，长度略小于房间净高。安装时，先将条板下部用一对对口木楔顶紧，然后用细石混凝土堵严，板缝用黏结砂浆或黏结剂进行黏结，并用胶泥刮缝平整后，再做表面装修，如图 2.54 所示。

2.3.3　墙面装修构造

为了满足建筑物的使用要求，提高建筑的艺术效果，保护墙体免受外界影响，保护结构，改善墙体热功性能，必须对墙面进行装修。墙面装修按其位置不同可分为外墙面和内墙面装修两大类。按材料和做法的不同，分为抹灰类、贴面类、涂料类、裱糊类、铺钉类五大类，见表 2.9。

1. 抹灰类墙面装修

抹灰类墙面装修是以水泥、石灰膏为胶结材料，加入砂或石渣与水拌和成砂浆或石渣浆，然后抹到墙面上的一种操作工艺。是我国传统的墙面装修方式，也称"粉刷"。这种饰面具有耐久性低、易开裂、易变色、且多为手工操作、湿作业施工、工效较低的缺点，但取材、施工方便，造价低。因此在大量建筑中得到广泛的应用。

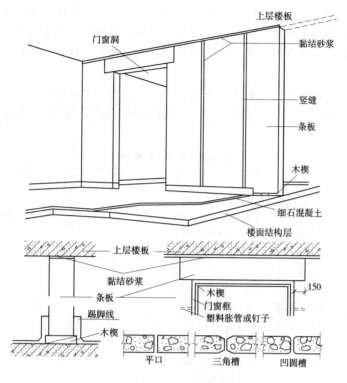

图 2.54　板材隔墙

表 2.9　　　　　　　　　　　　墙 面 装 修 分 类

类　别	室　外　装　修	室　内　装　修
抹灰类	水泥砂浆、混合砂浆、聚合物水泥砂浆、拉毛、水刷石、干粘石、斩假石、假面砖、喷涂、滚涂等	纸筋灰、麻刀灰粉面、石膏粉面、膨胀珍珠岩灰浆、混合砂浆、拉毛、拉条等
贴面类	外墙面砖、马赛克、水磨石、天然石板等	釉面砖、人造石板、天然石板等
涂料类	石灰浆、水泥浆、溶剂型涂料、乳胶涂料、彩色胶砂涂料、彩色弹涂等	大白浆、石灰浆、油漆、乳胶漆、水溶性涂料、弹涂等
裱糊类		塑料墙纸、金属面墙纸、木纹壁纸、花纹玻璃纤维布、纺织面墙纸及绵缎等
铺钉类	各种金属饰面板、石棉水泥板、玻璃	各种木夹板、木纤维板、石膏板及各种装饰面板等

为了避免出现裂缝，保证抹灰层牢固和表面平整，施工时需分层操作。抹灰装饰层由底层、中层和面层三个层次组成，如图 2.55 所示。普通抹灰分底层和面层；对一些标准较高的中级抹灰和高级抹灰，在底层和面层之间还要增加一层或数层中间层。各层抹灰不宜过厚，总厚度一般为 15～20mm。

底层抹灰也叫刮糙，主要的作用是与基层（墙体表面）黏结和初步找平，厚度为 5～15mm。底层灰浆用料视基层材料而异：普通砖墙常用石灰砂浆和混合砂浆；对混凝土

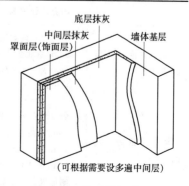

图 2.55　墙面抹灰分层

83

墙应采用混合砂浆和水泥砂浆；板条墙的底灰用麻刀石灰浆或纸筋石灰砂浆；另外，对湿度较大的房间或有防水、防潮要求的墙体，底灰应选用水泥砂浆或水泥混合砂浆。

中层抹灰主要起找平作用，其所用材料与底层基本相同，也可以根据装修要求选用其他材料，厚度一般为 5～10mm。

面层抹灰主要起装修作用，要求表面平整、色彩均匀、无裂纹，可以作成光滑、粗糙等不同质感的表面。根据面层所用材料，抹灰装修有很多类型，常见抹灰的具体构造做法见表 2.10。

表 2.10　　　　　　　　　　墙　面　抹　灰　做　法　举　例

抹 灰 名 称	做 法 说 明	适 用 范 围
水泥砂浆墙（1）	8mm 厚 1：2.5 水泥砂浆抹面； 12mm 厚 1：3 水泥砂浆打底扫毛； 刷界面处理剂一道（随刷随抹底灰）	混凝土基层的外墙
水刷石墙面（1）	8mm 厚 1：1.5 水泥石子（小八厘）罩面，水刷露出石子； 刷素水泥浆一道； 12mm 厚 1：3 水泥砂浆打底扫毛； 刷界面处理剂一道（随刷随抹底灰）	混凝土基层的外墙
水刷石墙面（2）	8mm 厚 1：1.5 水泥石子（小八厘）罩面，水刷露出石子； 刷素水泥浆一道； 6mm 厚 1：6 水泥石灰膏砂浆抹平扫毛； 6mm 厚 1：0.5：4 水泥石灰膏砂浆打底扫毛； 刷加气混凝土界面处理剂一道	加气混凝土等轻型外墙
斩假石（剁斧石）墙面	剁斧斩毛两遍成活； 10mm 厚 1：1.25 水泥石子抹平（米粒石内掺 30% 石屑）； 刷素水泥浆一道； 10mm 厚 1：3 水泥砂浆打底扫毛； 清扫集灰，适量洇水	砖基层的外墙
水泥砂浆墙（2）	刷（喷）内墙涂料； 5mm 厚 1：2.5 水泥砂浆抹面，压实赶光； 13mm 厚 1：3 水泥砂浆打底	砖基层的内墙
水泥砂浆墙（3）	刷（喷）内墙涂料； 5mm 厚 1：2.5 水泥砂浆抹面，压实赶光； 5mm 厚 1：1：6 水泥石膏砂浆扫毛； 6mm 厚 1：0.5：4 水泥石膏砂浆打底扫毛； 刷界面处理剂一道	加气混凝土等轻型内墙
纸筋（麻刀）墙面（1）	刷（喷）内墙涂料； 2mm 厚纸筋（麻刀）灰抹面； 6mm 厚 1：3 石灰膏砂浆； 10mm 厚 1：3：9 水泥石灰膏砂浆打底	砖基层的内墙
纸筋（麻刀）墙面（2）	刷（喷）内墙涂料； 2mm 厚纸筋（麻刀）灰抹面； 9mm 厚 1：3 石灰膏砂浆； 5mm 厚 1：3：9 水泥石灰膏砂浆打底划出纹理； 刷加气混凝土界面处理剂一道	加气混凝土等轻型内墙

在室内抹灰中，对人群活动频繁，易受碰撞的墙面，或有防水、防潮要求的墙身，常采用 1：3 水泥砂浆打底，1：2 水泥砂浆或水磨石罩面，高约 1.5m 的墙裙，如图 2.56 所示。

对于宜被碰撞的内墙阳角，宜用 1：2 水泥砂浆做护角，高度不应小于 2mm，每侧宽度不应小于 50mm，如图 2.57 所示。

外墙面因抹灰面积较大，由于材料干缩和温度变化，容易产生裂缝，常在抹灰面层做分格，称为引条线。引条线的做法是在底灰上埋放不同形式的木引条，面层抹灰完毕后及时取下引条，再用水泥砂浆勾缝，以提高抗渗能力，如图 2.58 所示。

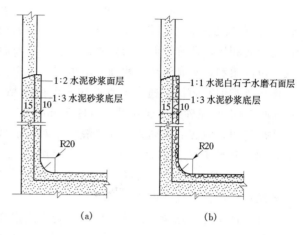

图 2.56　墙裙构造
（a）水泥砂浆墙裙；（b）水磨石墙裙

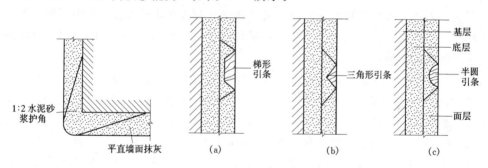

图 2.57　护角做法

图 2.58　外墙抹灰面的引条做法
（a）梯形线脚；（b）三角形线脚；（c）半圆形线脚

2. 贴面类墙面装修

贴面类墙面装修是利用人造板、块及天然石料直接粘贴于基层表面或通过构造连接固定于基层上的装修做法。这类装修具有耐久性强、施工方便、装饰效果好等优点，但造价较高，一般用于装修要求较高的建筑中。贴面类装修指在内外墙面上粘贴各种陶瓷面砖、天然石板、人造石板等。

（1）陶瓷面砖、陶瓷锦砖墙面装修。面砖多数是以陶土和瓷土为原料，压制成型后煅烧而成的饰面块，面砖既能用于墙面，又能用于地面，所以也称为墙地砖。面砖分挂釉和不挂釉两种，这两种又都有平滑的和有一定纹理的两类。无釉面砖主要用于高级建筑外墙面装修，釉面砖主要用于高级建筑内外墙面及厨房、卫生间的墙裙贴面。面砖质地坚固、防冻、耐蚀、色彩多样。

陶土面砖常用的规格有 113mm×77mm×17mm、145mm×113mm×17mm、233mm×113mm×17mm 和 265mm×113mm×17mm 等多种；瓷土面砖常用的规格有 108mm×108mm×5mm、152mm×152mm×5mm、100mm×200mm×7mm、200mm×200mm×7mm 等；陶瓷锦砖又名"马赛克"，是以优质陶土烧制而成的小块瓷砖，有挂釉和不挂釉两

种。常用规格有 18.5mm×18.5mm×5mm、39mm×39mm×5mm、39mm×18.5mm×5mm 等，有长方形、方形和其他不规则形。锦砖一般用于内墙面，也可用于外墙面装修。锦砖与面砖相比，造价较低。与陶瓷锦砖相似的玻璃锦砖是透明的玻璃质饰面材料，它质地坚硬，色泽柔和，具有耐热、耐蚀、不龟裂、不褪色、造价低的特点。

面砖等类型贴面材料通常是直接用水泥砂浆粘于墙上。一般将墙面清洗干净后，先抹 15mm 厚 1∶3 水泥砂浆打底找平，再抹 5mm 厚 1∶1 水泥细砂砂浆粘贴面层制品。镶贴面砖需留出缝隙，面砖的排列方式和接缝大小对立面效果有一定的影响，通常有横铺、竖铺、错开排列等几种方式。锦砖一般按设计图纸要求，在工厂反贴在标准尺寸为 325mm×325mm 的牛皮纸上，施工时将纸面朝外整块粘贴在 1∶1 水泥细砂砂浆上，用木板压平，待砂浆硬结后，洗去牛皮纸即可。

此外，严寒地区选择贴面类外墙饰面砖应注意其抗冻性能，按规范规定，外墙饰面砖的吸水率不得大于 10%，否则因其吸水率过大，宜造成冻裂脱落而影响美观。凡镶贴于室外突出的檐口、窗口、雨篷等处的面砖饰面，均应做出流水坡度和滴水线（槽）。粘贴于外墙的饰面砖在同一墙面上的横竖排列，均不得有一行以上的非整砖。非整砖行应排在次要部位或阴角处。

（2）天然石板及人造石板墙面装修。常见的天然石板有花岗岩板、大理石板两类。它们具有强度高、结构密实、不易污染、装修效果好等优点。但由于它们加工复杂、价格昂贵，故多用于高级墙面装修中。

人造石板一般由白水泥、彩色石子、颜料等配合而成，具有天然石材的花纹和质感，重量轻、表面光洁、色彩多样、造价低等优点，常见的有水磨石板、仿大理石板等。

天然石板和人造石板的安装方法相同，由于石板面积大，重量大，为保证石板饰面的坚固和耐久，一般应先在墙身或柱内预理Φ6 铁箍，在铁箍内立Φ8～10 竖筋和横筋，形成钢筋网，再用双股铜线或镀锌铁丝穿过事先在石板上钻好的孔眼（人造石板则利用预埋在板中的安装环），将石板绑扎在钢筋网上。上下两块石板用不锈钢卡销固定。石板与墙之间一般留 30mm 缝隙，上部用定位活动木楔做临时固定，校正无误后，在板与墙之间分层浇筑 1∶2.5 水泥砂浆，每次灌入高度不应超过 200mm。待砂浆初凝后，取掉定位活动木楔，继续上层石板的安装，如图 2.59 所示。由于湿挂法施工的天然石板墙面具有基底透色、板缝砂浆污染等缺点。在装饰要求较高的工程中，常采用干挂法施工，干挂法是用不锈钢材的挂具直接固定石板，在石板间用密封胶嵌缝。

3. 涂料类墙面装修

涂料类墙面装修是将各种涂料喷刷于基层表面而形成牢固的保护膜，从而起到保护墙面和装饰墙面的一种装修做法。这类装修做法材源广，装饰效果好，造价低，操作简单，工期短，工效高，自重轻，维修、更新方便。是当今最有发展前途的装修做法。要求基层平整，施工质量好。

涂料按其成膜物的不同可分为无机涂料和有机涂料两大类。

无机涂料：无机涂料有普通无机涂料和无机高分子涂料。普通无机涂料，如石灰浆、大白灰、可赛银浆等，多用于一般标准的室内装修。无机高分子涂料有 JH80-1 型、JH80-2 型、JHN84-1 型、F832 型、LH-82 型、HT-1 型等。无机高分子涂料有耐水性、耐酸碱、耐冻融、装饰效果好、价格较高等特点，多用于外墙面装修和有耐擦洗要求的内墙面

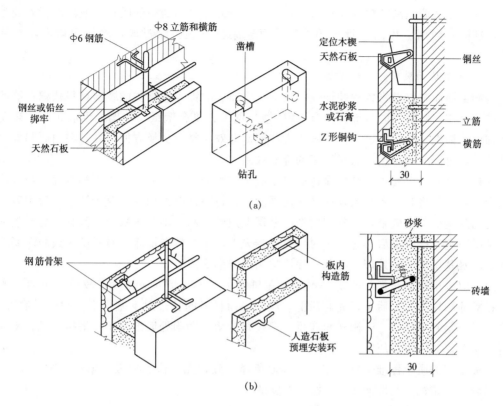

图 2.59 天然石板与人造石板墙面装修
(a) 天然石板墙面装修；(b) 人造石板墙面装修

装修。

有机涂料：有机涂料依其主要成膜物质与稀释剂不同，有溶剂型涂料、水溶型涂料和乳胶漆涂料三类。溶剂型涂料有传统的油漆涂料、苯乙烯内墙涂料、聚乙烯醇缩丁醛内（外）墙涂料、过氯乙烯内墙涂料等；常见的水溶性涂料有聚乙烯醇水玻璃内墙面涂料（即 106 涂料）、聚合物水泥砂浆饰面涂层、改性水玻璃内墙涂料、108 内墙涂料、ST－803 内墙涂料、JGY－821 内墙涂料、801 内墙涂料等；乳液涂料又称乳胶漆，常见的有乙丙乳胶涂料、苯丙乳胶涂料等，多用于内墙装饰。

建筑涂料的施涂方法，一般为刷涂、滚涂和喷涂。施涂溶剂型涂料时，后一遍涂料必须在前一遍涂料干燥后进行，否则易发生皱皮、开裂等质量问题。施涂水溶性涂料时，要求与做法同上。每遍涂料均应施涂均匀，各层结合牢固。当采用双组分和多组分的涂料时，应严格按产品说明书规定的配合比使用，根据使用情况可分批混合，并在规定的时间内用完。在湿度较大，特别是遇明水部位的外墙和厨房、厕所、浴室等房间内施涂涂料时，为确保涂层质量，应选用耐洗刷性较好的涂料和耐水性能好的腻子材料（如聚醋酸乙烯乳液水泥腻子等）。涂料工程使用的腻子，应坚实牢固，不得粉化、起皮和裂纹。待腻子干燥后，还应打磨平整光滑，并清理干净。

用于外墙的涂料，考虑到其长期直接暴露在自然界中，经受日晒雨淋的侵蚀，因此要求除应具有良好的耐水性、耐碱性外，还应具有良好的耐洗刷性、耐冻性、循环性、耐久性和耐玷污性。当外墙施涂涂料面积过大时，可以外墙的分格缝、墙的阴角处或落水管等处为分界线，在同一墙面应用同一批号的涂料，每遍涂料不宜施涂过厚，涂料要均匀，颜色要一致。

4. 裱糊类墙面装修

裱糊类墙面装修是将各种装饰性的墙纸、墙布、织锦等卷材类的装饰材料裱糊在墙面上的一种装修作法。常用的装饰材料有 PVC 塑料壁纸、复合壁纸、玻璃纤维墙布等。裱糊类墙体饰面装饰性强、造价较经济、施工方法简捷高效、材料更换方便，并且在曲面和墙面转折处粘贴，可以顺应基层，获得连续的饰面效果。

在裱糊类墙面工程中，基层涂抹的腻子应坚实牢固，不得粉化、起皮和裂缝。当有铁帽等凸现时，应先将其嵌入基层表面并涂防锈涂料，钉眼接缝处用油性腻子填平，后用砂纸磨平。为达到基层平整效果，通常在清洁的基层上用胶皮刮板刮腻子数遍。刮腻子的遍数视基层的情况而定，抹完最后一遍腻子时应打磨，光滑后再用软布擦净。对有防水或防潮要求的墙体，应对基层做防潮处理，在基层涂刷均匀的防潮底漆。

墙面应采用整幅裱糊，并统一预排对花拼缝。不足一幅的应裱糊在较暗或不明显的部位。裱糊的顺序为先上后下，先高后低，应使饰面材料的长边对准基层上弹出的垂直准线，用刮板或胶辊赶平压实。阴阳转角应垂直，棱角分明。阴阳处墙纸（布）搭接顺光，阳面处不得有接缝，并应包角压实。

裱糊工程的质量标准是粘贴牢固，表面色泽一致，无气泡、空鼓、翘边、皱褶和斑污，斜视无胶痕，正视（距墙面 1.5m 处）不显拼缝。

5. 铺钉类墙面装修

铺钉类装修系指采用天然木板或各种人造薄板借助于镶、钉、胶等固定方式对墙面进行装饰处理。这种做法一般不需要对墙面抹灰，属于干作业范畴，可节省人工，提高工效。一般适用于装修要求较高或有特殊使用功能的建筑工程中。

骨架有木骨架和金属骨架，木骨架由墙筋和横挡组成，通过预埋在墙上的木砖钉固定到墙身上。墙筋和横挡断面常用 50mm×50mm、40mm×40mm，其间距视面板的尺寸规格而定，一般为 450～600mm。金属骨架多采用冷轧薄钢板构成槽形断面。为防止骨架与面板受潮损坏，可先在墙体上刷热沥青一道再干铺油毡一层；也可在墙面上抹 10mm 厚混合砂浆并涂刷热沥青两道。

室内墙面装修用面板，一般采用硬木条、胶合板、纤维板、石膏板及各种吸声板等。硬木条装修是将各种截面形式的条板密排竖直镶钉在横撑上，其构造如图 2.60 所示，胶合板、纤维板等人造薄板可用圆钉或木螺丝直接固定在木骨架上，板间留有 5～8mm 缝隙，以保证

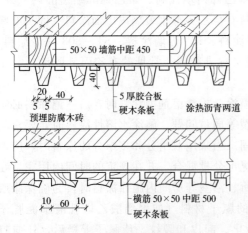

图 2.60 硬木条板墙面装修构造

面板有微量伸缩的可能，也可用木压条或铜、铝等金属压盖缝，石膏板与金属骨架的连接一般用自攻螺丝或电钻钻孔后用镀锌螺丝。

2.4 楼 地 层

2.4.1 楼地层的组成及类型

楼地层包括楼板层和地坪层，楼板层是用来分隔建筑空间的水平承重构件，它沿着竖向将建筑物分成若干个楼层。楼板层将使用荷载连同其自重有效地传递给它的支撑结构，即墙或柱，再由墙或柱传递给基础；楼板层对墙体也起着水平支撑作用；同时它还具有一定的隔声、防火等功能。地坪层是分隔建筑物最底层房间与土壤的水平构件，它承受着作用在上面的各种荷载，并将这些荷载安全地传给地面下面的土层。

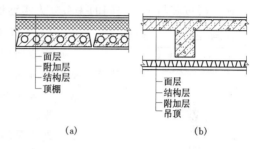

图 2.61 楼板层的组成
(a) 预制钢筋混凝土楼板；(b) 现浇钢筋混凝土楼板

2.4.1.1 楼板层的组成

楼板层通常由面层、结构层、顶棚三部分组成。对某些有特殊要求的房间加设附加层，如防水层、隔声层和隔热层等，如图 2.61 所示。

1. **面层**

面层又称地面，是人、家具、设备等直接接触的部分，起着保护垫层和室内装饰作用。

2. **结构层（楼板）**

结构层又称楼板，由梁或拱、板等构件组成。它承受整个楼面的荷载，并将这些荷载传给墙或柱，同时还对墙身起到水平支撑作用，如图 2.62 所示。木楼板，是我国传统的做法，采用木梁承重，上做木地板，下做板条抹灰顶棚。具有自重轻、构造简单等优点，但其耐火性、耐久性、防水、隔声能力较差，为节约木材，现在已很少采用；砖拱楼板，可以节约钢材、水泥，但自重较大，抗震性能差，而且楼板厚度较大，施工复杂，目前已经很少使用；钢筋混凝土楼板，钢筋混凝土楼板强度高，刚度好，有较强的耐久性和防火性能，具有良好的可塑性，并便于工业化生产和机械化施工，是目前我国房屋建筑中采用最广的一种楼板形式；钢衬板组合楼板，是在钢筋混凝土基础上发展起来的，这种组合体系是利用凹凸相间的压型薄钢板作衬板与现浇混凝土浇筑在一起而形成的钢衬板组合楼板，既提高了楼板的强度和刚度，又加快了施工进度，近年来在大空间、高层民用建筑和大跨度工业厂房中广泛应用。

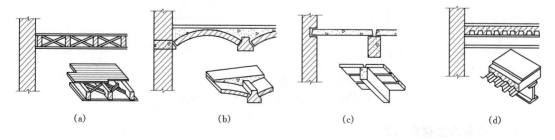

图 2.62 楼板的类型
(a) 木楼板；(b) 砖拱楼板；(c) 钢筋混凝土楼板；(d) 压型钢板组合楼板

3. 顶棚层

顶棚层是楼板层下表面的构造层，也是室内空间上部的装修层，又称天花或天棚。顶棚的主要功能是保护楼板、安装灯具、装饰室内以及满足室内的特殊使用要求。

4. 附加层

附加层通常设置在面层和结构层之间，或结构层和顶棚之间，主要有管线敷设层、隔声层、防水层、保温或隔热层等。

2.4.1.2　地坪层的组成

地坪层按其与土壤之间的关系分为实铺地坪层和空铺地坪层。

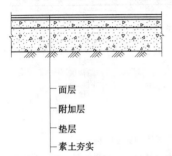

图 2.63　实铺地坪层的组成

1. 实铺地坪层

一般由面层、垫层和素土夯实层组成。依据具体情况可增设附加层，如图 2.63 所示。

地坪层的面层和附加层与楼板层类似。

素土夯实层是地坪的基层，材料为不含杂质的砂石黏土，通常是填 300 mm 的素土夯实成 200 mm 厚，使之均匀传力。

垫层常与结构层合二为一，起着承重和传力的作用。垫层又分为刚性垫层和非刚性垫层，刚性垫层采用 C10 混凝土、厚度 80～100mm，多用于地面要求较高、薄而脆的面层；非刚性垫层有 50mm 厚砂垫层、80～100mm 厚碎石灌浆、50～70mm 厚石灰炉渣、70～120mm 厚三合土等，常用于不易断裂的面层。

2. 空铺地坪层

为防止房屋底层房间受潮或满足某些特殊使用要求（如舞台、体育训练、比赛场、幼儿园等的地层需要有较好的弹性）将地层架空形成空铺地层。主要做法是：在夯实土或混凝土垫层上砌筑地垄墙或砖墩上架梁，在地垄墙或梁上铺设钢筋混凝土预制板（图 2.64）。

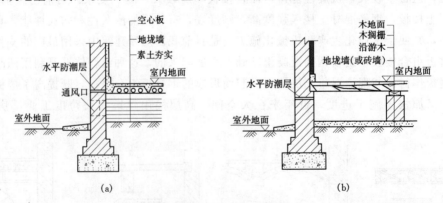

(a)　　　　　　　　　　　　　　　(b)

图 2.64　空铺地坪层的组成
(a) 钢筋混凝土预制板空铺地层；(b) 木空铺地层

2.4.2　钢筋混凝土楼板构造

钢筋混凝土楼板按施工方式不同，有现浇整体式钢筋混凝土楼板、预制装配式钢筋混凝土楼板和装配整体式钢筋混凝土楼板三种类型。

2.4.2.1 现浇整体式钢筋混凝土楼板

现浇整体式钢筋混凝土楼板是在施工现场经过支模、扎筋、浇注混凝土等施工工序，再养护达一定强度后拆除模板而成型的楼板结构。由于楼板为整体浇注成型，结构的整体性强、刚度好，有利于抗震，容易适应不规则形状和留洞口等特殊要求，但现场湿作业量大，施工速度较慢，工期较长。近年来随着施工技术的不断革新和工具式钢模板的发展，现浇钢筋混凝土楼板的应用越来越广泛。

现浇钢筋混凝土楼板按其结构类型不同，可分为板式楼板、肋形楼板、井式楼板、无梁楼板及压型钢板组合楼板。

1. 板式楼板

楼板内不设置梁，将板直接搁置在墙上的楼板称为板式楼板。板有单向板与双向板之分。当板的长边尺寸 l_2 与短边尺寸 l_1 之比大于 2 时，称为单向板，这种板荷载基本沿 l_1 方向传递，当 l_2/l_1 不大于 2 时，荷载沿两个方向传递，称为双向板，如图 2.65 所示。

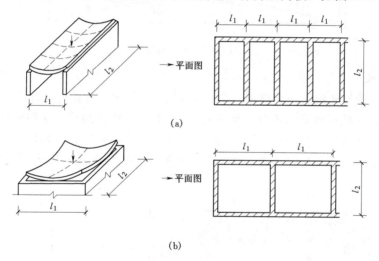

图 2.65 单向板和双向板
(a) 单向板（$l_2/l_1 > 2$）；(b) 双向板（$l_2/l_1 \leqslant 2$）

板式楼板底面平整，便于支模施工，是最简单的一种形式，其厚度一般不超过 120mm，经济跨度在 3000mm 之内，适用于平面尺寸较小的房间（如住宅中的厨房、卫生间等）以及公共建筑的走廊。

2. 肋形楼板

肋形楼板是最常见的楼板形式之一，楼板内设置梁，板中荷载通过梁传至墙或柱。梁有主梁和次梁之分，其布置应整齐有规律，并应考虑建筑物的使用要求、房间的大小形状以及荷载作用情况等。一般主梁沿房间短跨方向布置，次梁则垂直于主梁布置。对短向跨度不大的房间，可只沿房间短跨方向布置一种梁即可。在设有重质隔墙或承重墙的楼板下部也应布置梁。另外，梁的布置还应考虑经济合理性，一般主梁的经济跨度为 5~8 m，主梁的高度一般为跨度的 1/14~1/8，主梁的宽度为高度的 1/3~1/2；主梁的间距即是次梁的跨度，一般为 4~6m，次梁的高度一般为跨度的 1/18~1/12，次梁的宽度为高度的 1/3~1/2。次梁的间距即板的跨度，一般为 1.7~2.7m，板的厚度一般为 60~80mm，肋形楼板构造如图 2.66 所示。

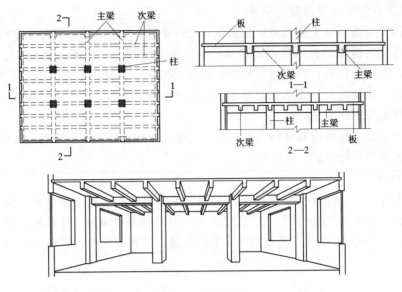

图 2.66　肋形楼板

3. 井式楼板

井式楼板是肋形楼板的一种特殊形式。当房间尺寸较大，并接近正方形时，常沿两个方向布置等距离、等截面的梁（不分主次梁），从而形成井格式结构，这种结构中部不设柱，梁跨可达 30m，板跨一般为 3m 左右。井式楼板的梁通常采用正交正放或正交斜放的布置方式，由于布置规整，故具有较好的装饰性，一般多用于公共建筑的门厅或大厅，如图 2.67 所示。

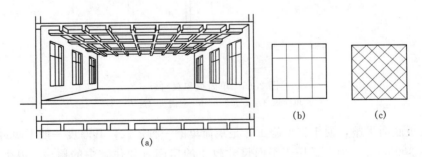

图 2.67　井式楼板

(a) 示意；(b) 正交正放梁格；(c) 正交斜放梁格

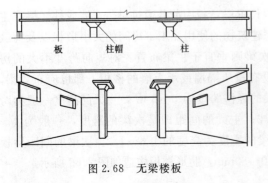

图 2.68　无梁楼板

4. 无梁楼板

对平面尺寸较大的房间或门厅，也可以不设梁，直接将板支承于柱上，这种楼板称为无梁楼板（图 2.68）。楼板分为无柱帽和有柱帽两种类型，当荷载较大时，为避免楼板太厚，应采用有柱帽无梁楼板，以增加板在柱上的支承面积。当楼面荷载较小时，可采用无柱帽楼板。无梁楼板的柱网应尽量按方形网格布置，跨度在 6m 左右较为经济，板的最小厚度通常为 150mm，且不小于板跨的 1/35～1/32。这种楼板多用于楼面荷载较大的展览馆、商店、仓库等建筑。

5. 压型钢板组合楼板

压型钢板组合楼板是利用凹凸相间的压型薄钢板做衬板与现浇混凝土浇筑在一起支承在钢梁上构成整体型楼板，又称钢衬板组合楼板。压型钢板用来承受楼板下部的拉应力，同时也是浇筑混凝土的永久性模板，此外，还可利用压型钢板的空隙敷设管线。这种楼板不仅具有钢筋混凝土楼板的强度高、刚度大和耐久性好等优点，而且比钢筋混凝土楼板自重轻，施工速度快，承载能力更好，适用于大空间建筑和高层建筑，在国际上已普遍采用。但其耐火性和耐锈蚀的性能不如钢筋混凝土楼板，且用钢量大，造价较高，在国内采用较少。

压型钢板混凝土组合楼板主要由楼面层、组合板和钢梁三部分组成。组合板包括混凝土和钢衬板，此外还可根据需要吊顶棚（图 2.69）。楼板的经济跨度为 2～3m。

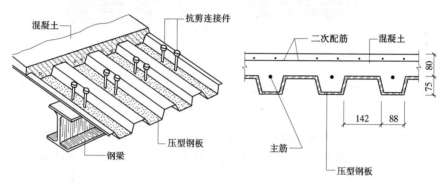

图 2.69　压型钢板组合楼板基本构成

2.4.2.2　预制装配式钢筋混凝土楼板

预制装配式钢筋混凝土楼板是指把预制构件厂生产或现场制作的钢筋混凝土板安装拼合而成的楼板。这种楼板可提高建筑工业化施工水平，节约模板，缩短工期，且施工不受季节限制；但其整体性较差，在有较高抗震设防要求的地区应当慎用。

1. 楼板类型

常用的预制装配式钢筋混凝土楼板类型有实心平板、槽形板、空心板三种。

（1）实心平板。预制实心平板跨度较小，上下表面平整，制作简单，隔声效果较差，一般用于跨度较小的房间或走廊。实心平板的两端支承在墙或梁上，其跨度一般不超过 2.4m，板宽多为 500～900mm，板厚可取跨度的 1/30，常用 60～80mm，如图 2.70 所示。

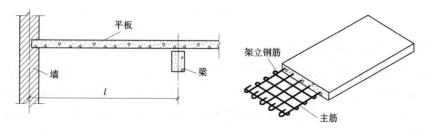

图 2.70　实心平板

（2）槽形板。槽形板由板和边肋组成，是梁板合一的槽形构件，板宽不小于 400mm，板高 120～300mm，并依砖厚而定。槽形板分正槽板（槽口向下）和倒槽板（槽口向上）两种，正槽板受力较为合理，但板底不平整，隔声效果差。倒槽板，受力不如正槽板合理，但槽内可填轻质构件，顶棚处理、保温、隔热及隔音的施工较容易，如图 2.71 所示。

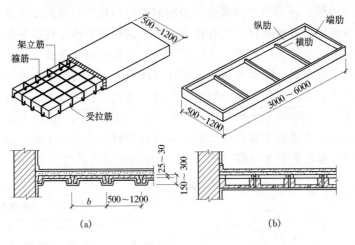

图 2.71　槽形板
（a）正槽板；（b）倒槽板

（3）空心板。钢筋混凝土板、梁构件，楼面荷载作用后，板截面上部受压、下部受拉，中和轴附近应力较小，为节省混凝土、减轻楼板自重，将楼板中部沿纵向抽孔而形成空心板。孔的断面形式有圆形、方形和长方形等，由于圆形孔制作时抽芯脱模方便且刚度好，故应用最普遍。空心板有预应力和非预应力之分，一般多采用预应力空心板。

空心板上下表面平整，隔声效果较实心平板和槽形板好，是预制板中应用最广泛的一种类型。但空心板上不能任意开洞，故不宜用于管道穿越较多的房间。空心板的厚度一般为110～240mm，视板的跨度而定，宽度为 500～1200mm，跨度为 2.4～7.2m，较为经济的跨度为 2.4～4.2m，如图 2.72 所示。

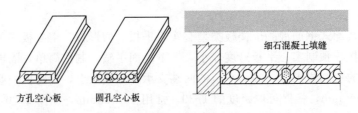

图 2.72　空心板

2. 搁置楼板梁的断面形式

预制装配式钢筋混凝土楼板将板直接搁置在梁上，梁的断面形式有矩形、锥形、T 形、十字形、花篮梁等。矩形、锥形截面梁外形简单，制作方便，但空间高度较大，矩形截面梁较 T 形截面梁外形简单，十字形或花篮梁可减少楼板所占的高度，如图 2.73 所示。

3. 板的布置

在进行板的布置时，一般要求板的规格、类型愈少愈好，如果板的规格过多，不仅给板的制作增加麻烦，而且施工也较复杂，甚至容易搞错。为不改变板的受力状况，在板的布置

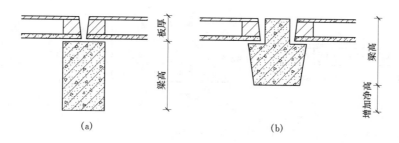

图 2.73　板在梁上的搁置

（a）板搁置在矩形梁上；（b）板搁置在花篮梁上

时应避免出现三边支承的情况。板的结构布置应综合考虑房间的开间与进深尺寸，合理选择板的布置方式。板的布置方式有两种（图 2.74）：一种是预制楼板直接搁置在承重墙上，形成板式结构布置；另一种是预制楼板搁置在梁上，梁支承于墙或柱上，形成梁板式结构布置。前者多用于横墙较密的住宅、宿舍、旅馆等建筑，后者多用于教学楼、实验楼、办公楼等较大空间的建筑物。

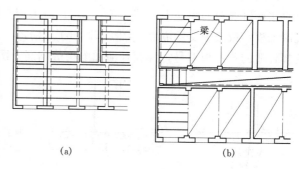

图 2.74　板的结构布置方式

（a）板式结构布置；（b）梁板式结构布置

4. 细部构造

（1）板的搁置。一定要注意保证板的搁置长度。构件在墙上的搁置长度不少于 100mm；搁置在钢筋混凝土梁上时，不得小于 80mm，搁置于钢梁上亦应大于 50mm。板搁置在墙或梁上时，板下应铺 M5、10mm 厚的坐浆。为了增加楼层的整体性刚度，无论板间、板与纵墙、板与横墙等处，加设钢筋锚固，或利用吊环拉固钢筋。锚固的具体做法如图 2.75 所示。

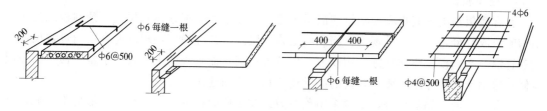

图 2.75　锚固筋的配置

（2）板缝的处理。板与板相拼，纵缝允许宽为 10～20mm 的缝隙，缝内灌入细石混凝土。板间侧缝的形式有 V 形、U 形和槽形。由于板宽规格的限制，在排列过程中常会出现较大的缝隙，根据排板数和缝隙的大小，可采取调整板缝的方式将板缝控制在 30mm 内，用细石混凝土灌实来解决；当板缝大于 50mm 时，在缝中加钢筋网片，再灌实细石混凝土；当缝宽为 120mm 时，可将缝留在靠墙处沿墙挑砖填缝；当板缝宽大于 120mm 时，必须另行现浇混凝土，并配置钢筋，形成现浇板带，如楼板为空心板，可将穿越的管道设在现浇板带处，如图 2.76 所示为板缝的处理。

（3）楼板与隔墙。在楼板上需设置隔墙时，宜采用轻质隔墙，由于自重轻，可搁置于楼

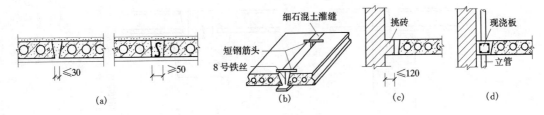

图 2.76　板缝的处理

板的任一位置。若为自重较大的隔墙，如砖隔墙、砌块隔墙等，则应避免将隔墙搁置在一块板上。当隔墙与板跨平行时，通常将隔墙设置在两块板的接缝处：采用槽形板的楼板，隔墙可直接搁置在板的纵肋上 [图 2.77（a）]；若采用空心板，须在隔墙下的板缝处设现浇钢筋混凝土板带或梁来支承隔墙 [图 2.77（b）、（c）]。当隔墙与板跨垂直时，应通过结构计算选择合适的预制板型号，并在板面加配构造钢筋 [图 2.77（d）]。

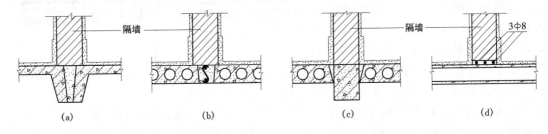

图 2.77　楼板上布置隔墙的构造

2.4.2.3　装配整体式钢筋混凝土楼板

装配整体式钢筋混凝土楼板是先将楼板中的部分构件预制，现场安装后，再浇筑混凝土面层而形成的整体楼板。这种楼板的整体性较好，又可节省模板，施工速度也较快，集中了现浇和预制钢筋混凝土楼板的双重优点。

1. 叠合楼板

叠合楼板是由预制板和现浇钢筋混凝土层叠合而成的装配整体式楼板。预制板既是楼板结构的组成部分之一，又是现浇钢筋混凝土叠合层的永久性模板，现浇叠合层内可敷设水平设备管线。叠合楼板整体性好，刚度大，可节省模板，而且板的上下表面平整，便于饰面层装修，适用于对整体刚度要求较高的高层建筑和大开间建筑。

叠合楼板的预制板部分，通常采用预应力或非预应力薄板，板的跨度一般为 4～6m，预应力薄板最大可达 9m，板的宽度一般为 1.1～1.8m，板厚通常为 50～70mm。叠合楼板的总厚度一般为 150～250mm。为使预制薄板与现浇叠合层牢固地结合在一起，可将预制薄板的板面做适当处理，如板面刻槽、板面露出结合钢筋等。叠合楼板的预制板部分，也可采用钢筋混凝土空心板，现浇叠合层的厚度较薄，一般为 30～50mm，如图 2.78 所示。

2. 密肋填充块楼板

密肋填充块楼板由密肋楼板和填充块叠合而成。密肋楼板有现浇密肋楼板 [图 2.79（a）]、预制小梁现浇楼板 [图 2.79（b）] 等。密肋楼板间填充块常用陶土空心砖、矿渣混凝土空心砖、加气混凝土块等。密肋填充块楼板由于肋间距小，肋的截面尺寸不大，使楼板结构所占的空间较小。此种楼板常用于学校、住宅、医院等建筑中。

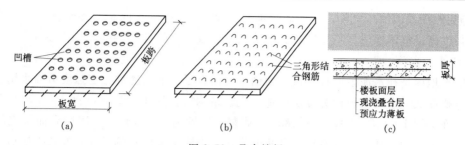

图 2.78　叠合楼板

（a）板面刻槽；（b）板面露出三角形结合钢筋；（c）叠合组合楼板

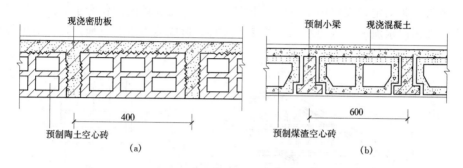

图 2.79　密肋填充块楼板

（a）现浇密肋填充块楼板；（b）预制小梁填充块楼板

2.4.3　地坪层与楼板层装修构造

楼面、地面分别为楼板层与地坪层的面层，是日常生活、工作和生产时必须接触的部分，对室内装修而言，又统称为地面。它们的构造要求和做法基本相同，地面按材料和构造做法有整体类地面、板块类地面、卷材类地面、涂料类地面等形式。

2.4.3.1　整体类地面

用现场浇筑的方法做成整片的地面称为整体类地面。常见的有水泥砂浆地面、细石混凝土地面和水磨石地面。

1. 水泥砂浆地面

水泥砂浆地面又称水泥地面，它构造简单、坚固耐磨、防水性能好、造价低廉，但易结露、起灰、热传导性能高、无弹性。常见的有普通水泥地面、干硬性水泥地面、防滑水泥地面、磨光水泥地面和彩色水泥地面等。

水泥砂浆地面有单层做法和双层做法。单层做法为 15～20mm 厚 1∶2～1∶2.5 水泥砂浆抹光压平。双层做法是先以 15～20mm 厚 1∶3 水泥砂浆打底找平，再用 5～10mm 厚 1∶1.5～1∶2 水泥砂浆抹面，如图 2.80 所示。双层抹面可以提高地面的耐磨性能，避免水泥砂浆的干缩裂缝。

2. 细石混凝土地面

细石混凝土地面是在结构层上浇 30～40mm 厚细石混凝土，混凝土强度不应低于

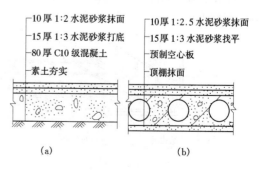

图 2.80　水泥砂浆地面

（a）底层地面；（b）楼板层地面

C20，施工时用铁滚滚压出浆，为提高表面光洁度，可撒 1∶1 的水泥砂浆抹压光。这种地面具有强度高、整体性好、不易起砂、造价低的优点。

　　3．水磨石地面

　　水磨石地面是在水泥砂浆找平层上面铺水泥白石子，面层达到一定强度后加水用磨石机磨光、打蜡而成。水磨石地面为分层构造，先在结构层上用 15～20mm 厚 1∶3 水泥砂浆打底找平，面层铺 1∶1.5～1∶2.5 的水泥石屑浆，厚度为 10～15mm，底层和面层之间刷素水泥浆结合层。为了适应地面变形，防止开裂，在做法上要注意的是在做好找平层后，用玻璃、铜条、铝条等分格条将地面分隔成若干小块（1000mm×1000mm）或各种图案，然后用水泥砂浆将嵌条固定，固定用水泥砂浆不宜过高，以免嵌条两侧仅有水泥而无石子，影响美观。也可以用白水泥替代普通水泥，并掺入颜料，形成美术水磨石地面，但造价较高，水磨石地面如图 2.81 所示。

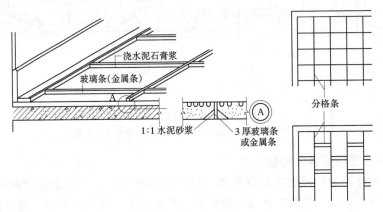

图 2.81　水磨石地面

2.4.3.2　板块类地面

　　板块类地面是利用各种预制块材或板材镶铺在基层上的地面。按材料有陶瓷板块地面、石板地面、木地面。

　　1．陶瓷板块地面

　　用于地面的陶瓷板块有缸砖、釉面砖、无釉防滑地砖、抛光同质地砖和陶瓷锦砖等类型。这类地面具有表面光洁、质地坚硬、耐压耐磨、抗风化、耐酸碱等特点。陶瓷板块地面的铺贴是在结构层找平的基础上，用 5～10mm 厚、1∶1 水泥砂浆粘贴，必要时在砖块间留有一定宽度的灰缝，如图 2.82 所示。

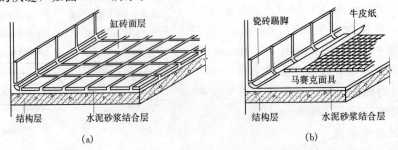

　　　　　　　(a)　　　　　　　　　　　　　　(b)

图 2.82　陶瓷板块地面
(a) 缸砖或瓷砖地面；(b) 陶瓷锦砖地面

2. 石板地面

石板地面包括天然石板地面和人造石板地面。天然石板地面有花岗岩地面和大理石地面等，人造石板有人造大理石板、预制水磨石板等。它们具有很高的抗压性能，耐磨、色彩艳丽，属高档地面装饰材料。这些石板地面的尺寸较大，一般为500mm×500mm以上，铺设时需预先试铺，合适后再正式粘贴，粘贴表面的平整度要求较高。一般是用30mm厚1：3～1：4干硬性水泥砂浆结合层粘结，板缝用稀水泥砂浆擦缝。

3. 木地面

木地面有较好的弹性、蓄热性和接触感，但耐火性差，保养不善时易腐朽，且造价较高，目前常用在住宅、宾馆、体育馆、舞台等建筑中。木地面按构造方式有空铺式木地面和实铺式木地面。

（1）空铺式木地面。空铺式木地面多用于底层地面。其做法是将木地板架空，使地板下有足够的空间通风，以防止木地板受潮腐烂。架空的做法是首先砌筑地垄墙到预定标高，地垄墙顶部用20mm厚1：3水泥砂浆找平并栓截面为100mm×50mm的沿橡木（用8号铅丝绑扎）；沿橡木钉50mm×70mm木龙骨，中距400mm；在垂直龙骨方向钉50mm×50mm横撑，中距800mm；其上钉50mm×20mm硬木企口长条地板或拼花地板，表面刷烫硬蜡（图2.83）。空铺式木地面由于构造复杂，耗费木材较多，因而采用较少。

（2）实铺式木地面。实铺式木地面有铺钉式和粘贴式两种做法。

铺钉式木地面有单层和双层两种。单层做法是将木地板直接钉在钢筋混凝土基层上

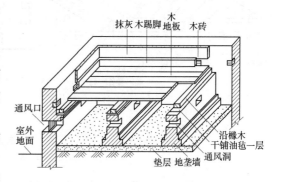

图 2.83 空铺式木地面

的木搁栅上，而木搁栅绑扎在预埋于钢筋混凝土楼板内或混凝土垫层内的10号双股镀锌铁丝上。木搁栅为50mm×70mm方木，间距400 mm，50mm×50mm横撑，间距800mm。若在木搁栅上加设45°斜铺木毛板，再钉长条木板或拼花地板，就形成了双层做法。为了防潮，可在基层上刷冷底子油一道，热沥青玛蹄脂两道，木龙骨及横撑等均满涂氯化钠防腐剂。另外，还应在踢脚板处设置通风口，以保持地板干燥 ［图2.84（a）、（b）］。

粘贴式木地面是在基层上做好找平层，然后用环氧树脂、乳胶或热沥青等粘结材料将木板直接粘贴上制成的，如图2.84（c）所示。为了防潮，可在找平层上涂热沥青一道或20～30mm厚沥青砂浆层。粘贴式木地面省去隔栅，具有防水耐蚀、施工方便、造价经济等特点。

2.4.3.3 卷材类地面

常见的卷材地面有塑料地板地面、橡胶地毡地面和地毯地面等。卷材地面施工灵活、维修保养方便、脚感舒适、有弹性、可缓解固体传声、厚度小、自重轻、柔韧、耐磨、外表美观。

1. 塑料地板地面

塑料地板地面是用聚氯乙烯树脂塑料地板为饰面材料铺设的楼地面，按成品形状有卷材和块材；按厚度有薄地板和厚地板。塑料地板铺贴前一般要求地面干燥，基层表面平整、坚

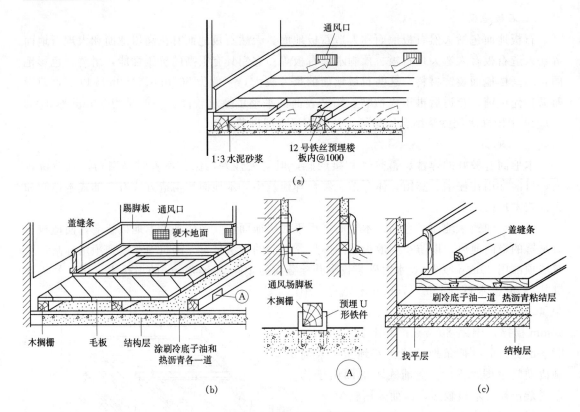

图 2.84 实铺式木地面

(a) 铺钉式单层做法; (b) 铺钉式双层做法; (c) 粘贴式木地面

硬结实、不空鼓、不起砂。塑料地板可以用黏结剂与基层粘贴牢固,也可以用拼焊法将塑料地面接成整张地毡,不用黏结剂空铺于找平层上,四周与墙身留有伸缩缝,以防地毡热胀拱起。塑料地面的拼焊是将拼接边切成斜口,用三角形塑料焊条和电热焊枪进行焊接,如图 2.85 所示。

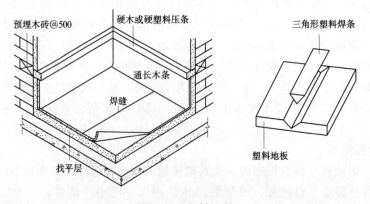

图 2.85 塑料地面

2. 橡胶地毡地面

橡胶地毡是以橡胶粉为基料,掺入软化剂经高温高压解聚后,加着色剂、补强剂,经混炼塑化、压制成卷的地面材料。橡胶地毡地面施工时首先进行基层处理,要求水泥砂浆找平层平整、光洁、无灰尘和砂粒等。橡胶地毡地面可以干铺或用黏结剂粘贴在找平层上。

3. 地毯地面

地毯的种类较多，按材料分有化纤地毯、人造纤维地毯、纯羊毛地毯等。地毯地面平整美观、柔软舒适，具有很强的吸引和室内装饰效果。地毯地面可直接干铺或固定铺置，固定铺法是用黏结剂粘贴，四周用倒刺条或用带钉板条和金属条固定。

2.4.3.4 涂料类地面

涂料地面是用涂料在水泥砂浆或混凝土地面的表面上涂刷或涂刮而成的地面。目前常用的人工合成高分子涂料是由合成树脂代替水泥或部分代替水泥，再加入填料、颜料等拌和而成的材料，经现场涂布施工，硬化后形成整体的涂料地面。它易于清洁、施工方便、造价较低，有一定的耐磨性、韧性和防水性能，故多适用于民用建筑中，但涂料地面涂层较薄，不适于人流较多的公共场所。

2.4.3.5 地面的细部构造

1. 踢脚线

地面与墙面交接处的垂直部位，在构造上通常按地面的延伸部分来处理，这一部分被称为踢脚线或踢脚板，它可以保护墙脚，防止脏污或碰坏墙面，踢脚线的高度为 100～150mm。常用的踢脚线有水泥砂浆、水磨石、木材、石材等，一般应与室内地面材料一致或相适应。当采用多孔砖或空心砖砌筑墙体时，为保证室内踢脚质量，楼地面以上应改用三皮实心砖砌筑。踢脚线构造做法如图 2.86 所示。

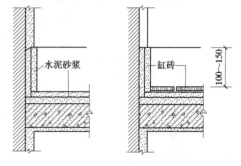

图 2.86 踢脚线

2. 楼地面防水

在厕所、盥洗室、淋浴室和实验室等用水频繁的房间，地面容易积水，应处理好楼地面的防水。主要构造措施有以下两方面。

（1）楼地面排水。这种排水的通常做法是将面层按需要设置 1‰～1.5‰ 的排水坡度，并配置地漏。为防止用水房间地面积水外溢，用水房间地面应比相邻房间或走道等地面低 20～30mm，也可用门槛挡水，如图 2.87 所示。

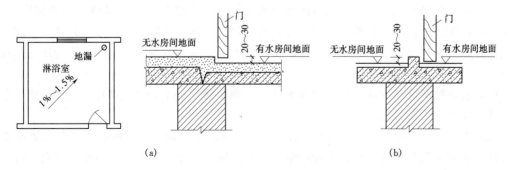

(a)　　　　　　　　　(b)

图 2.87 有水房间排水与防水

（a）地面低于无水房间；（b）与无水房间地面齐平，设门槛

（2）楼地面防水。现浇钢筋混凝土楼板是用水房间防水的常用做法。当房间有较高的防水要求时，还需在现浇楼板上设置一道防水层，再做地面面层。为防止积水沿房间四周侵入墙身，应将防水层沿墙角向上翻起成泛水，高度一般高出楼地面 150～200mm，如图 2.88 （a）所示。当遇到开门时，应将防水层向外延伸 250mm 以上，如图 2.88 （b）所示。

管道穿过楼板的防水构造。当房间内有设备管道穿过楼板层时，必须做好防水密封。对常温普通管道的做法是将管道穿过的楼板孔洞用 C20 干硬性细石混凝土捣实，再用二布二油橡胶酸性沥青防水涂料做密封，也可在管道上焊接钢板止水片，如图 2.88 （c）所示。当热力管道穿过楼板时，需增设防止温度变化引起混凝土开裂的热力套管，保证热力管自由伸缩，套管应高出楼地面面层 30mm，如图 2.88 （d）所示。

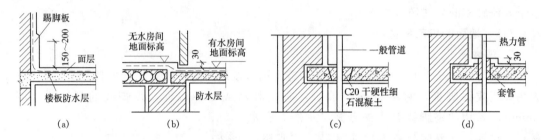

图 2.88　楼地面防水构造

（a）防水层沿周边上卷；（b）防水层向无水房间延伸；（c）一般立管穿越楼层；（d）热力立管穿越楼层

3. 变形缝构造

一般民用建筑楼地面变形缝的位置与整个建筑物变形缝的位置一致。楼地面变形缝的构造做法，详见变形缝一章。

2.4.4　顶棚构造

顶棚是屋面和楼板层下面的装饰层。顶棚的装饰处理能够改善室内的光环境、热环境和声环境，对室内艺术环境的创造和提高舒适度起着重要作用。对特殊房间还要具有防火、隔声、保温和隐蔽管线的功能。顶棚按构造方式不同分为直接式顶棚和悬吊式顶棚两大类。

1. 直接式顶棚

直接式顶棚是指在结构层底面直接进行喷浆、抹灰、粘贴壁饰面材料的一种构造方式。用于大量性建筑工程中。这种顶棚的特点是构造简单，构造层厚度小，可充分利用空间，装饰效果多样，用材少，施工方便，造价较低，但不能隐藏管线等设备。常用于普通建筑及室内空间高度受到限制的场所。

（1）直接喷刷涂料顶棚。当板底面平整、室内装修要求不高时，可直接或稍加修补刮平后在其下喷刷大白浆或涂料等。

（2）抹灰顶棚。当板底面不够平整或室内装修要求较高时，可在板底先抹灰后再喷刷各种涂料。顶棚抹灰所用材料可为水泥砂浆、混合砂浆、纸筋灰等。抹灰前板底打毛，可一次完成，也可分两次抹成，抹灰的厚度不宜过大，一般控制在 10～15mm，如图 2.89 （a）所示。

（3）粘贴顶棚。一些装修要求较高或有保温、隔热、吸声等要求的房间，可以在板底面粘贴墙纸、墙布及装饰吸声板材，如石膏板、矿棉板等。通常在粘贴装饰材料之间对水泥砂浆找平，如图 2.89（b）所示。

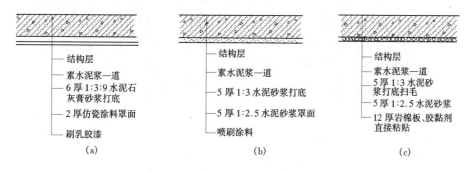

图 2.89　直接式顶棚构造
（a）混合砂浆抹灰顶棚；（b）水泥砂浆抹灰顶棚；（c）粘贴顶棚

2. 悬吊式顶棚

悬吊式顶棚也称"吊顶"，它离开屋顶或楼板的下表面有一定的距离，是通过悬挂物与主体结构联结在一起的顶棚。这类顶棚类型较多，构造复杂，能美化室内环境，遮挡结构构件和各种管线、设备、灯具，并能满足室内保温、隔热、防火等要求，装饰效果好，主要用于中、高档装饰标准的建筑物顶棚。吊顶对施工技术要求较高，造价也较高。

吊顶一般由吊杆、骨架和面层三部分组成（图 2.90）。

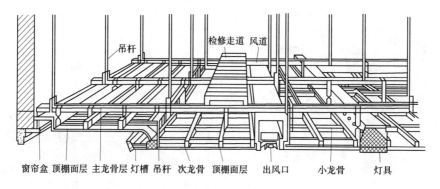

图 2.90　悬吊式顶棚的构造组成

吊杆是连接骨架与楼板结构层的承重传力构件。常采用 φ6～8 钢筋、8 号钢丝或 M8 螺栓。固定方法有预埋筋锚固、预埋件锚固、膨胀螺栓锚固和射钉锚固等（图 2.91）。

骨架主要由主龙骨、次龙骨等组成，主要承受顶棚荷载并由吊杆传递给楼板结构层。按所用材料不同有木骨架和金属骨架，建议采用轻钢龙骨、型钢龙骨和铝合金龙骨等，可节约木材，并可提高建筑物的耐火等级，如图 2.92 所示。

面层主要起到装饰、吸声、反射光、悬挂灯具等作用。其构造做法一般有抹灰类、板材类和卷材类三种。可结合灯具、风口布置一起考虑。

2.4.5　阳台与雨篷

2.4.5.1　阳台

阳台是楼房建筑中室内外的过渡空间，是人们接触室外的平台，供居住者休息、眺望、晾晒衣物或从事其他活动用。良好的阳台造型设计，还可以增加建筑物的外观美感。

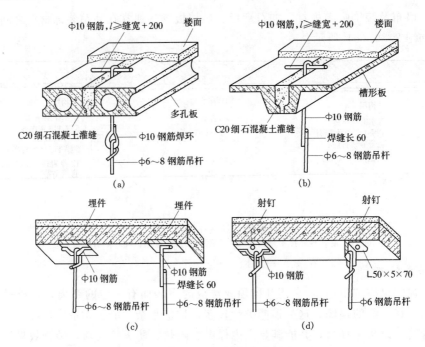

图 2.91　吊杆与楼板的连接

(a) 空心板吊筋；(b) 槽形板吊筋；(c) 现浇板预埋铁件；(d) 现浇板射钉安装铁件

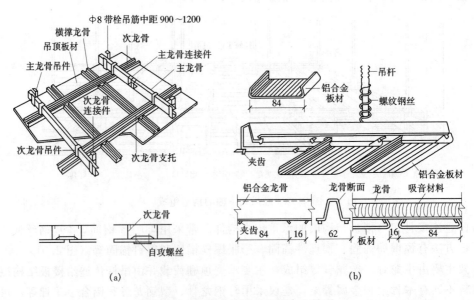

图 2.92　轻钢龙骨吊顶和铝合金吊顶

(a) 轻钢龙骨吊顶；(b) 开敞式铝合金吊顶

1. 阳台类型

阳台按其与外墙的位置关系可分为凸阳台（挑阳台）、凹阳台与半凸半凹阳台（图 2.93）；按其在建筑中所处的位置可分为中间阳台和转角阳台；按施工方法可分为现浇阳台和预制阳台；按使用功能不同又可分为生活阳台（靠近卧室或客厅）和服务阳台（靠近厨房）。

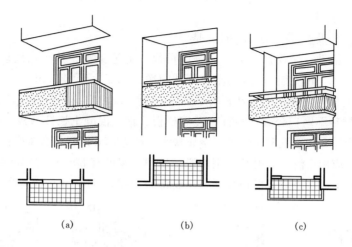

图 2.93　阳台类型

(a) 凸阳台；(b) 凹阳台；(c) 半凸半凹阳台

2. 阳台的结构布置

(1) 凸阳台。按受力构件的悬挑方式不同有挑梁式和挑板式两种，如图 2.94 所示。

1) 挑梁式。当楼板为预制楼板，结构布置为横墙承重时，可选择挑梁式。即从横墙内向外伸挑梁，其上搁置预制楼板。阳台荷载通过挑梁传给纵横墙，由压在挑梁上的墙体和楼板来抵抗阳台的倾覆力矩。挑梁压在墙中的长度应不小于 1.5 倍的挑出长度。

2) 挑板式。一种做法是利用楼板从室内向外延伸，即形成挑板式阳台。这种阳台构造简单，施工方便，但预制板型增多，且对寒冷地区保温不利，是纵墙承重住宅阳台的常用做法，阳台的长宽可不受房屋开间的限制而按需调整。

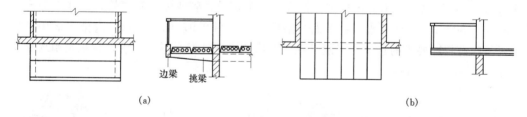

图 2.94　凸阳台结构布置

(a) 挑梁式；(b) 挑板式

(2) 凹阳台。凹阳台实为楼板层的一部分，所以它的承重结构布置可按楼板层的受力分析进行，采用搁板式布板方法。将阳台板搁置于阳台两侧凸出来的墙上，即形成搁板式阳台，如图 2.95 所示。阳台板的跨度和板型一般与房间楼板相同。这种支承结构简单，施工方便，多用于寒冷地区。

(3) 半凸半凹阳台。半凸半凹阳台的承重结构，可参照凸阳台的各种做法处理。

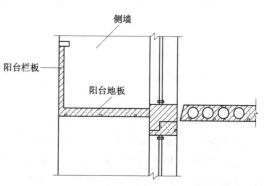

图 2.95　凹阳台结构布置（搁板式）

105

3. 阳台的细部构造

(1) 阳台的栏杆及扶手（图 2.96）。是
保证人们在阳台上活动安全而设置的，应坚固可靠，舒适美观。扶手高度应不低于 1.05m，
高层建筑应不低于 1.1m，镂空栏杆的垂直杆件间净距不能大于 130mm。

栏杆从外形上分为三种，即空花栏杆、实心栏板以及由空花栏杆和实心栏板组合而成的
组合式栏杆；按材料不同，分金属栏杆、砖砌栏板、钢筋混凝土栏杆（板）等。

扶手主要有金属和钢筋混凝土两种。金属扶手一般为 Φ50 钢管与金属栏杆焊接。钢筋混凝
土扶手形式多样，应用广泛，一般直接用作栏杆压顶，宽度有 80mm、120mm、160mm。当扶
手上需放置花盆时，需在外侧设保护栏杆，一般高 180～200mm，花台净宽为 240mm。

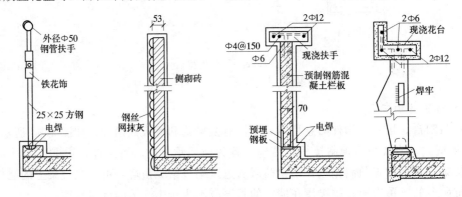

图 2.96　栏杆及扶手构造

(2) 阳台的排水处理。为防止阳台上的雨水等流入室内，阳台的地面应较室内地面低
20～50mm，阳台的排水有外排水和内排水。外排水适应于低层或多层建筑，即阳台地面向
两侧做出 5‰的坡度，在阳台的外侧栏板设 Φ50 的镀锌铁管或硬质塑料管，并伸出阳台栏板
外面不少于 80mm，以防落水溅到下面的阳台上，如图 2.97（a）所示。内排水适用于高层
建筑或某些有特殊要求的建筑，一般是在阳台内侧设置地漏和排水立管，将积水引入地下管
网，如图 2.97（b）所示。

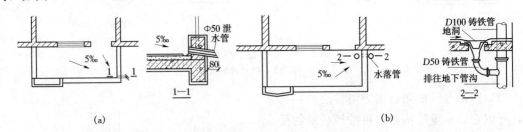

图 2.97　阳台排水构造
(a) 排水管排水；(b) 水落管排水

2.4.5.2　雨篷

雨篷是位于建筑物外墙出入口处外门上方，用于遮挡雨雪，保护外门不受侵害，并具有
一定装饰作用的水平构件。雨篷一般为现浇钢筋混凝土悬挑构件，有板式和梁板式两种形
式，其悬挑长度为 1～1.5m，如图 2.98 所示。雨篷也可采用扭壳等其他的结构形式，其伸
出尺度可以更大。

雨篷所受的荷载较小，因此雨篷板的厚度较薄，可做成变截面形式，雨篷挑出长度较小时，构造处理较简单，可采用无组织排水，在板底周边设滴水，雨篷顶面抹 15mm 厚 1∶2 水泥砂浆内掺 5％防水剂，如图 2.98（a）所示。对于挑出长度较大的雨篷，为了立面处理的需要，通常将周边梁向上翻起成侧梁式，可在雨篷外沿用砖或钢筋混凝土板制成一定高度的立板，雨篷排水口可设在前面或两侧，为防止上部积水，出现渗漏，雨篷顶部及四侧常做防水砂浆面形成泛水，如图 2.98（b）所示。

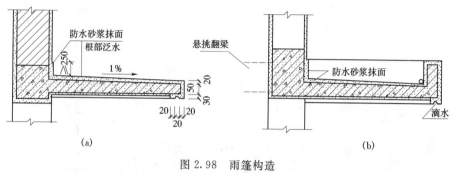

图 2.98 雨篷构造
(a) 板式雨篷；(b) 梁板式雨篷

2.5 屋 顶

2.5.1 屋顶的作用和类型

1. 屋顶的作用及要求

屋顶是建筑物最上层的覆盖部分，是房屋的重要组成部分。主要有三个作用：①承重作用，承受作用于屋顶上的风、雨、雪、检修、设备荷载和屋顶的自重等；②围护作用，防御自然界的风、雨、雪、太阳辐射热和冬季低温等的影响；③装饰美化作用，屋顶的形式对建筑立面和整体造型有很大的影响。

屋顶主要应满足三方面的要求：①功能要求，即满足防水、保温、隔热、防火等要求，应能抵御自然界各种环境因素对建筑物的不利影响；②结构要求，应具有足够的强度和刚度，以保证房屋的结构安全，并防止因变形过大而引起防水层开裂、漏水；③建筑艺术要求，变化多样的屋顶外形，装饰精美的屋顶细部，是中国传统建筑的重要特征之一。现代建筑也应注重屋顶形式及其细部设计，以满足人们对建筑艺术方面的要求。

2. 屋顶的类型

屋顶主要由屋面层、承重结构、保温或隔热层和顶棚四部分组成。支承结构可以是平面结构，如屋架、刚架、梁板等；也可以是空间结构，如薄壳、网架、悬索等。由于支承结构形式及建筑平面的不同，屋顶的外形也有不同，常见的有平屋顶、坡屋顶及其他形式屋顶等。

（1）平屋顶。通常是指排水坡度小于 5％的屋顶，常用坡度为 2％～3％。其一般构造是用现浇或预制的钢筋混凝土屋面板作基层，上面铺设卷材防水层或其他类型防水层，如图 2.99 所示。平屋顶易于协调统一建筑与结构的关系，节约材料，屋面可供多种利用，如设露台、屋顶花园、屋顶游泳池等。

（2）坡屋顶。坡屋顶通常是指屋面坡度大于 10％的屋顶，常用坡度范围为 10％～60％，如图 2.100 所示。坡屋顶坡度较大，雨水容易排除、屋面材料可以就地取材、施工简单及易于维修，其形式多种多样，形成丰富多彩的建筑造型，广泛应用于民居建筑中。

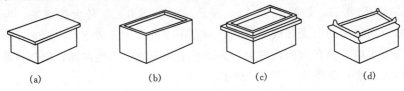

图 2.99　平屋顶的形式

(a) 挑檐；(b) 女儿墙；(c) 挑檐女儿墙；(d) 盝（盒）顶

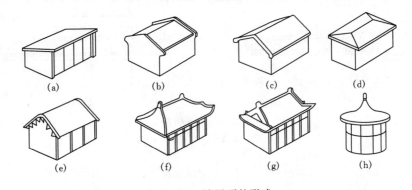

图 2.100　坡屋顶的形式

(a) 单坡顶；(b) 硬山两坡顶；(c) 悬山两坡顶；(d) 四坡顶；
(e) 卷棚顶；(f) 庑殿顶；(g) 歇山顶；(h) 圆攒尖顶

（3）其他形式的屋顶。随着科学技术的发展，出现了许多新型的屋顶结构形式，如拱结构、薄壳结构、悬索结构、网架结构屋顶等。这类屋顶多用于较大跨度的公共建筑，如图 2.101 所示。这类屋顶结构内力分布均匀合理，节约材料，但施工复杂，造价高。

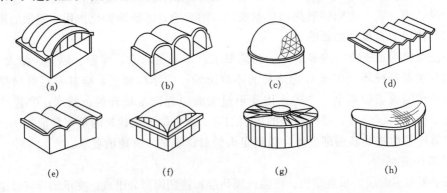

图 2.101　其他形式的屋顶

(a) 双曲拱屋顶；(b) 砖石拱屋顶；(c) 球形网壳屋顶；(d) V 形网壳屋顶；
(e) 筒壳屋顶；(f) 扁壳屋顶；(g) 车轮形悬索屋顶；(h) 鞍形悬索屋顶

2.5.2　屋顶排水坡度及排水方式

2.5.2.1　屋顶排水坡度的表示方法及影响因素

1. 屋顶排水坡度的表示方法

常用的坡度表示方法有斜率法、百分比法和角度法。斜率法以倾斜面的垂直投影长度与水平投影长度之比来表示，可用于平屋顶或坡屋顶，坡屋顶中应用较多；百分比法以屋顶倾斜面的垂直投影长度与水平投影长度之比的百分比值来表示，多用于平屋顶；角度法以屋顶倾斜面与水平面所成夹角的大小来表示，多用于有较大坡度的坡屋顶，目前在工程中采用较少。如图 2.102 所示。

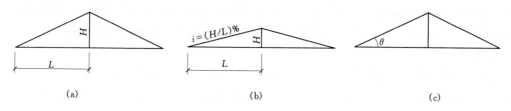

图 2.102 屋顶坡度表示方法

（a）斜率法；（b）百分比法；（c）角度法

2. 影响屋顶排水坡度的因素

屋顶排水坡度的确定与屋面防水材料、地区降雨量大小、屋顶结构形式、建筑造型要求以及经济条件等因素有关。屋面防水材料尺寸越小，接缝就越多，屋面排水坡度应越大，反之越小；降雨量大的地区屋面排水坡度应大些，反之可小些。各种类型屋面的适宜坡度可参考表 2.11 取用。

表 2.11 各种类型屋面的适宜坡度

屋 面 类 型	屋 面 名 称	适宜坡度（％）
坡屋面	黏土瓦屋面	≥40
	小青瓦屋面	≥30
	平瓦屋面、波形瓦屋面	20～50
平屋面	卷材、刚性防水屋面、涂膜平屋面	2～3
	架空板隔热屋面	≤5
	种植屋面	≤3
	蓄水屋面	≤0.5
其他屋面	网架结构、悬索结构金属薄板屋面	≥4
	网架结构卷材屋面	≥3
	金属压型板屋面	5～17

2.5.2.2 屋顶排水坡度的形成

屋顶排水坡度的形成主要有材料找坡和结构找坡两种，如图 2.103 所示。

图 2.103 屋顶坡度的形成

1. 材料找坡

材料找坡，又称垫置坡度或填坡，是指将屋面板像楼板一样水平搁置，然后在屋面板上采用轻质材料铺垫而形成屋面坡度的一种做法。常用的找坡材料有水泥炉渣、石灰炉渣等；材料找坡坡度宜为 2% 左右，找坡材料最薄处一般应不小于 20mm 厚。材料找坡的优点是可以获得水平的室内顶棚面，空间完整，便于直接利用；缺点是找坡材料增加了屋面自重。如果屋面有保温要求时，可利用屋面保温层兼作找坡层。目前这种做法被广泛采用。

2. 结构找坡

结构找坡，又称搁置坡度或撑坡，是指将屋面板倾斜地搁置在下部的承重墙或屋面梁及屋架上而形成屋面坡度的一种做法。平屋顶结构找坡的坡度宜为 3%。这种做法不需另加找坡层，屋顶结构自身带有排水坡度，屋面荷载小，施工简便，造价经济，但室内顶棚是倾斜的，故常用于室内设有吊顶棚或室内美观要求不高的建筑工程中。

2.5.2.3 屋顶排水方式

屋顶的排水方式分为无组织排水和有组织排水两大类。

1. 无组织排水

无组织排水是指雨水直接从檐口自由落到室外地面的排水方式，也称自由落水。其构造简单，造价低，但屋面雨水自由落下会溅湿墙面，外墙墙角容易被飞溅的雨水侵蚀，降低外墙的坚固耐久性，滴落的雨水也可能影响行人。因此无组织排水一般适用于低层、不临街、雨水较少地区的建筑物及积灰较多或有腐蚀性介质的工业建筑物。

2. 有组织排水

有组织排水是指屋面雨水通过排水系统有组织地排到室外地面或地下沟管的排水方式。有组织排水过程首先将屋面划分为若干个排水区，使每个排水区的雨水按屋面排水坡度有组织地排到檐沟或女儿墙天沟，并在檐沟或天沟内填 0.5%～1% 纵坡，使雨水集中至雨水口，然后经过雨水口排到雨水管，直至室外地面或地下排水管网。在建筑工程中应用十分广泛。有组织排水又分外排水和内排水两种。

（1）挑檐沟外排水。屋面雨水汇集到悬挑在墙外的檐沟内，再由水落管排下，如图 2.104 所示。当建筑物出现高低屋面时，可先将高处屋面的雨水排至低处屋面，然后从低处屋面的檐沟引入地下。用此方案时，水流路线的水平距离不应超过 24m，以免造成屋面渗漏。

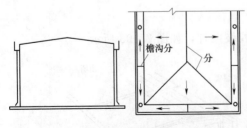

图 2.104 挑檐沟外排水

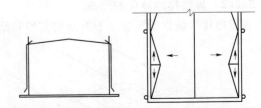

图 2.105 女儿墙外排水

（2）女儿墙外排水。其构造做法是将外墙升起封住屋面形成女儿墙，屋面雨水穿过女儿墙流入室外的雨水管，最后引入地沟，如图 2.105 所示。

（3）女儿墙挑檐沟外排水。其特点是在屋檐部位既有女儿墙，又有挑檐沟。蓄水屋面常采用这种形式,利用女儿墙作为蓄水仓壁,利用挑檐沟汇集从蓄水池中溢出的多余雨水,如图 2.106 所示。

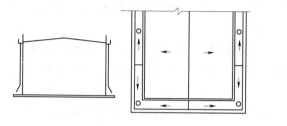

图 2.106 女儿墙挑檐沟外排水

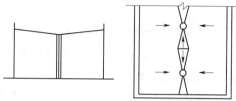

图 2.107 内排水方案

（4）暗管外排水。在一些重要的公共建筑中,明雨水管对建筑立面的美观有影响,常采用暗装雨水管的方式,将雨水管隐藏在假柱或空心墙中。

外排水方案构造简单,雨水管不进入室内,有利于室内美观和减少渗漏,因此雨水较多的南方地区应优先采用。

（5）内排水方案。对于超高层、严寒地区的建筑不宜采用外排水;有些屋面宽度较大的建筑,无法完全依靠外排水排除屋面雨水,也要采用内排水方案,如图 2.107 所示。

2.5.3 平屋顶构造

平屋顶由承重结构层、屋面层和功能层组成。各层可分层设置,也可合成一体。

2.5.3.1 平屋顶的防水

平屋顶的防水构造按防水层的做法不同有柔性防水屋面、刚性防水屋面及涂膜防水屋面等几种形式。

1. 柔性防水屋面

柔性防水屋面是将柔性防水卷材相互搭接用胶结材料贴在屋面基层上形成的防水层。因卷材具有一定的柔性,能适应部分屋面变形,故称为柔性防水屋面。

（1）卷材和卷材粘合剂的种类。主要有:

1）沥青油毡。由沥青、胎体、填充料经浸滞或辊压制成,属低档材料。油毡较经济,有一定的防水能力,但须热加工,易污染环境,高温时易流淌,老化周期多为 6～8 年。我国过去使用较多,现已逐步被新型屋面防水卷材替代。

2）高聚物改性沥青卷材。按改性材料种类可分为 SBS、APP、PVC、再生橡胶和废胶粉等几种改性沥青卷材,与沥青防水卷材比较,具有高温不流淌、低温不脆裂、拉伸强度高和延伸率较大的优点。

3）合成高分子卷材。以合成橡胶、合成树脂或两者共混体为基料,加入适量化学助剂和填充料经塑炼混炼、压延或挤出成型,具有强度高、断裂伸长率大、耐老化及可冷施工等优越性能,属新型高档防水材料。常见的有三元乙丙橡胶卷材等。

4）卷材粘合剂。主要有冷底子油、沥青胶等。冷底子油是将沥青稀释溶解在煤油、轻柴油或汽油中制成。沥青胶是在沥青中加入滑石粉、云母粉等填充料加工制成。沥青胶又分为适于粘结石油沥青类卷材的石油沥青胶和适于粘结煤沥青卷材的煤沥青胶。高聚物改性沥青卷材和合成高分子卷材使用专门配套的粘合剂,如改性沥青类卷材常用 RA-86 型氯丁胶黏结剂等;三元乙丙橡胶卷材用聚氨酯底胶基层处理剂等。

（2）构造层次与做法。柔性防水屋面由多层材料叠合而成，其基本构造层次按构造要求由以下各层组成（图 2.108）：

1）结构层，卷材防水屋面的结构层通常为具有一定强度和刚度的预制或现浇钢筋混凝土屋面板。

2）找坡层，当屋顶采用材料找坡时，应选用轻质材料形成所需的排水坡度，通常是在结构层上铺 1∶（6～8）的水泥炉渣或水泥膨胀蛭石或其他轻质混凝土等。当屋顶采用结构找坡时，则不设找坡层。

3）找平层，卷材防水层要求铺贴在坚固而平整的基层上，以避免卷材凹陷或断裂，因而在松软材料及预制屋面板上铺设卷材以前，必须先做找平层。找平层一般为 20～30mm 厚 1∶3 水泥砂浆。

4）结合层，结合层的作用是在卷材与基层间形成一层胶质薄膜，使卷材与基层胶结牢固。沥青类卷材通常用冷底子油作结合层，高分子卷材则多用配套基层处理剂。

5）防水层，是由卷材和相应的卷材黏结剂构成。

6）保护层。为保护防水层，防止卷材因裸露而受温度、阳光等作用老化，增加其使用年限，卷材表面需设保护层。当为非上人屋面时，可在最后一层沥青胶上趁热满粘一层 3～6mm 粒径的无棱石子作保护层，既经济方便，又有一定效果。当为上人屋面时，可在防水层上面浇筑 30～40mm 厚细石混凝土，用 20mm 厚 1∶3 水泥砂浆贴地砖或混凝土预制板等，既可提供活动面层，还可起保护作用。

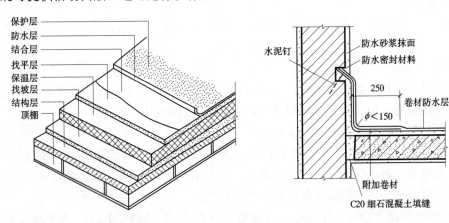

图 2.108　柔性防水屋面的构造层次　　　图 2.109　卷材防水屋面泛水构造

（3）细部构造。柔性防水屋面在处理好大面积屋面防水的同时，应注意泛水、檐口、雨水口以及变形缝等部位的细部构造处理。

1）泛水构造（图 2.109）。泛水指屋顶上沿所有垂直面所设的防水构造。突出屋面的女儿墙、烟囱、楼梯间、变形缝、检修孔和立管等的壁面与屋顶的交接处是最容易漏水的地方，必须将屋面防水层延伸至这些垂直面上，形成立铺的防水层，称为泛水。做泛水构造应注意以下几点：①泛水高度应足够，一般不小于 250mm，并加铺一层附加卷材；②屋面与立墙相交处应做成弧形或 45°斜面，使卷材紧贴于找平层上，而不致出现空鼓现象；③做好泛水上口的卷材收头固定，防止卷材在垂直墙面上向下滑动；④泛水顶部应有挡雨措施，防止雨水顺立墙流入卷材收口处引起渗漏。

2）挑檐口构造。有两种做法：

（a）无组织排水挑檐口（图2.110）。一般采用与圈梁整浇的混凝土挑板。檐口800mm范围内卷材应采取满贴法，在混凝土檐口上用细石混凝土或水泥砂浆先做一凹槽，然后将卷材贴在槽内，将卷材收头用水泥钉钉牢，上面用防水油膏嵌填。

（b）有组织排水挑檐口（图2.111）。常常将檐沟布置在出挑部位，现浇钢筋混凝土檐沟板可与圈梁连成整体，预制檐沟板则需搁置在钢筋混凝土屋架挑牛腿上，檐沟内加铺1～2层附加卷材；沟内转角部位找平层应做成圆弧形或45°斜坡；为了防止檐沟壁面上的卷材下滑，通常是在檐沟边缘用水泥钉钉压条，将卷材的收头处压牢固，再用油膏或砂浆盖缝。

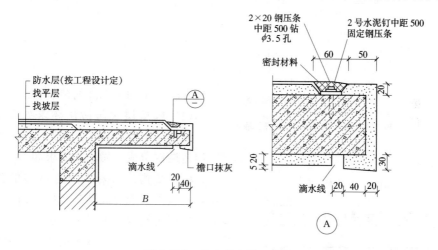

图2.110　自由落水檐口构造

3）雨水口构造。雨水口是用来将屋面雨水排至雨水管而在檐口处或檐沟内开设的洞口，要求排水通畅，不易堵塞和渗漏。其位置应尽可能比屋面或檐沟面低。有垫坡层或保温层的屋面，可在雨水口直径500mm范围内减薄形成漏斗形，避免积水。雨水口又分两类：

（a）直管式［图2.112（a）］，适用于中间天沟、挑檐沟和女儿墙内排水天沟。做法是将各层卷材（包括附加卷材）粘贴在套管内壁上，表面涂防水油膏，用环行筒将卷材压紧，嵌入的深度至少为100mm。

（b）弯管式［图2.112（b）］，适用于女儿墙外排水。做法是将屋面防水层及泛水的卷材铺贴到套管内壁四周，铺入深度至少为100mm，套管口用铸铁算遮盖，以防污物堵塞雨水口。

图2.111　有组织排水挑檐口构造

2. 刚性防水屋面

刚性防水屋面主要指以密实性混凝土或防水砂浆等刚性材料作为防水层的屋面。其优点是施工简单、经济和维修方便；缺点是易开裂，对气温变化和屋面基层变形的适应性较差。多用于日温差较小的我国南方地区防水等级为Ⅲ级的屋面防水，也可用作防水等级为Ⅰ、Ⅱ级的屋面多道设防中的一道防水层。一般不适用于保温的屋面，也不宜用于高温、有振动、

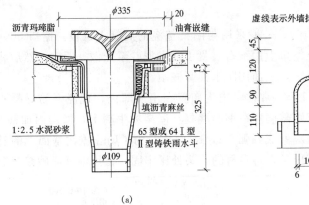

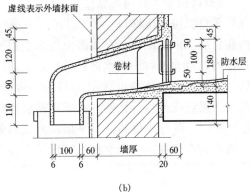

图 2.112　雨水口构造

(a) 直管式；(b) 弯管式

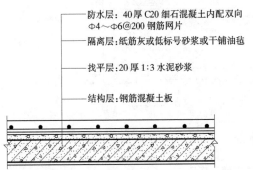

图 2.113　刚性防水屋面的构造层次

基础有较大不均匀沉降的建筑物。

(1) 构造层次与做法要求如图 2.113 所示。刚性防水屋面应尽量采用结构找坡，其主要构造层次组成、做法及要求如下：

(a) 结构层，要求具有足够的强度和刚度，一般采用现浇或预制装配的钢筋混凝土屋面板，以免结构变形过大而引起防水层开裂。

(b) 找平层。为保证防水层厚薄均匀，通常应在结构层上用 20mm 厚 1∶3 水泥砂浆找平，若采用现浇钢筋混凝土屋面板或设有纸筋灰等材料时，也可不设找平层。

(c) 隔离层。为减少结构层变形以及温度变化对防水层的不利影响，宜在防水层下设置隔离层。隔离层可采用纸筋灰、低强度等级砂浆或薄砂层上干铺一层油毡等。

(d) 防水层。用不低于 C20 的细石混凝土整体现浇而成，其厚度不小于 40mm，并双向配置Φ4～Φ6@200 钢筋网片。还可适量掺入膨胀剂等外加剂提高其抗裂和抗渗性能。

(2) 细部构造。刚性防水屋面的细部构造包括屋面分格缝、泛水、檐口和雨水口等部位的构造处理。

1) 屋面分格缝构造，如图 2.114 所示。屋面分格缝是为防止温度变化、结构变形引起

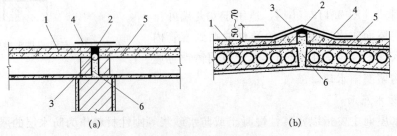

图 2.114　屋面分格缝构造

(a) 横向分格缝；(b) 屋脊分格缝

1—刚性防水层；2—密封材料；3—背衬材料；4—防水卷材；5—隔离层；6—细石混凝土

刚性防水层拉裂、拉坏而设置的一种变形缝。故分格缝常设置在装配式结构屋面板的支承端、屋面转折处、刚性防水层与立墙交接处，并应与板缝对齐。分格缝的纵横间距不宜大于6m。采用横墙承重的民用建筑，屋面分格缝的位置如图 2.115 所示。屋脊是屋面转折的界线，故设有一纵向分格缝；横向分格缝每开间设一道，并与装配式屋面板的板缝对齐；为了使混凝土在收缩和温度变形时不受女儿墙的影响，沿女儿墙四周也应设泛水分格缝。构造处理时还应注意以下几点：① 防水层内钢筋网片在分格缝处应断开；② 屋面板缝用浸过沥青的麻丝等密封材料嵌填，缝口用油膏嵌缝；③ 缝口表面用防水卷材铺贴盖缝，卷材宽度为200~300mm。

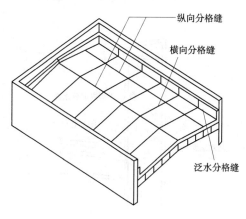

图 2.115　屋面分格缝的位置

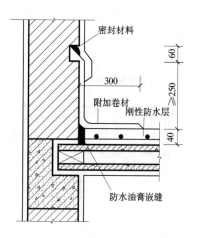

图 2.116　刚性防水层屋面泛水

2）泛水构造如图 2.116 所示。凡屋面防水层与垂直墙面的交接处都须作泛水处理。它与柔性防水屋面一样，刚性防水屋面的泛水应有足够的高度，一般不小于 250mm；泛水应嵌入立墙上的凹槽内并用压条及水泥钉固定。但刚性防水层与屋面突出物（女儿墙、烟囱等）间须留分格缝，缝内用油膏嵌缝，缝外用附加卷材铺贴至泛水所需高度并做好压缝收头处理，以免雨水渗进缝内。

3）檐口构造常用形式有：

（a）自由落水檐口。当挑檐较短时，可将混凝土防水层直接悬挑出去形成挑檐口，圈梁带挑檐板如图 2.117（a）所示。当挑檐长度较长时，为了保证悬挑结构的强度，应采用与屋顶圈梁连为一体的悬臂板形成挑檐，如图 2.117（b）所示。在挑檐板与屋面板上做找平

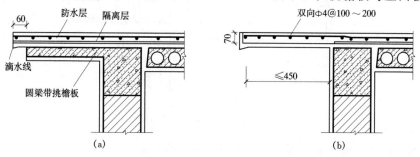

图 2.117　刚性防水屋面檐口
（a）圈梁带挑檐板；（b）挑檐板与屋顶圈梁连为一体

115

层和隔离层后浇筑混凝土防水层，并注意在檐口做好滴水。

（b）挑檐沟外排水檐口。挑檐沟一般采用现浇或预制钢筋混凝土槽形天沟板，在沟底用低强度等级的混凝土或水泥炉渣等材料垫置成纵向排水坡度，铺好隔离层后再浇筑防水层，防水层应挑出屋面并做好滴水，挑檐沟外排水檐口如图 2.118 所示。

（c）女儿墙外排水檐口。如图 2.119 所示，跨度不大的平屋顶，当采用女儿墙外排水时，常利用倾斜的屋面板与女儿墙间的夹角做成三角形断面天沟，其构造处理基本同女儿墙泛水，天沟内需设有纵向排水坡度。

（d）坡檐口。建筑设计中出于造型方面的考虑，常采用一种平顶坡檐即"平改坡"的处理形式，使较为呆板的平顶建筑具有某种传统的韵味，以丰富城市景观。平屋顶坡檐口的构造如图 2.120 所示。

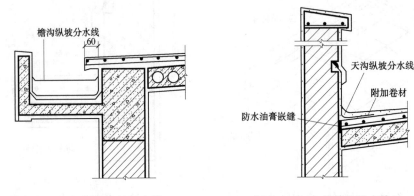

图 2.118 挑檐沟外排水檐口　　　　图 2.119 女儿墙外排水檐口

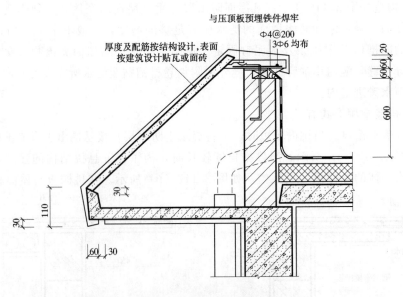

图 2.120 平屋顶坡檐口

4）雨水口构造。刚性防水屋面的雨水口有下列两种做法：

（a）直管式雨水口。一般在挑檐沟外排水时采用。如图 2.121 所示，为防止雨水从雨水口套管与沟底接缝处渗漏，应在雨水口周边加铺柔性防水层并铺至套管内壁，檐口处浇筑的混凝土防水层应覆盖于附加的柔性防水层之上，并于防水层与雨水口之间用油膏嵌实。

（b）弯管式雨水口。女儿墙外排水时采用，一般用铸铁做成弯头。雨水口安装时，在雨水口处的屋面应加铺附加卷材与弯头搭接，其搭接长度不小于100mm，然后浇筑混凝土防水层，防水层与弯头交接处需用油膏嵌缝。其构造如图2.122所示。

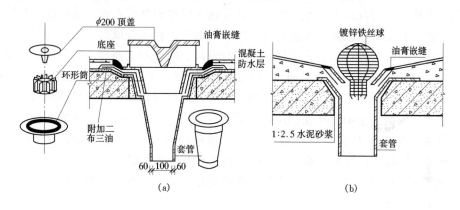

图 2.121　直管式雨水口

（a）65型雨水口；（b）铁丝罩铸铁雨水口

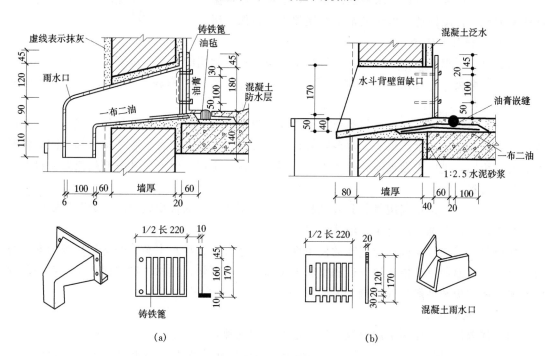

图 2.122　弯管式雨水口

（a）铸铁雨水口；（b）预制混凝土排水槽

3. 涂膜防水屋面

涂膜防水屋面也称涂料防水屋面，是指用可塑性和黏结力较强的高分子防水涂料，直接涂刷在屋面基层上形成一层不透水的满铺薄膜层以达到防水目的的一种屋面做法。

涂膜防水的合成高分子防水涂料有硅橡胶、聚硫橡胶、聚氨酯（非焦油型）和丙烯酸酯类、聚合物水泥等防水涂料；高聚物改性沥青防水涂料有氯丁橡胶沥青、再生橡胶沥青防水涂料、SBS 改性沥青防水涂料等。这些材料具有防水性好、黏结力强、延伸性大和耐腐蚀、耐老化、无毒、冷作业、施工方便等优点，但价格较贵，成膜后要加保护，以防硬杂物碰坏。

涂膜防水的基层为混凝土或水泥砂浆，涂膜施工时屋面基层表面干燥程度应与涂料特征相适应，采用沥青基防水涂膜，溶剂型高聚物改性沥青涂料或合成高分子涂膜，均应在屋面基层表面干燥后，方可进行涂膜施工操作。如有空鼓、缺陷和表面裂缝应整修后用聚合物砂浆修补。在转角、雨水口四周、贯通管道和接缝等易产生裂缝处，修整后需用纤维材料加固。涂刷防水材料应分多次进行。乳剂型防水材料，采用网状布织层，如玻璃布可使涂膜均匀。涂膜的表面一般需撒细砂作保护层，为了减少太阳的辐射以及满足屋面颜色的需要，可适量加入银粉或颜料作着色保护涂料。上人屋顶和楼地面一般在防水层上涂抹一层 5～10mm 厚黏结性好的聚合物水泥砂浆，干燥后再抹水泥砂浆面层。

涂膜防水主要适用于防水等级为Ⅲ级、Ⅳ级的屋面防水，也可作为Ⅰ级、Ⅱ级屋面多道防水设防中的一道防水。

2.5.3.2　平屋顶的保温

在寒冷地区或有空调要求的建筑物中，屋顶应做保温处理，以减少室内热量的损失，降低能源消耗。保温构造的做法通常是在屋顶中增设保温层。

1. 保温材料的选择

保温材料要求密度小、孔隙多、导热系数小。目前常用的主要有以下三种类型：

（1）散料类。它常用炉渣、矿渣等工业废料，以及膨胀陶粒、膨胀蛭石和膨胀珍珠岩等。

（2）整体类。这是指以散料类保温材料为骨料，掺入一定量的胶结材料，现场浇筑而形成的整体保温层，如水泥炉渣、水泥膨胀珍珠岩及沥青蛭石、沥青膨胀珍珠岩等。同散料类保温材料相同，也应先做水泥砂浆找平层，再做卷材防水层。以上两种类型的保温材料都可兼作找坡材料。

（3）板块类。是指利用骨料和胶结材料由工厂制作而成的板块状材料，如预制膨胀珍珠岩、膨胀蛭石以及加气混凝土、泡沫塑料等块材或板材。

保温材料的选择应根据建筑物的使用性质、构造方案、材料来源、经济指标等因素综合考虑确定。保温层厚度依当地气候和室温要求而定。也可将保温材料和屋面板结合在一起预制成复合屋面板和加筋加气混凝土屋面板等。

2. 保温构造做法

（1）保温层。在屋顶上的设置位置一般有下列三种：

1）正铺保温层［图 2.123 (a)］。即保温层位于结构层之上，防水层之下。这种做法符合热工学原理和力学要求，构造简单，施工方便，应用较广。

2）倒铺保温层［图 2.123 (b)］。即保温层位于防水层之上。这种方法的优点是保护了防水层不受外界气温变化和外力作用的影响，使其更具有耐久性；缺点是需选择吸湿性低、耐久性强的材料，如膨胀沥青珍珠岩等有机材料。保温层上部应用混凝土、卵石、砖等较重的覆盖层压住。

3）保温层与结构层结合。其构造做法有两种：一是在槽形板内设置保温层，如图2.124（a）、（b）所示；二是将保温层和结构层融为一体，简化了屋顶构造层次，施工方便，但构件制作工艺复杂，屋面板的强度较低，耐久性较差，如图2.124（c）所示。

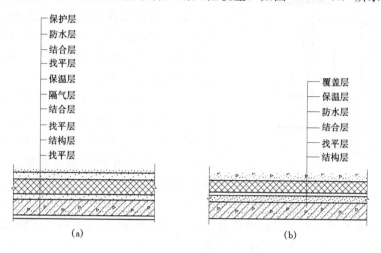

图 2.123　保温层设置位置
（a）正铺保温层屋面；（b）倒铺保温层屋面

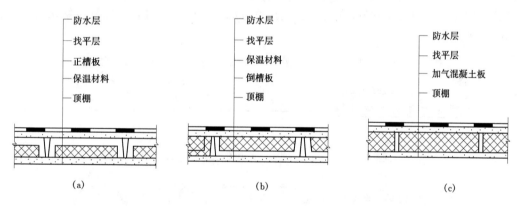

图 2.124　保温层与结构层结合的屋面
（a）保温层在槽形板下；（b）保温层在槽形板上；（c）保温层和结构层合为一体

（2）隔气层。按照规范要求，在我国北纬 40°以北地区且室内空气湿度大于 75％，或其他地区室内湿度常年大于 80％时，保温层下面应设置隔气层，以防止室内湿气进入屋面保温层，降低保温效果，造成防水层起鼓甚至开裂。常见做法有：①1.5mm 厚氯化聚乙烯防水卷材；②4mm 厚 SBS 改性沥青防水卷材；③1.5mm 厚聚氨酯防水涂料。

保温层下设隔气层，上面设置防水层，其上下两面均被卷材封闭住。而在施工中往往出现保温材料或找平层未干透，其中残存一定的水气无法散发。为了解决这个问题，可以在保温层上部或中部设置排气道，排气道间距宜为 6m，纵横设置，屋面面积每 36m² 宜设置一个排气孔，排气孔应按防水处理，如图 2.125 所示。

2.5.3.3　平屋顶的隔热

我国南方地区夏季太阳辐射强烈，气候炎热，屋顶温度较高，为了改善居住条件，对屋

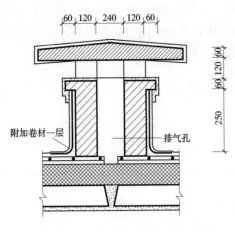

图 2.125　屋面排气孔构造

顶进行隔热处理，以降低屋顶热量对室内的影响。常见构造做法有以下几种。

1. 通风隔热

此法是在屋顶设置架空通风间层，使其上层表面遮挡阳光辐射，同时利用风压和热压作用使间层中的热空气被不断带走。通风间层的设置方式通常有以下两种：

（1）架空通风隔热。架空通风隔热间层设于屋面防水层上，常用砖、瓦、混凝土等材料及其制品制作，如图 2.126 所示。架空层的净空高度一般以 180～240mm 为宜，屋面宽度大于 10m 时，可在屋脊处设置通风桥来改善通风效果。为保证架空层内的空气流通顺畅，其周边应留设一定数量的通风孔，当女儿墙不宜开设通风孔时，应距女儿墙 500mm 范围内不铺设架空板，架空隔热板的支承物可以做成砖垄墙式或砖墩式。

（2）顶棚通风隔热。此法是利用顶棚与屋顶之间的空间作隔热层。必须注意设置一定数量的通风孔，使顶棚内的空气能迅速对流。顶棚通风层还应有足够的净空高度，仅作通风隔热用的空间净高一般为 500mm 左右。通风孔须考虑防止雨水飘进，还应注意解决好屋面防水层的保护问题。

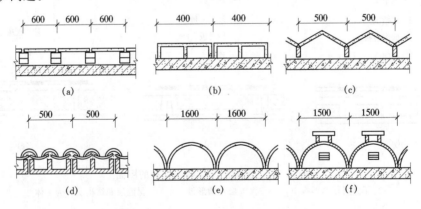

图 2.126　架空通风隔热构造
（a）架空预制板（或大阶砖）；（b）架空混凝土山形板；（c）架空钢丝网水泥折板；
（d）倒槽板上铺小青瓦；（e）钢筋混凝土半圆拱；（f）1/4 厚砖拱

2. 蓄水隔热

此法是利用屋顶的蓄水层来达到隔热目的的。蓄水屋面构造与刚性防水屋面构造基本相同，主要区别是增加了蓄水分仓壁、溢水孔、泄水孔和过水孔，如图 2.127 所示。

3. 种植隔热

此法是在平屋顶上种植植物，借助栽培介质隔热及植物吸收阳光进行光合作用和遮挡阳光的双重功效来达到降温隔热的目的。种植隔热屋面构造与刚性防水屋面构造基本相同，不同的是需增设挡墙和种植介质。一般种植隔热屋面是在屋面防水层上直接铺填种植介质，栽培植物，如图 2.128 所示。

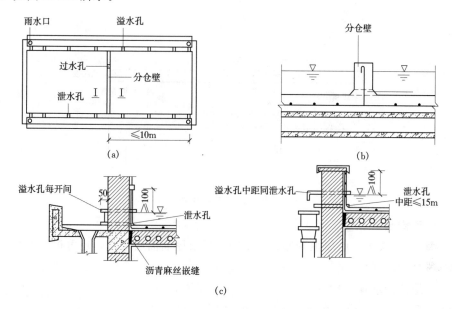

图 2.127 蓄水屋面构造
（a）平面图；（b）Ⅰ—Ⅰ剖面图；（c）构造详图

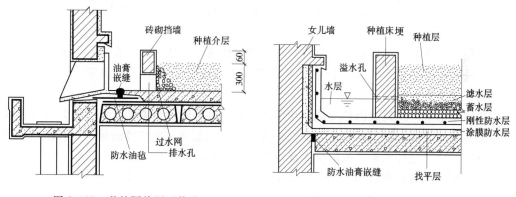

图 2.128 种植隔热屋面构造　　　　图 2.129 蓄水种植隔热屋面构造

4. 蓄水种植隔热

此法是将一般种植屋面与蓄水屋面结合起来，其构造做法如图 2.129 所示。

5. 反射降温

这是一种特殊的隔热屋面，通过对屋面面层进行浅色处理，减少太阳热辐射对屋面的作用，降低屋面表面温度，达到改善屋面隔热效果的。一般是在屋面层喷涂一层白色或浅色的涂料，或采用屋面层铺设白色或浅色的地面砖等。反射屋面的隔热降温作用主要取决于屋面表面反射材料的性质，如材料表面的光洁度、反射率等。对隔热要求较高的屋顶，可在间层内铺设铝箔，利用二次反射使隔热降温效果更佳，如图 2.130 所示。

蓄水隔热、种植隔热及蓄水种植隔热的作法是设置实体隔热层，即在屋面上堆置蓄热系数较大的材料吸收太阳辐射热，以延缓室内高温出现时间，其排热效果不如通风隔热。

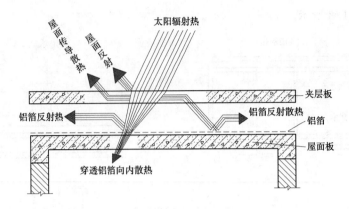

图 2.130　反射降温屋面构造

2.5.4　坡屋顶构造

坡屋顶构造层次主要由屋顶天棚、承重结构层及屋面面层组成，还可根据地区和房屋特殊需要增设保温层、隔热层等。

2.5.4.1　坡屋顶的承重结构

1. 坡屋顶的承重结构类型

（1）山墙承重。在山墙上搁檩条，檩条上设椽子后再铺屋面，也可在山墙上直接搁置挂瓦板、预制板等形成山墙承重体系。一般适合于多数开间相同且并列的房屋，如住宅、旅馆、宿舍等。其优点是节约钢材和木材，构造简单，施工方便，房间的隔音、防火效果好，是一种较为合理的承重体系。

（2）屋架承重。它是指利用建筑物的外纵墙或柱支承屋架，然后在屋架上搁置檩条来承受屋面重量的一种承重方式。这种承重方式多用于要求有较大空间的建筑，如食堂、教学楼等。

（3）梁架承重。这是我国传统的结构形式，即用柱和梁形成梁架支承檩条，然后每隔两根或三根檩条立一柱，利用檩条和连系梁（枋）把房屋组成一个整体的骨架，在这里墙只起围护和分隔作用。这种承重系统的主要优点是结构牢固，抗震性好。

坡屋顶的承重结构类型如图 2.131 所示。

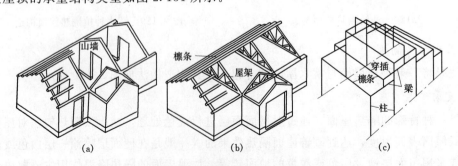

图 2.131　坡屋顶的承重结构类型
(a) 山墙承重；(b) 屋架承重；(c) 梁架承檩式屋架

2. 坡屋顶的承重构件

（1）屋架。屋架形式常为三角形，由上弦、下弦及腹杆组成，所用材料有木材、钢材及钢筋混凝土等。木屋架一般用于跨度不超过12m的建筑；将木屋架中受拉力的下弦及直腹杆件用钢筋或型钢代替，这种屋架称为钢木屋架。钢木组合屋架一般用于跨度不超过18m的建筑；当跨度更大时需采用预应力钢筋混凝土屋架或钢屋架。

（2）檩条。檩条是沿房屋纵向搁置在屋架或山墙上的屋面支承梁。檩条所用材料可为木材、钢材及钢筋混凝土，檩条材料的选用一般与屋架所用材料相同，使两者的耐久性接近。

3．承重结构布置

坡屋顶承重结构布置主要是指屋架和檩条的布置，其布置方式视屋顶形式而定，如图2.132所示。

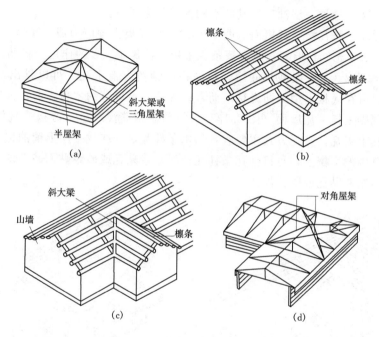

图 2.132　屋架和檩条布置方式

（a）四坡顶的屋架；（b）丁字形交接处屋顶之一；（c）丁字形交接处屋顶之二；（d）转角屋顶

2.5.4.2　坡屋顶的屋面构造

坡屋顶屋面一般是利角各种瓦材，如平瓦、波形瓦、小青瓦等作为屋面防水材料。近些年来还有不少采用金属瓦屋面、彩色压型钢板屋面等。在有檩体系中，瓦通常铺设在由檩条、屋面板、挂瓦条等组成的基层上；无檩体系的瓦屋面基层则由各类钢筋混凝土板构成。

1．平瓦屋面

平瓦用黏土烧制而成，又称机制平瓦，瓦宽230mm，长380～420mm，瓦的四边有榫和沟槽，如图2.133所示。铺瓦时顺着瓦的上下左右利用榫、槽相互搭扣密合，避免雨水从搭接处渗入。屋脊部位用脊瓦铺盖。平瓦屋面的坡度不宜小于1：2（约26°），多雨地区还应酌情加大。

平瓦屋面的常见做法有：

（1）冷摊瓦平瓦屋面（图2.134）。先在与檩条垂直方向钉木椽条，然后在垂直于椽条方向钉挂瓦条，最后在挂瓦条上盖瓦。其基层只有木椽条和木挂瓦条两种构件，构造简单、经济，但保温性能差，易从瓦缝中飘雨雪入室，常用于标准不高的建筑物。

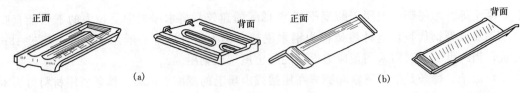

图 2.133 机制平瓦
(a) 平瓦；(b) 脊瓦

(2) 木望板平瓦屋面（图 2.135）。先在檩条上铺钉 15～20mm 厚木望板，然后在木望板上干铺一层油毡，再在垂直于檐口方向钉木板条（称为压毡条或顺水条），在顺水条上钉挂瓦条，最后盖瓦。增加一层油毡使其防水和保温效果更好。

(3) 钢筋混凝土挂瓦板平瓦屋面（图 2.136）。挂瓦板为预应力或非预应力混凝土构件，断面形式有Ⅱ形、T 形、F 形等，兼有檩条、望板、挂瓦条三者的作用。板肋用来挂瓦，中距 330mm。板缝用 1:3 水泥砂浆嵌填。板肋根部预留有泄水孔，可以排出瓦缝渗下的雨水。要求保温时可在底板上用热沥青粘结沥青矿棉毡。可以节约木材，值得推广应用。

(4) 钢筋混凝土板平瓦屋面（图 2.137）。将预制钢筋混凝土空心板或现浇平板作为瓦屋面的基层，其上盖瓦。盖瓦方式主要有：①木条挂瓦，即在找平层上铺油毡一层，用压毡条钉在嵌在板缝内的木楔上，再钉挂瓦条挂瓦；②砂浆贴瓦或砂浆贴面砖，即在屋面板上直接抹防水水泥砂浆并贴瓦或陶瓷面砖。

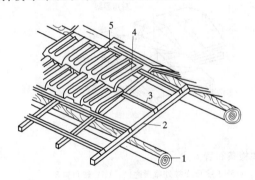

图 2.134 冷摊瓦平瓦屋面

1—檩条；2—椽条；3—挂瓦条；4—平瓦；5—脊瓦

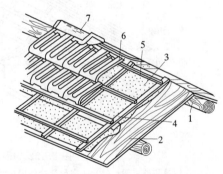

图 2.135 木望板平瓦屋面

1—檩条；2—木望板；3—油毡；4—顺水条；
5—挂瓦条；6—平瓦；7—脊瓦

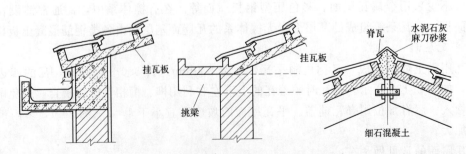

图 2.136 钢筋混凝土挂瓦板平瓦屋面

平瓦屋面的细部构造：

(1) 纵墙檐口。这主要有两种做法：①挑檐（图 2.138），挑檐是屋面挑出外墙的部分，

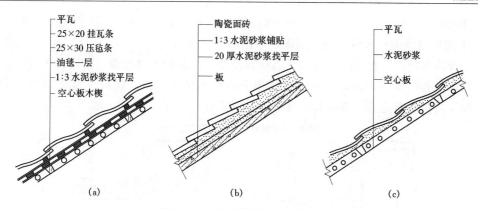

图 2.137　钢筋混凝土板瓦屋面

（a）木条挂瓦；（b）砂浆贴面砖；（c）砂浆贴瓦

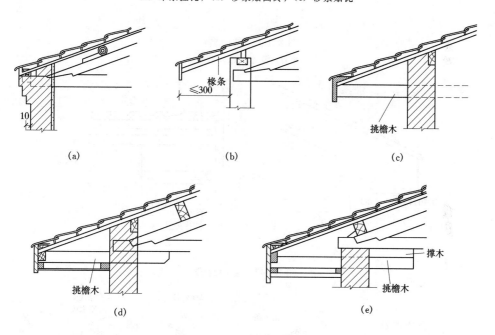

图 2.138　平瓦屋面纵墙挑檐

（a）砖挑檐；（b）椽条挑檐；（c）挑檐木置于横墙中；（d）挑檐木置于屋架下；（e）挑檐木下移

它可以保护外墙不受雨水淋湿；②封檐（图 2.139），即檐口外墙高出屋面将檐口包住的构造做法。为了解决排水问题，一般需做檐部内侧水平天沟。天沟可用混凝土槽形天沟板，沟内铺卷材防水层，并将油毡一直铺到女儿墙上形成泛水；也可用镀锌铁皮放在木底板上，铁皮天沟一边伸入油毡层下，并在靠墙一侧做成泛水。

（2）山墙檐口。按屋顶形式有两种做法：①硬山檐口（图 2.140），将山墙向上砌成女儿墙，女儿墙高出屋面500mm 以上做封火墙，在女儿墙与屋面的交接处做泛水处理，有砂浆抹灰泛水、小青瓦坐浆泛水、镀锌铁皮泛水

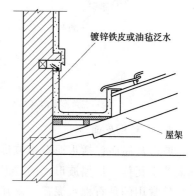

图 2.139　纵墙封檐

等；②悬山檐口。用檩条挑出山墙，檩条端部用木封檐板封住，沿山墙挑檐边的一行瓦，用
1：2.5 水泥砂浆做成批水线，将瓦封固，如图 2.141 所示。

（3）天沟和斜沟。在等高跨或高低跨屋面相交处以及包檐口处都需要设置天沟。在两坡
屋面垂直相交处应设斜天沟，以便将坡屋顶上的雨水排出，斜天沟构造做法如图 2.142 所
示。天沟及斜沟应有足够的断面积，其上口宽度不宜小于 300~500mm。

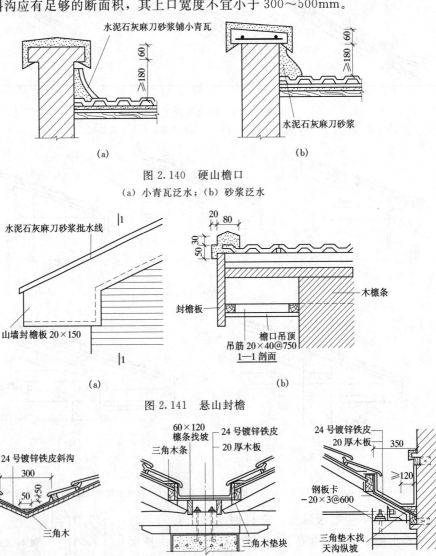

图 2.140　硬山檐口

（a）小青瓦泛水；（b）砂浆泛水

图 2.141　悬山封檐

图 2.142　天沟与斜沟的构造

（a）三角形天沟（双跨屋面）；（b）矩形天沟（双跨屋面）；（c）高低跨屋面天沟

2. 波形瓦屋面

波形瓦屋面包括水泥石棉波形瓦、钢丝网水泥瓦、玻璃钢瓦、钙塑瓦、金属钢板瓦、石
棉菱苦土瓦等。根据波形瓦的波形大小可分为大波瓦、中波瓦和小波瓦三种。

最常用的是石棉水泥瓦，此瓦具有一定的刚度，可以直接铺钉在檩条上，檩距应根据瓦
长而定，每张瓦至少有三个支点。瓦与檩条的固定应考虑温度变形，故钉孔的直径应比钉大

2～3mm，并应加防水垫圈，且钉孔应设在波峰上。瓦的上下搭接长度不小于100mm，左右两张瓦之间的搭接只能靠搭压，不宜一钉两瓦，大波和中波至少搭接半个波，小波瓦至少搭接一个波。石棉水泥瓦具有重量轻、构造简单、造价较低、施工方便、耐火性能好等优点，但易脆裂，强度较低，保温隔热性能较差，常用于室内要求不高的建筑。

3. 小青瓦屋面

小青瓦屋面在我国传统房屋中采用较多，目前有些地方仍然采用。小青瓦断面呈弧形，尺寸及规格不统一。铺设时分别将小青瓦仰俯铺排，覆盖成垅。仰俯瓦成沟，俯铺瓦盖于仰铺瓦纵向交接处，与仰铺瓦间搭接瓦长1/3左右。上下瓦间的搭接长在少雨地区为搭六露四，在多雨区为搭七露三。小青瓦可以直接铺设于椽条上，也可铺于望板（屋面板）上。

4. 金属瓦屋面

金属瓦屋面是用镀锌铁皮或铝合金瓦做防水层的一种屋面，金属瓦屋面自重轻、防水性能好、使用年限长，主要用于大跨度建筑的屋面。

金属瓦的厚度很薄（厚度在1mm以内），铺设这样薄的瓦材必须用钉子固定在木望板上，木望板则支撑在檩条上，为防止雨水渗漏，瓦材下应干铺一层油毡。所有的金属瓦必须相互连通导电，并与避雷针或避雷带连接。

5. 彩色压型钢板屋面

彩色压型钢板屋面简称彩板屋面，是近十多年来在大跨度建筑中广泛采用的高效能屋面，它不仅自重轻、强度高，且施工安装方便。彩板的连接主要采用螺栓连接，不受季节气候影响。彩板色彩绚丽，质感好，大大增强了建筑的艺术效果。彩板除用于平直坡面的屋顶外，还可根据造型与结构的形式需要，在曲面屋顶上使用。

2.5.4.3 坡屋顶的保温

坡屋顶的保温有屋面层保温和顶棚层保温两种做法。当采用屋面层保温时，其保温层可设置在瓦材下面或檩条之间。当屋顶为顶棚层保温时，通常需在吊顶龙骨上铺板，板上设保温层，可以收到保温和隔热的双重效果。坡屋顶保温材料可根据工程的具体要求，选用散料类、整体类或板块类材料。

2.5.4.4 坡屋顶的隔热

在炎热地区的坡屋面应采取一定的构造处理来满足隔热的要求，一般是在坡屋顶中设进风口和出气口，利用屋顶内外的热压差和迎风面的风压差，组织空气对流，形成屋顶内的自然通风，以减少由屋顶传入室内的辐射热，从而达到隔热降温的目的。进风口一般设在檐墙上、屋檐上或室内顶棚上，出气口最好设在屋脊处，以增大高差，加速空气流通。

2.6 楼梯和电梯

2.6.1 楼梯的类型和组成

2.6.1.1 楼梯的类型

（1）按其所在位置可分为室内楼梯和室外楼梯。

（2）按使用性质分，室内有主要楼梯、辅助楼梯；室外有安全楼梯、防火楼梯。

（3）按其材料可分为木质、钢筋混凝土、钢质、混合式及金属楼梯。

（4）按楼梯的平面形式不同可分为图2.143所示的几种形式：（a）单跑直楼梯；（b）双

跑直楼梯；（c）曲尺楼梯；（d）双跑平行楼梯；（e）双分转角楼梯；（f）双分平行楼梯；（g）三跑楼梯；（h）三角形三跑楼梯；（i）圆形楼梯；（j）中柱螺旋楼梯；（k）无中柱螺旋楼梯；（l）单跑弧形楼梯；（m）双跑弧形楼梯；（n）交叉楼梯；（o）剪刀楼梯。

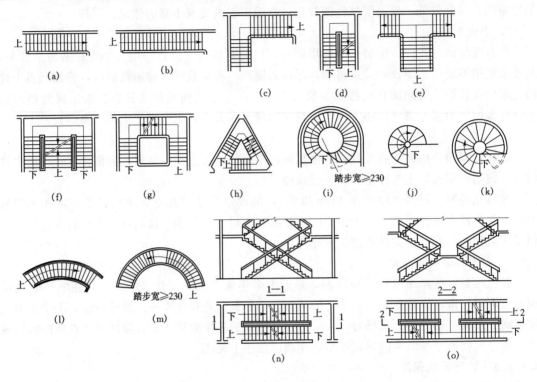

图 2.143　楼梯平面形式

（a）单跑直楼梯；（b）双跑直楼梯；（c）曲尺楼梯；（d）双跑平行楼梯；（e）双分转角楼梯；（f）双分平行楼梯；
（g）三跑楼梯；（h）三角形三跑楼梯；（i）圆形楼梯；（j）中柱螺旋楼梯；（k）无中柱螺旋楼梯；
（l）单跑弧形楼梯；（m）双跑弧形楼梯；（n）交叉楼梯；（o）剪刀楼梯

2.6.1.2　楼梯的组成

如图 2.144 所示，楼梯一般由以下几部分组成。

1. 楼梯梯段

楼梯段又称楼梯跑，是楼梯的主要使用和承重部分。它由若干个踏步组成。为减少人们上下楼梯时的疲劳和适应人行的习惯，一个楼梯段的踏步数要求最多不超过 18 级，最少不少于 3 级。

2. 楼层平台和中间平台

平台是指两楼梯段之间的水平板，有楼层平台、中间平台之分。其主要作用在于缓解疲劳，让人们在连续上楼时可在平台上稍加休息，故又称休息平台。同时，平台还是梯段之间转换方向的连接处。

3. 栏杆（或栏板）和扶手

栏杆是楼梯段的安全设施，一般设置在梯段的边缘和平台临空的一边，要求它必须坚固可靠，并保证有足够的安全高度。

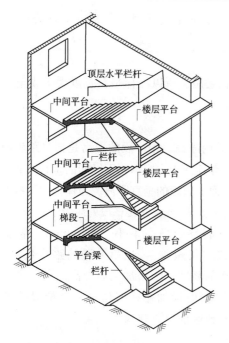

图 2.144 楼梯的组成

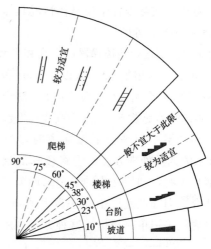

图 2.145 楼梯、台阶和坡道坡度的适用范围

2.6.2 楼梯的尺度

1. 楼梯的坡度与楼梯的踏步

楼梯梯段的最大坡度不宜超过 38°；当坡度小于 20°时，采用坡道；大于 45°时，则采用爬梯，如图 2.145 所示。

楼梯坡度与楼梯踏步密切相关，踏步高与宽之比即为楼梯坡度。踏步高常以 h 表示，踏步宽常以 b 表示，常用确定踏步尺寸的经验公式：$2h+b=600mm$。民用建筑中，楼梯踏步的最小宽度与最大高度的限制值见表 2.12。

表 2.12　楼梯踏步最小宽度和最大宽度　单位：mm

楼梯类别	最小宽度 b	最大高度 h	楼梯类别	最小宽度 b	最大高度 h
住宅公用楼梯	250（260～300）	180（150～175）	学校、办公楼等楼梯	260（280～340）	170（140～160）
幼儿园楼梯	260（260～280）	150（120～150）	剧院、会堂等楼梯	220（300～350）	200（120～150）
医院、疗养院等楼梯	280（300～350）	160（120～150）			

2. 栏杆（或栏板）扶手高度

扶手高度是指踏面中心到扶手顶面的垂直距离，确定其值时要考虑人们通行楼梯段时依扶的方便，很陡的楼梯，扶手的高度矮些，坡度平缓时高度可稍大。在 30°左右的坡度下常采用 900mm；儿童使用的楼梯一般为 600mm。对一般室内楼梯不小于 900mm，靠梯井一侧水平栏杆长度大于 500mm，其高度不小于 1000mm，室外楼梯栏杆高不小于 1050mm。

3. 楼梯段的宽度

楼梯的宽度必须满足上下人流及搬运物品的需要。从确保安全角度出发，楼梯段宽度应由通过该梯段的人流数确定的。梯段宽度按每股人流 500～600mm 宽度考虑，单人通行时为 900mm，双人通行时为 1000～1200mm，三人通行时为 1500～1800mm，其余类推。同时，需满足各类建筑设计规范中对梯段宽度的限定。如住宅不小于 1100mm，公建不小于 1300mm 等。

4. 楼梯平台的宽度

楼梯平台是楼梯段的连接，也供行人稍加休息之用。所以楼梯平台宽度大于或至少等于楼梯段的宽度。实际设计中应具体情况具体分析。

5. 楼梯的净空高度

楼梯的净空高度包括楼梯段的净高和平台过道处的净高。楼梯段的净高是指自踏步前缘线（包括最低和最高一级踏步前缘线以外 0.3m 范围内）量至正上方突出物下缘间的垂直距离。平台过道处净高是指平台梁底至平台梁正下方踏步或楼地面上边缘的垂直距离。为保证在这些部位通行或搬运物件时不受影响，其净空高度在平台过道处应大于 2m；在楼梯段处应大于 2.2m。

当楼梯底层中间平台下做通道时，为求得下面空间净高不小于 2000mm，常采用图 2.146 所示的四种处理方法：①将楼梯底层设计成"长短跑"，让第一跑的踏步数目多些，第二跑踏步少些，利用踏步的多少来调节下部净空的高度；②增加室内外高差；③将上述两种方法结合，即降低底层中间平台下的地面标高，同时增加楼梯底层第一个梯段的踏步数量；④将底层采用单跑楼梯，这种方式多用于少雨地区的住宅建筑。

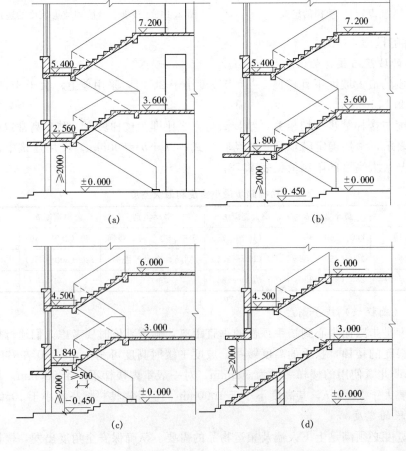

图 2.146 平台下作出入口时楼梯净高设计的几种方式
(a) 底层设计成"长短跑"；(b) 增加室内外高差；(c) (a)、(b) 相结合；(d) 底层采用单跑梯段

2.6.3 钢筋混凝土楼梯构造

钢筋混凝土楼梯按施工方式可分为现浇式和预制装配式两类。

2.6.3.1 现浇整体式钢筋混凝土楼梯构造

现浇钢筋混凝土楼梯是指楼梯段、楼梯平台等整浇在一起的楼梯。它整体性好，刚度大，坚固耐久，抗震较为有利。但是在施工过程中，要经过支模板、绑扎钢筋、浇灌混凝土、振捣、养护、拆模等作业，受外界环境因素影响较大，工人劳动强度大。在拆模之前，不能利用它进行垂直运输。因而较适合于比较小且抗震设防要求较高的建筑中，对于螺旋形楼梯、弧形楼梯等形状复杂的楼梯，也宜采用现浇楼梯。

现浇楼梯按梯段的传力特点又分板式梯段和梁板式梯段。

1. 板式楼梯

板式楼梯是指楼梯段作为一块整板，斜搁在楼梯的平台梁上。平台梁之间的距离便是这块板的跨度，如图 2.147（a）所示。也有带平台板的板式楼梯，如图 2.147（b）所示，增大了平台下净空，但斜板跨度增加了。板式楼梯段的底面平齐，便于装修。常用于楼梯荷载较小、楼梯段的跨度也较小的住宅等房屋。

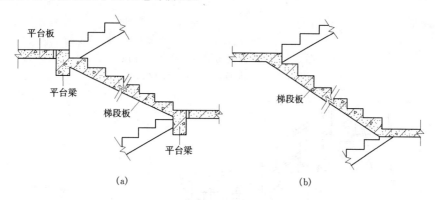

图 2.147 现浇钢筋混凝土板式梯段

2. 梁板式楼梯

当梯段较宽或楼梯负载较大时，采用板式梯段往往不经济，须增加梯段斜梁（简称梯梁）以承受板的荷载，并将荷载传给平台梁，这种梯段称梁板式梯段。

梁板式楼梯是由踏步板、楼梯斜梁、平台梁和平台板组成。荷载由踏步板传给斜梁，再由斜梁传给平台梁，而后传到墙或柱上。梁板式梯段在结构布置上有双梁布置和单梁布置之分。梯梁在板下部的称正梁式梯段，将梯梁反向上面称反梁式梯段，如图 2.148 所示。

在梁板式结构中，单梁式楼梯是近年来公共建筑中采用较多的一种结构形式。这种楼梯的每个梯段由一根梯梁支承踏步。梯梁布置有两种方式：一种是单梁悬臂式楼梯（图 2.149）；另一种是单梁挑板式楼梯。单梁楼梯受力复杂，梯梁不仅受弯，而且受扭。但这种楼梯外形轻巧、美观，常为建筑空间造型所采用。

2.6.3.2 预制装配式钢筋混凝土楼梯构造

在建筑工程中，随着预制装配式钢筋混凝土楼板的大量采用，一些建筑也开始采用预制装配式钢筋混凝土楼梯。预制装配式钢筋混凝土楼梯是指用预制厂生产或现场制作的构件安装拼合而成的楼梯。采用预制装配式楼梯可较现浇式钢筋混凝土楼梯提高工业化施工水平，

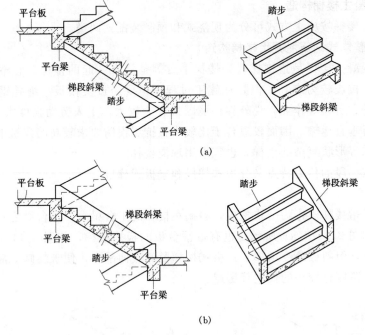

图 2.148　现浇钢筋混凝土梁板式梯段

(a) 正梁式梯段；(b) 反梁式梯段

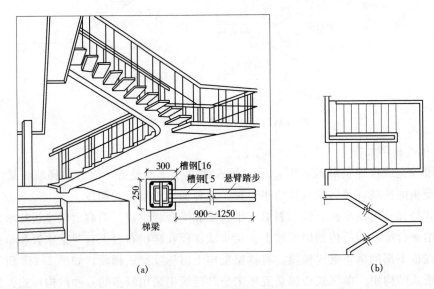

图 2.149　单梁悬臂式楼梯

节约模板，简化操作程序，较大幅度地缩短工期。但预制装配式钢筋混凝土楼梯的整体性、抗震性、灵活性等不及现浇钢筋混凝土楼梯。

预制装配式钢筋混凝土楼梯按预制构件的形式，可分为小型构件装配式楼梯，中型构件装配式楼梯和大型构件装配式楼梯。

1. 小型构件装配式楼梯

(1) 预制踏步。预制踏步断面形式一般有一字形、正反 L 形和三角形三种（图 2.150）。

一字形踏步制作方便，简支和悬挑均可。L形踏步有正L形和倒L形两种，均可简支或悬挑。悬挑时须将压入墙的一端做成矩形截面。三角形踏步安装后底面严整。为减轻踏步自重，踏步内可抽孔。预制踏步多采用简支的方式。

（2）预制踏步的支承结构有两种形式：

1）梁承式，支承的构件是斜向的梯梁。预制梯梁的外形随支承的踏步形式而变化。当梯梁支承三角形踏步时，梯梁常做成上表面平齐的等截面矩形梁。如果梯梁支承一字形或L形踏步时，梯梁上表面须做成锯齿形，如图2.151所示。

2）墙承式，依其支承方式不同可分为悬挑踏步式楼梯（图2.152）和双墙支承式楼梯。

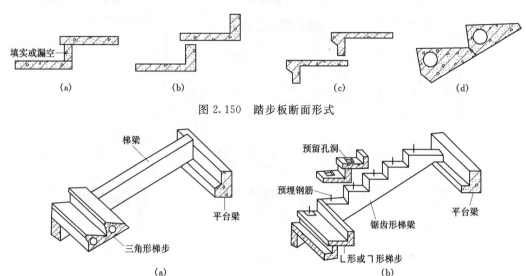

图 2.150 踏步板断面形式

图 2.151 梁承式中预制梯段斜梁的形式

2. 中型构件装配式楼梯

这种楼梯一般由楼梯段和带平台梁的平台板两个构件组成。带梁平台板把平台板和平台梁合并成一个构件。当起重能力有限时，可将平台梁和平台板分开。平台板可采用预制钢筋混凝土槽形板或空心板，两端直接支承在楼梯间的横墙上；或采用小型预制钢筋混凝土平板，直接支承在平台梁和楼梯间的纵墙上。

3. 大型构件装配式楼梯

这种楼梯是把整个梯段和平台预制成一个构件。按结构形式不同，有板式楼梯和梁板式楼梯两种。为减轻构件的重量，可以采用空心楼梯段。整个构件支承在钢支托或钢筋混凝土支托上。这种楼梯，构件数量少，装配化程度高，施工速度快，但施工时需要大型的起重运输设备，主要用于大型装配式建筑中。

图 2.152 墙承式钢筋
混凝土楼梯

2.6.4 楼梯的细部构造

2.6.4.1 踏步面层及防滑处理

楼梯踏步的踏面应光洁、耐磨，易于清扫。面层常采用水泥砂浆、水磨石等，亦可采用铺缸砖、贴油地毡或铺大理石板。前两种多用于一般工业与民用建筑中，后几种多用于有特殊要求或较高级的公共建筑中。

为防止行人在上下楼梯时滑跌，特别是水磨石面层以及其他表面光滑的面层，常在踏步近踏口处，用不同于面层的材料做出略高于踏面的防滑条；或用带有槽口的陶土块或金属板包住踏口。若面层采用的是水泥砂浆抹面，由于表面粗糙，可不做防滑条。防滑处理如图2.153 所示。

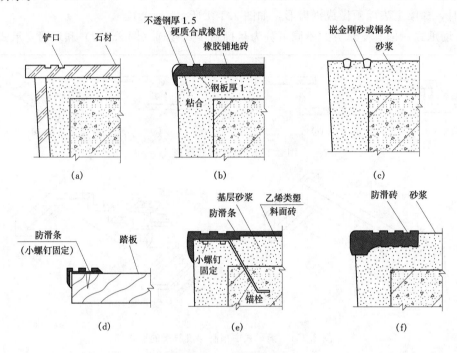

图 2.153　防滑处理

(a) 石材铲口；(b) 粘复合材料防滑条；(c) 嵌金刚砂或铜条；(d) 钉金属防滑条；
(e) 锚固金属防滑条；(f) 防滑面砖

2.6.4.2　栏杆、栏板和扶手

1. 栏杆

栏杆多采用方钢、圆钢、钢管或扁钢等材料焊接或铆接成各种图案，既起防护作用，又有一定装饰效果。

栏杆与踏步的连接方式（图2.154）一般有三种：①锚接，是在踏步上预留孔洞，然后将钢条插入孔内，预留孔一般为 50mm×50mm，插入洞内至少 80mm，洞内浇筑水泥砂浆或细石混凝土嵌固；②焊接，则是在浇筑楼梯踏步时，在需要设置栏杆的部位，沿踏面预埋钢板或在踏步内埋套管，然后将钢条焊接在预埋钢板或套管上；③拴接，系指利用螺栓将栏杆固定在踏步上，方式可有多种。

2. 栏板

栏板多用钢筋混凝土或加筋砖砌体制作，也有用钢丝网水泥板的。钢筋混凝土栏板有预制和现浇两种。

3. 扶手

扶手按材料分为木扶手、金属扶手、塑料扶手等；按构造分为漏空栏杆扶手、栏板扶手

和靠墙扶手等，如图 2.155 所示。

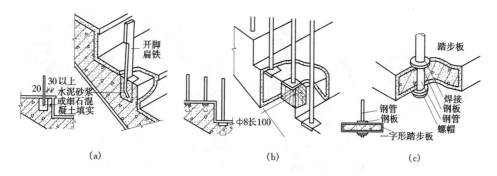

图 2.154　栏杆与踏步的连接方式（单位：mm）
（a）锚接；（b）焊接；（c）螺栓连接

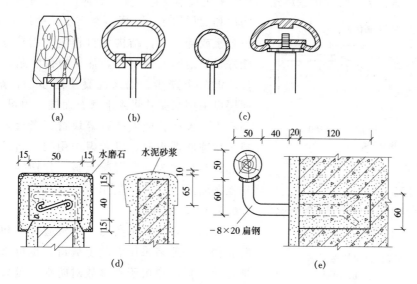

图 2.155　栏杆及栏板的扶手构造
（a）木扶手；（b）塑料扶手；（c）金属扶手；（d）栏板扶手；（e）靠墙扶手

　　木扶手、塑料扶手是用木螺丝通过扁铁与漏空栏杆连接；金属扶手则通过焊接或螺钉连接；靠墙扶手则由预埋铁件的扁钢及木螺丝等来固定。栏板上的扶手多采用抹水泥砂浆或水磨石粉面的处理方式。

2.6.5　台阶和坡道

2.6.5.1　台阶与坡道的形式

　　台阶由踏步和平台组成。其形式有单面踏步式、三面踏步式等。台阶坡度较楼梯平缓，每级踏步高为 100～150mm，踏面宽为 300～400mm。当台阶高度超过 1m 时，宜有护栏设施。

　　坡道按用途分行车坡道和轮椅坡道，行车坡道又分普通行车坡道和回车坡道两种。普通行车坡道布置在有车辆出入的建筑入口处，坡道多为单面坡形式，极少三面坡的。回车坡道通常布置在一些重要的大型公共建筑的大门入口处，常采用台阶与坡道相结合的形式，以使汽车行驶方便。坡道坡度与坡道的用途、面层材料有关，一般为 1/10～1/8，也有 1/30 的。

如图 2.156 所示。

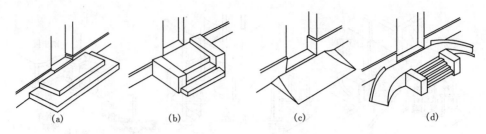

图 2.156　台阶与坡道的形式

（a）三面踏步式；（b）单面踏步式；（c）坡道式；（d）踏步坡道结合式

2.6.5.2　台阶构造

台阶分实铺和架空两种构造形式，多数采用实铺构造。实铺台阶一般由基层、垫层、结构层和面层构成。基层是夯实土，垫层可采用灰土、三合土或碎石等。结构层材料应采用抗冻、抗水性能好且质地坚实的材料，常见的台阶踏步有砖砌踏步、混凝土踏步、钢筋混凝土踏步、石踏步四种。面层可采用水泥砂浆或水磨石面层，也可采用缸砖、马赛克、天然石或人造石等块材。当台阶尺度较大或土壤冻胀严重时，可考虑选用架空台阶，其平台板和踏步板均为预制混凝土板，分别搁置在梁或砖砌地垄墙上。台阶构造如图 2.157 所示。

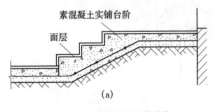

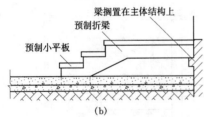

图 2.157　台阶构造示意

（a）实铺；（b）架空

2.6.5.3　坡道构造

坡道一般均采用实铺，其构造要求和做法与台阶相似，一般多采用混凝土坡道，也可采用天然石坡道等。但坡道由于平缓故对防滑要求较高，混凝土坡道可在水泥砂浆面层上划格，以增加摩擦力，亦可设防滑条，或做成锯齿形；天然石坡道可对表面做粗糙处理。坡道防滑处理如图 2.158 所示。

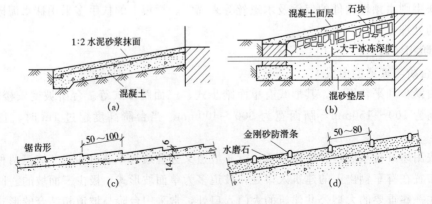

图 2.158　坡道构造

2.6.6 电梯及自动扶梯

2.6.6.1 电梯的类型

1. 按使用性质分

（1）客梯。客梯主要用于人们在建筑物中的垂直联系。

（2）货梯。货梯主要用于运送货物及设备。

（3）消防电梯。消防电梯用于发生火灾、爆炸等紧急情况下作安全疏散人员和消防人员紧急救援的情况。

（4）观光电梯。观光电梯是把竖向交通工具和登高流动观景相结合的电梯。透明的轿厢使电梯内外景观相互沟通。

2. 按电梯行驶速度分

（1）高速电梯。速度大于 2m/s，梯速随层数增加而提高，消防电梯常用高速。

（2）中速电梯。速度在 2m/s 之内，一般货梯，按中速考虑。

（3）低速电梯。运送食物电梯常用低速，速度在 1.5m/s 以内。

3. 其他分类方法

如按数量分单台、双台；按拖动方式分交流电梯、直流电梯、液压电梯等；还可按轿厢容量及电梯门开启方向分等。

2.6.6.2 电梯的组成

1. 电梯井道

电梯井道是电梯轿厢运行的通道，井道内设有电梯出入口，并设置电梯导轨、平衡锤及缓冲器等电梯运行配件。

（1）电梯井道可用砖砌结构，也可用现浇钢筋混凝土结构。井道内不允许布置无关的管线。为方便电梯安装、检修及安放缓冲器，井道的顶部和底部应留有足够的空间，底坑深度一般在 1.4m 以上，顶层高度一般应大于 3.7m，具体根据电梯的运行速度查有关表或看电梯说明。不同用途的电梯，井道的平面形式不同，如图 2.159 所示。

（2）井壁导轨和导轨支架。它是支承、固定轿厢上下升降的轨道。

（3）牵引轮及其钢支架、钢丝绳、平衡锤、轿厢开关门、检修起重吊钩等。

（4）有关电器部件。交流电动机、直流电动机、控制柜、继电器、选层器、动力、照明、电源开关、厅外层数指示灯和厅外上下召唤盒开关等。

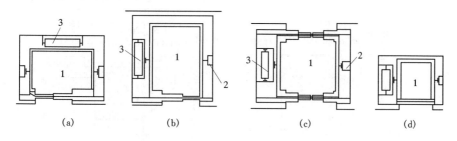

（a） （b） （c） （d）

图 2.159 电梯分类及井道平面形式
（a）客梯；（b）病床梯；（c）货梯；（d）小型杂物货梯
1—电梯厢；2—导轨及撑架；3—平衡重

2. 电梯机房

电梯机房一般设在井道的顶部。机房和井道的平面相对位置允许机房任意向一个或两个相邻方向伸出，并满足机房有关设备安装的要求。机房楼板应按机器设备要求的部位预留孔洞。

3. 电梯轿厢

电梯轿厢是直接载人、运货的厢体。电梯轿厢应造型美观、经久耐用，现在的轿厢常采用金属框架结构，内部用光洁有色钢板壁面或有色有孔钢板壁面、花格钢板地面、荧光灯局部照明以及不锈钢操纵板等。入口处则采用钢材或坚硬铝材制成的电梯门槛。

轿厢通常由电梯厂生产，并由专业公司负责安装，其规格、尺寸等指标是确定机房和井道布局、尺寸和构造的决定因素。

2.6.6.3 电梯构造

1. 井道、机房建筑的一般要求

电梯井道设计应满足防火、隔振、隔声、通风及防水、防潮处理，坑壁应设爬梯和检修灯槽。具体构造要求如下：

（1）通向机房的通道和楼梯宽度不小于 1.2m，楼梯坡度不大于 45°。

（2）机房楼板应平坦整洁，能承受 6kPa 的均布荷载。

（3）井道壁多为钢筋混凝土井壁或框架填充墙井壁。井道壁为钢筋混凝土时，应预留 150mm×150mm、深 150mm 的孔洞，垂直中距 2m，以便安装支架。

（4）框架（圈梁）上应预埋铁板，铁板后面的焊件与梁中钢筋焊牢。每层中间加圈梁一道，并需设置预埋铁板。

（5）电梯为两台并列时，中间可不用隔墙而按一定的间隔放置钢筋混凝土梁或型钢过梁，以便安装支架。

2. 电梯导轨支架的安装

安装导轨支架分预留孔插入式和预埋铁件焊接式。

3. 电梯井道细部构造

电梯井道的细部构造包括厅门的门套装修及厅门的牛腿处理，导轨撑架与井壁的固结处理等。

电梯井道可用砖砌加钢筋混凝土圈梁，但大多为钢筋混凝土结构。井道各层的出入口即为电梯间的厅门，在出入口处的地面应向井道内挑出一牛腿。厅门牛腿部位构造如图 2.160 所示。

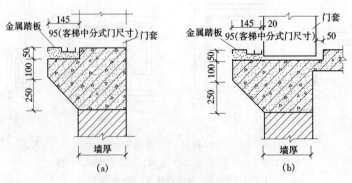

图 2.160　厅门牛腿部位构造

由于厅门系人流或货流频繁经过的部位,故不仅要求做到坚固适用,而且还要满足一定的美观要求。具体的措施是在厅门洞口上部和两侧装上门套。门套装修可采用多种做法,如水泥砂浆抹面、贴水磨石板、大理石板以及硬木板或金属板贴面。除金属板为电梯厂定型产品外,其余材料均系现场制作或预制。厅门门套装修构造如图 2.161 所示。

图 2.162 为某一电梯构造示意图。

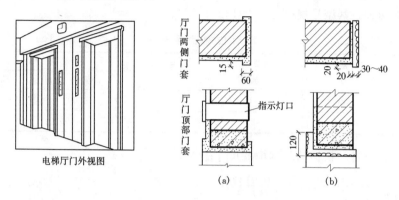

图 2.161 厅门门套装修构造

(a)水泥砂浆门套;(b)水磨石门套

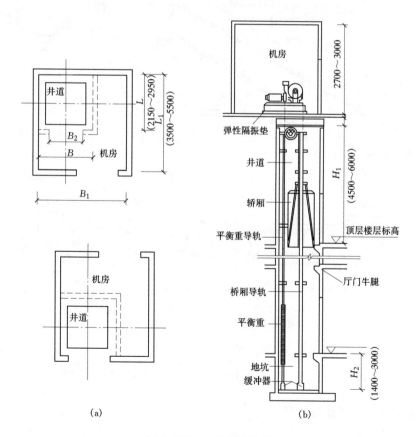

图 2.162 电梯构造示意

(a)平面;(b)通过电梯门剖面(无隔声层)

2.6.6.4　自动扶梯

自动扶梯适用于有大量人流上下的公共场所，如车站、超市、商场、地铁车站等。其可正、逆两个方向运行，可提升也可下降使用，机器停转时可作普通楼梯使用。

自动扶梯是电动机械牵动梯段踏步连同栏杆扶手带一起运转。机房悬挂在楼板下面。

自动扶梯的坡道比较平缓，一般采用 30°，运行速度为 0.5～0.7m/s，宽度按输送能力有单人和双人两种。其型号规格见表 2.13。

表 2.13		自 动 扶 梯 型 号 规 格			
梯　型	输送能力（人/h）	提升高度 H（m）	速　度（m/s）	扶 梯 宽 度	
				净宽 B（mm）	外宽 B_1（mm）
单人梯	5000	3～10	0.5	600	1350
双人梯	8000	3～8.5	0.5	1000	1750

图 2.163 为一自动扶梯的基本构造尺寸图。

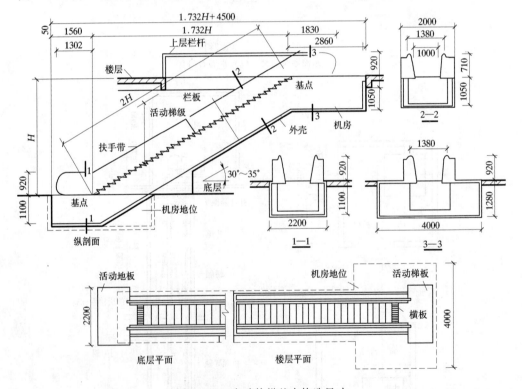

图 2.163　自动扶梯基本构造尺寸

2.7　门　与　窗

2.7.1　门窗的作用、形式与尺度

2.7.1.1　门窗的作用

门在房屋建筑中的作用主要是交通联系，并兼采光和通风；窗的作用主要是采光、通风及眺望。在不同情况下，门和窗还有分隔、保温、隔声、防火、防辐射、防风沙等要求。

门窗在建筑立面构图中的影响也较大，它的尺度、比例、形状、组合、透光材料的类型等，都影响着建筑的艺术效果。

2.7.1.2 门的形式与尺度

1. 门的形式

门通常按其开启方式分为平开门、弹簧门、推拉门、折叠门、转门等，如图 2.164 所示。

（1）平开门。它是水平开启的门。铰链安在侧边，分单扇、双扇，可向内开、也可向外开。

（2）弹簧门。它的形式同平开门，稍有不同的是，弹簧门的侧边用弹簧铰链或下面用地弹簧传动，开启后能自动关闭。

（3）推拉门。它是可以在上下轨道上滑行的门。有单扇和双扇之分，可藏在夹墙内也可贴在墙面外。占地少，受力合理，不易变形。

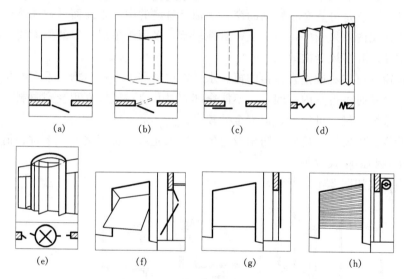

图 2.164 门的开启形式

（a）平开门；（b）弹簧门；（c）推拉门；（d）折叠门；（e）转门；（f）上翻门；（g）升降门；（h）卷帘门

（4）折叠门。折叠门为多扇折叠，可以拼合折叠推移到侧边的门。

（5）转门。转门为三扇或四扇连成风车形，在两个固定弧形门套内旋转的门。

2. 门的尺度

门的尺度一般指门洞的高宽尺寸。门的尺度确定时应考虑人体的尺度、人流量及搬运家具、设备所需高度尺寸等要求，并考虑有无其他特殊需要。如门厅前的大门往往由于美观及造型需要而加高、加宽。还应符合现行《建筑模数协调统一标准》的规定，并应遵守国家颁布的《建筑门窗洞口尺寸系列》标准。门洞高宽的标志尺寸规定为：600mm、700mm、800mm、900mm、1000mm、1200mm、1400mm、1500mm、1800mm 等。其中部分宽度不符合 3M 规定，而是根据门的实际需要确定的。

（1）门的高度。其高度不宜小于 2100mm。若设有亮子，其高度宜为 2400～3000mm。公共建筑大门高度可视需要适当提高。

（2）门的宽度。单扇门为 700～1000mm，双扇门为 1200～1800mm。宽度在 2100mm以上时，则做成三扇、四扇门或双扇带固定扇的门，以防门扇过宽产生翘曲变形。浴厕、储藏室等辅助房间的门宽可窄些，一般为 700～800mm。

2.7.1.3　窗的形式与尺度

1. 窗的形式

窗的形式一般按开启方式定。而窗的开启方式主要取决于窗扇铰链安装的位置和转动方式。通常有以下几种：

（1）固定窗。无窗扇，不能开启。窗玻璃直接嵌固在窗框上，可供采光和眺望之用。

（2）平开窗。可水平开启的窗，铰链安装在窗扇一侧与窗框相连，向外或向内水平开启。分单扇、双扇、多扇。其构造简单，开启灵活，制作维修方便，应用广泛。

（3）悬窗。因铰链和转轴的位置不同，可分为上悬窗、中悬窗和下悬窗。上悬窗与中悬窗一般向外开启，防雨效果比较好，且有利于通风；上悬窗常用于高窗，而下悬窗通风防水性能均较差，在民用建筑中用得极少。

（4）立转窗。它是可绕竖轴转动的窗，竖轴沿窗扇的中心垂线而设，或略偏于窗扇的一侧。引导风进入室内效果较好，防雨及密封性较差，多用于单层厂房的低侧窗。因密闭性较差，不宜用于寒冷和多风沙的地区。

（5）推拉窗。可左右或垂直推拉的窗。水平推拉窗需上下设轨槽，垂直推拉窗需设滑轮和平衡重。其开关时不占室内空间，但不能全部同时开启，通风面积受到限制。水平推拉窗扇受力均匀，故窗扇尺寸可较大，但五金件较贵。

（6）百叶窗。主要用于遮阳、防雨及通风，但采光差。可用金属、木材、钢筋混凝土等制作，有固定式和活动式两种。

窗的开启方式如图 2.165 所示。

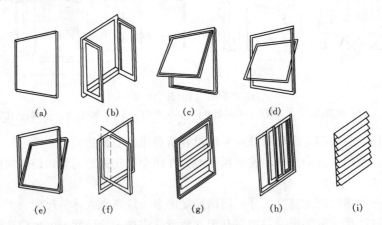

图 2.165　窗的开启方式
（a）固定窗；（b）平开窗；（c）上悬窗；（d）中悬窗；（e）下悬窗；（f）立转窗；
（g）垂直推拉窗；（h）水平推拉窗；（i）百叶窗

2. 窗的尺度

窗的尺度主要取决于房间的采光、通风、构造做法、建筑造型、使用及节能等要求，并要符合现行《建筑模数协调统一标准》的规定。为使窗坚固耐久，一般平开木窗的窗扇高度为 800～1200mm，宽度不宜大于 500mm；上下悬窗的窗扇高度为 300～600mm；中悬窗窗扇高不宜大于 1200mm，宽度不宜大于 1000mm；推拉窗高宽均不宜大于 1500mm。对一般民用建筑用窗，各地均有通用图，各类窗的高度与宽度尺寸通常采用扩大模数 3M 数列作为洞口的标志尺寸，需要时只要按所需类型及尺度大小直接选用。

2.7.1.4 民用住宅门窗选择

民用住宅按其使用要求分成卧室、起居室、书房、餐厅、厨房、卫生间、阳台、楼梯间、地下室等功能区，不同功能区选择的门窗性能不同。南北方在相同功能区选择的门窗性能也有较大差异。

（1）卧室是居住者睡眠休息用的房间，应满足直接采光、自然通风、隔音、安全和私密性的要求。

（2）书房是居住者工作学习的地方，房间应有良好的隔音和自然光条件。北方优先选择内平开下悬窗，经常保持下悬通风状态，安全可靠；其次选择外平开窗。南方优先选择外平开窗，不占室内空间，防雨水性能高；其次选择内平开下悬窗，但推荐外侧配套木百叶窗。

（3）起居室是居住者会客、娱乐、团聚等日常起居活动的空间。一般应有良好的采光、通风和隔声性能，使室内环境更富有情调。北方优先选择内平开下悬窗，经常保持下悬通风状态，安全可靠；其次选择外平开窗。南方优先选择外平开窗，不占室内空间，防雨水性能高；其次选择内平开下悬窗，但推荐外侧配套木百叶窗。眺高处优先选择外开窗，平面位置配置手动开窗器，超高处电动开窗器，可以满足功能要求。

（4）厨房和餐厅是居住者进行炊事活动和就餐的空间，一般两处连接紧密，要求直接采光、自然通风。北方优先选择内平开下悬窗，其次选择外悬窗。南方优先选择外平开窗，其次选择外悬窗。

（5）卫生间是家庭成员进行个人卫生的特定功能区。要求实用，有良好采光、通风条件。南北方都是优先选择外悬窗，其次选择内悬窗。

（6）楼梯间是走廊或通道空间，有基本通风和采光功能要求，尽可能少占空间。南北方通常优先选择悬窗，其次推拉窗。

（7）地下室是家庭成员储物或娱乐活动空间，常年阴暗潮湿，应满足基本通风和采光需求。南北方通常优先选择外开悬窗，其次选择内悬窗。北方优先选择外开门，其次选择内悬窗。

（8）阳台是连接卧室、起居室、厨房等场所从住宅地面伸出室外的部分，常用来观景。南北方封闭阳台优先选择平推拉门，其次选择折叠推拉门或提升推拉门。北方半封闭阳台优先选择外开门或内开落地窗，其次选择折叠推拉门或提升推拉门。南方半封闭阳台优先选择外开门或内开落地窗，其次选择提升推拉门。南北方全敞开阳台优先选择外开门或内开落地窗，其次选择内下悬推拉门。

2.7.2 平开木门窗的构造

2.7.2.1 平开木门的构造

平开木门一般由门框、门扇、亮子、五金零件及其附件组成，如图 2.166 所示。

1. 门框

一般由两根竖直的边框和上框组成。当门带有亮子时，还有中横框，多扇门则还有中竖框。门框的断面形式与门的类型、层数有关，同时应有利于门的安装，并应具有一定的密闭性，如图 2.167 所示。

门框的安装根据施工方式分为后塞口和先立口两种，如图 2.168 所示。

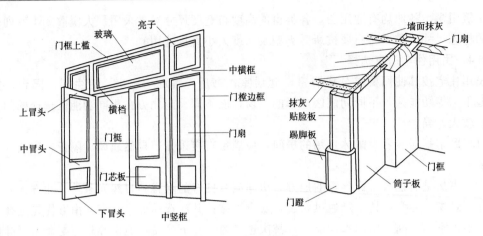

图 2.166　木门的组成

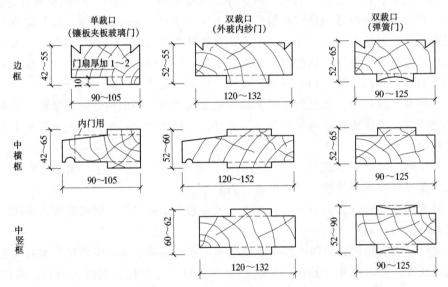

图 2.167　门框的断面形式与尺寸

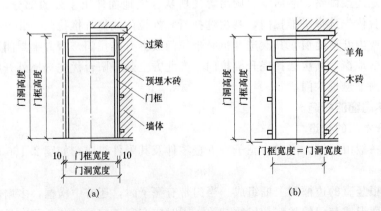

图 2.168　门框的安装方式

(a) 塞口；(b) 立口

门框在墙中的位置，可在墙的中间或与墙的一边平齐。一般多与开启方向一侧平齐，尽可能使门扇开启时贴近墙面。门框位置、门贴脸板及筒子板如图 2.169 所示。

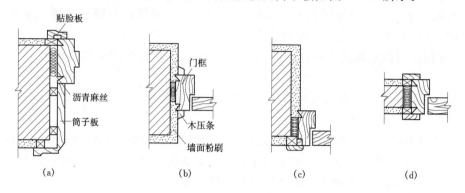

图 2.169　门框位置、门贴脸板及筒子板

(a) 外平；(b) 立中；(c) 内平；(d) 内外平

2. 门扇

常用的木门门扇有镶板门（包括玻璃门、纱门）、夹板门和拼板门等。

（1）镶板门。是广泛使用的一种门，门扇由边梃、上冒头、中冒头（可作数根）和下冒头组成骨架，内装门芯板而制成。构造简单，加工制作方便，适于一般民用建筑的内门和外门。

（2）夹板门。是用断面较小的方木做成骨架，两面粘贴面板而成。门扇面板可用胶合板、塑料面板和硬质纤维板，面板不再是骨架的负担，而是和骨架形成一个整体，共同抵抗变形。夹板门的形式有全夹板门、带玻璃或带百叶夹板门。因夹板门构造简单，可利用小料、短料，自重轻，外形简洁，便于工业化生产，故在一般民用建筑中广泛使用。

（3）拼板门。门扇由骨架和条板组成。有骨架的拼板门称为拼板门，而无骨架的拼板门称为实拼门；有骨架的拼板门又分为单面直拼门、单面横拼门和双面保温拼板门三种。

3. 亮子、五金零件、附件

亮子又称腰窗，它位于门的上方，起辅助采光及通风的作用，有平开、固定及上、中、下悬几种。五金零件一般有铰链、插销、门锁、拉手、门碰头等。附件有贴脸板、筒子板等。

2.7.2.2　平开木窗的构造

木窗主要是由窗框、窗扇、五金件及附件组成。窗框由边框、上框、下框、中横框（中横档）、中竖框组成；窗扇由上冒头、下冒头、边梃、窗芯、玻璃等组成。窗五金零件如铰链、风钩、插销等；附加件如贴脸、筒子板、木压条等。

1. 窗框

（1）窗框的安装。有两种方式：

1）窗框和窗扇分离安装。又有两种方法：一是立口法，即先立窗框，后砌墙。为使窗框与墙体连接得紧固，应在窗口的上下框各伸出 120mm 左右的端头，俗称"羊角头"；二是先砌筑墙体预留窗洞，然后将窗框塞入洞口内，即塞口法。

2）成品窗安装。

窗框在墙洞口中的安装位置有三种：

1）与墙内表面平。安装时窗框突出砖面20mm，以便墙面粉刷后与抹灰面平。这样内开窗扇贴在内墙面，不占室内空间。框与抹灰面交接处，应用贴脸板搭盖，以阻止由于抹灰干缩形成缝隙后风透入室内，同时可增加美观。贴脸板的形状及尺寸与门的贴脸板相同。

2）位于墙厚的中部。在北方墙体较厚，窗框的外缘多距外墙外表面120mm（1/2砖），且应内设窗台板，外设窗台。

3）与墙外表面平。外平多在板材墙或外墙较薄时采用，此时应靠室内一面设窗台板。

（2）窗框的断面形状和尺寸。确定时主要应考虑横竖框接榫和受力情况，框与墙、扇结合封闭（防风）的需要及防变形和最小厚度处的劈裂等。

（3）墙与窗框的连接。墙与窗框的连接主要应解决固定和密封问题。温暖地区墙洞口边缘采用平口处理，施工简单；在寒冷地区的有些地方常在窗洞两侧外缘做高低口，以增强密闭效果。

2．窗扇

（1）玻璃窗扇的断面形式与尺寸。玻璃窗扇的窗梃和冒头断面约为40mm×55mm，窗芯断面尺寸约为40mm×30mm。窗扇也要有裁口以便安装玻璃，裁口宽不小于14mm，高不小于8mm。

（2）玻璃的选择及安装。窗可根据不同要求，选择磨砂玻璃、压花玻璃、夹丝玻璃、吸热玻璃、有色玻璃、镜面反射玻璃等。玻璃通常用油灰嵌在窗扇的裁口里，要求较高的窗，则采用富有弹性的玻璃密封膏效果更好。油灰和密封膏在玻璃外侧密封有利于排除雨水和防止渗漏。

3．窗用五金配件

常用五金附件有合页（铰链）、插销、撑钩、拉手和铁三角等。采用品种根据窗的大小和装修要求而定。

4．木窗的附件

（1）披水条。为了防止雨水流入室内，在内开窗下冒头和外开窗中横框处附加一条披水板，下边框设积水槽和排水孔，有时外开窗下冒头也做披水板和滴水槽。

（2）贴脸板。为防止墙面与窗框接缝处渗入雨水和美观要求，将用20mm×45mm木板条内侧开槽，可刨成各种断面的线脚以掩盖缝隙。

（3）压缝条。两扇窗接缝处，为防止渗透风雨，除做高低缝盖口外，常在一面或两面加钉压缝条。一般采用10～15mm见方的小木条，有时也用来填补窗框与墙体之间的缝隙，防止热量的散失。

（4）筒子板。室内装修标准较高时，往往在窗洞口的上面和两侧墙面均用木板镶嵌，与窗台板结合使用。

（5）窗台板。在窗的下框内侧设窗台板，木板的两端挑出墙面30～40mm，板厚30mm。当窗框位于墙中时，窗台板也可以用预制水磨石板或大理石板。

（6）窗帘盒。悬挂窗帘时，为遮盖窗帘棍和窗帘上部的拴环而设窗帘盒，一般三面采用25mm×（100～150）mm的木板镶成。窗帘棍一般为开启灵活的金属导轨，采用角钢或钢板支撑并与墙体连接。现在多用铝合金或塑钢窗帘盒，美观牢固，构造简单。

2.7.3 金属门窗和塑钢门窗的构造

2.7.3.1 钢门窗

钢门窗是用型钢或薄壁空腹型钢在工厂制作而成。它符合工业化、定型化与标准化的要求。在强度、刚度、防火、密闭等性能方面，均优于木门窗，但在潮湿环境下易锈蚀，耐久性差。

1. 钢门窗材料

（1）实腹式。它最常用，有各种断面形状和规格。一般门可选用 32 料及 40 料，窗可选用 25 料及 32 料（25、32、40 等分别表示断面高为 25mm、32mm、40mm）。

（2）空腹式。它与实腹式相比，具有更大的刚度，外形美观，自重轻，可节约钢材 40％左右。但由于壁薄，耐腐蚀性差，不宜用于湿度大、腐蚀性强的环境。

2. 基本钢门窗

为了使用、运输方便，通常将钢门窗在工厂制作成标准化的门窗单元，即组成一樘门或窗的最小基本单元。设计者可根据需要，直接选用基本钢门窗，或用这些基本钢门窗组合出所需大小和形式的门窗。

钢门窗框的安装方法常用塞框法。门窗框与洞口四周的连接方法主要有两种（图 2.170）：①在砖墙洞口两侧预留孔洞，将钢门窗的燕尾形铁脚埋入洞中，用砂浆窝牢；②在钢筋混凝土过梁或混凝土墙体内则先预埋铁件，将钢窗的 Z 形铁脚焊在预埋钢板上。

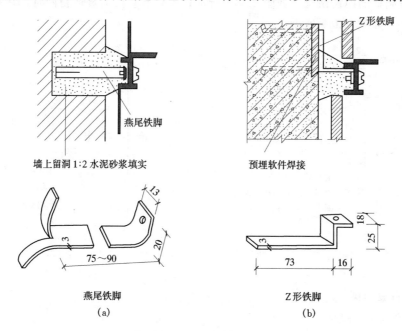

图 2.170　钢门窗与墙的连接
（a）与砖墙连接；（b）与混凝土连接

3. 组合式钢门窗

当钢门窗的高、宽超过基本钢门窗尺寸时，就要用拼料将门窗进行组合。拼料起横梁与立柱的作用，承受门窗的水平荷载。

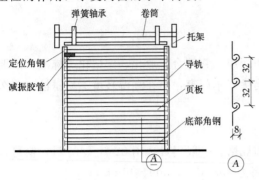

图 2.171　手动式卷帘门

拼料与基本门窗之间一般用螺栓或焊接相连。当钢门窗很大时，特别是水平方向很长时，为避免大的伸缩变形引起门窗损坏，必须预留伸缩缝，一般是用两根 L56×36×4 的角钢用螺栓组成拼件，角钢上穿螺栓的孔为椭圆形，使螺栓有伸缩余地。

2.7.3.2　卷帘门

卷帘门主要由帘板、导轨及传动装置组成。工业建筑中的帘板常用页板式，页板可用镀锌钢板或合金铝板轧制而成，页板之间用铆钉连接。页板的下部采用钢板和角钢，用以增强卷帘门的刚度，并便于安设门钮。页板的上部与卷筒连接，开启时，页板沿着门洞两侧的导轨上升，卷在卷筒上。门洞的上部安设传动装置，传动装置分手动（图 2.171）和电动两种。

2.7.3.3　彩板门窗

彩板钢门窗是以彩色镀锌钢板经机械加工而成的门窗。它具有自重轻、硬度高、采光面积大、防尘、隔声、保温密封性好、造型美观、色彩绚丽、耐腐蚀等特点。

彩板平开窗目前有带副框和不带副框的两种。当外墙面为花岗石、大理石等贴面材料时，常采用带副框的门窗做法，如图 2.172 所示；当外墙装修为普通粉刷时，常采用不带副框的构造做法，如图 2.173 所示。

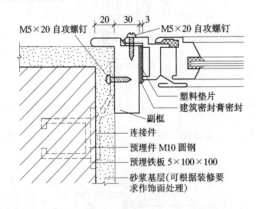

图 2.172　带副框彩板平开窗安装构造

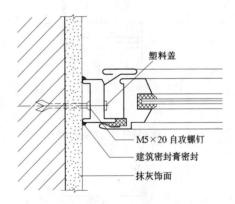

图 2.173　不带副框彩板平开窗安装构造

2.7.3.4　铝合金门窗

1. 铝合金门窗的特点

（1）自重轻。铝合金门窗用料省、自重轻，较钢门窗轻 50％ 左右。

（2）性能好。密封性好，气密性、水密性、隔声性、隔热性都较钢、木门窗有显著的提高。

（3）耐腐蚀、坚固耐用。铝合金门窗不需要涂涂料，氧化层不褪色、不脱落，表面不需要维修。铝合金门窗强度高，刚性好，坚固耐用，开闭轻便灵活，无噪声，安装速度快。

（4）色泽美观。铝合金门窗框料型材表面经过氧化着色处理后，既可保持铝材的银白色，又可以制成各种柔和的颜色或带色的花纹，如古铜色、暗红色、黑色等。

2. 铝合金门窗的设计要求

（1）应根据使用和安全要求确定铝合金门窗的风压强度性能、雨水渗漏性能、空气渗透性能综合指标。

（2）组合门窗设计宜采用定型产品门窗作为组合单元。非定型产品的设计应考虑洞口最大尺寸和开启扇最大尺寸的选择和控制。

（3）外墙门窗的安装高度应有限制。

3. 铝合金门窗框料系列

系列名称是以铝合金门窗框的厚度构造尺寸来区别各种铝合金门窗的称谓，如：平开门门框厚度构造尺寸为 50mm 宽，即称为 50 系列铝合金平开门，推拉窗窗框厚度构造尺寸90mm 宽，即称为 90 系列铝合金推拉窗等。实际工程中，通常根据不同地区、不同性质的建筑物的使用要求选用相适应的门窗框。

4. 铝合金门窗安装

铝合金门窗是表面处理过的铝材经下料、打孔、铣槽、攻丝等加工，制作成门窗框料的构件，然后与连接件、密封件、开闭五金件一起组合装配成门窗。

门窗安装时，将门、窗框在抹灰前立于门窗洞处，与墙内预埋件对正，然后用木楔将三边固定。经检验确定门、窗框水平、垂直、无翘曲后，用连接件将铝合金框固定在墙（柱、梁）上，连接件固定可采用焊接、膨胀螺栓或射钉等方法。

门窗框与墙体等的连接固定点，每边不得少于两点，且间距不得大于 0.7m。在基本风压不小于 0.7kPa 的地区，不得大于 0.5m；边框端部的第一固定点距端部的距离不得大于 0.2m。

2.7.3.5 塑钢门窗

塑钢门窗是以改性硬质聚氯乙烯（简称 UPVC）为主要原料，加上一定比例的稳定剂、着色剂、填充剂、紫外线吸收剂等辅助剂，经挤出机挤出成型为各种断面的中空异型材。经切割后，在其内腔衬以型钢加强筋，用热熔焊接机焊接成型为门窗框扇，配装上橡胶密封条、压条、五金件等附件而制成的门窗。其优点是：强度好、耐冲击，耐腐蚀、耐老化，保温隔热、节约能源，隔音好，气密性、水密性好，防火，外观精美、清洗容易。

塑钢门窗与墙体的连接应采用后塞口安装。安装前先核准洞口尺寸、预埋木砖位置和数量。安装时必须校正前后、左右的平直度，按设计要求调整后用木楔塞紧临时定位。塑钢门窗与墙体的固定应采用金属固定片，门窗框每边固定点不应少于三个。塑钢门窗型材系中空多腔，壁薄材质较脆，因此应先钻孔后根据不同的墙体材料用自攻螺丝等拧入固定。检查无误后，在窗框和墙体间的缝隙处分层填塞毛毡卷或泡沫塑料，或根据隔热、隔声要求填入相应材料，注意填塞不宜过紧。最后在门窗框四周内外侧与窗框之间用 1∶2 水泥砂浆或麻刀白灰浆嵌实、抹平，用嵌缝膏进行密封处理。安装完毕后 72 小时内防止碰撞震动。塑钢门窗安装节点如图 2.174 所示。

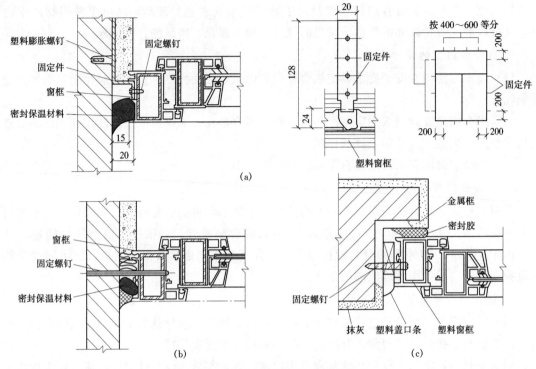

图 2.174 塑钢窗框与墙体的连接节点
（a）连接件法；（b）直接固定法；（c）假框法

2.8 变 形 缝

建筑物由于受温度变化、地基不均匀沉降和地震因素的影响，结构内将产生附加的变形和应力，如不采取措施或措施不当，易使建筑物发生变形、产生裂缝、甚至倒塌，影响使用与安全。实际工程解决这个问题的方法主要是：一方面通过加强建筑物的整体性，使其具有足够的强度和刚度；另一方面在变形敏感部位将结构断开，预留缝隙，将建筑物划分为若干个独立部分，使各部分能自由变形，不受约束。这种将建筑物垂直分开的预留缝称为变形缝。

2.8.1 变形缝的种类和设置要求

变形缝按其作用不同，可分为伸缩缝、沉降缝和防震缝三种。在构造上必须对缝隙加以处理，满足使用和美观要求。

1. 伸缩缝及其设置要求

为防止建筑物因受温度变化的影响而产生热胀冷缩，进而因变形较大并受到约束而开裂，通常沿建筑物长度方向每隔一定距离预留缝隙，将建筑物断开。这种垂直缝隙称为伸缩缝，也称温度缝。

伸缩缝要求将建筑物的墙体、楼层、屋顶等地面以上构件全部断开，基础因受温度变化影响较小，不必断开。伸缩缝的宽度一般为 20～30mm。

伸缩缝的位置和间距与建筑物使用的材料、结构类型、使用情况、施工条件及建筑所在地的温度变化有关。结构设计规范对砌体结构建筑和钢筋混凝土结构建筑的伸缩缝最大间距所作的规定见表 2.14 和表 2.15。

表 2.14　　砌体房屋伸缩缝的最大间距　　　　　　　　　单位：m

砌体类别	屋顶或楼板层的类别		间距
各种砌体	整体式或装配整体式钢筋混凝土结构	有保温层或隔热层的屋顶、楼板层	50
		无保温层或隔热层的屋顶	40
	装配式无檩体系钢筋混凝土结构	有保温层或隔热层的屋顶、楼板层	60
		无保温层或隔热层的屋顶	50
	装配式有檩体系钢筋混凝土结构	有保温层或隔热层的屋顶、楼板层	75
		无保温层或隔热层的屋顶	60
黏土砖、空心砖砌体	黏土瓦或石棉水泥瓦屋面		100
石砌体	木屋顶或楼板层		80
硅酸盐砌块和混凝土砌块砌体	砖石屋顶或楼板层		75

表 2.15　　钢筋混凝土结构伸缩缝最大间距　　　　　　　单位：m

项次	结构类型		室内或土中	露 天
1	排架结构	装配式	100	70
2	框架结构	装配式	75	50
		现浇式	55	35
3	剪力墙结构	装配式	65	40
		现浇式	45	30
4	挡土墙及地下墙壁等结构	装配式	40	30
		现浇式	30	20

2. 沉降缝及其设置要求

沉降缝是为了预防建筑物各部分由于地基承载力不同或各部分荷载差异较大等原因引起建筑物不均匀沉降、导致建筑物破坏而设置的变形缝。

设置沉降缝时，必须将建筑的基础、墙体、楼层及屋顶等部分全部在垂直方向断开，使各部分形成能各自自由沉降的独立的刚度单元。

凡符合下列情况之一的，均应考虑设置沉降缝：①当建筑物建造在不同的地基上，并难以保证均匀沉降的情况；②当同一建筑物相邻部分的基础形式、宽度和埋置深度相差较大，易形成不均匀沉降的情况；③当同一建筑物相邻部分的高度相差较大（一般为超过 10m）、荷载相差悬殊或结构形式变化较大等易导致不均匀沉降的情况；④当平面形状较复杂，各部分的连接部位又较薄弱的情况；⑤分期建造房屋的交接处。

沉降缝的宽度与地基情况及建筑高度有关，地基越软建筑物沉陷的可能性越大，沉降后所产生的倾斜距离越大。不同地基情况下的沉降缝宽度见表 2.16。

表 2.16　　沉降缝的宽度

地基情况	建筑物高度	沉降缝宽度（mm）
一般地基	$H<5m$	30
	$H=5\sim10m$	50
	$H=10\sim15m$	70
软弱地基	2~3 层	50~80
	4~5 层	80~120
	5 层以上	>120
湿陷性黄土地基		≥30~70

注　沉降缝两侧结构单元层数不同时，由于高层部分的影响，低层结构的倾斜往往很大，因此沉降缝的宽度应按高层部分的高度确定。

3. 防震缝及其设置要求

为防止地震时产生应力集中而引起建筑物结构断裂破坏而设置的缝。

在地震区建造房屋,最好不设变形缝,以保证结构的整体性,加强整体刚度。建筑物应力求体形简单,重量、刚度对称并均匀分布,其形心和重心尽可能接近,避免在平面和立面上的突然变化。但对于多层砌体房屋,在设计烈度为Ⅷ度和Ⅸ度的地震区,当建筑物立面高差大于 6m,或建筑物有错层且楼板错层高差较大,或建筑物各部分结构刚度、质量截然不同时,应设防震缝。

防震缝应沿建筑物全高设置。一般基础可不设防震缝,但与震动有关的建筑各相连部分的刚度差别很大时,也须将基础分开。缝的两侧一般应布置墙或柱,形成双墙或双柱或一墙一柱,使各部分结构封闭,以加强防震缝两侧房屋的整体刚度。

防震缝宽度在多层砖房中按设计烈度值大小取 50～70mm。在多层构件混凝土框架建筑中,建筑高度在 15m 及 15m 以下时取 70mm;当建筑高度超过 15m 时,设计烈度Ⅵ度,建筑物每增高 5m,缝宽增加 20mm;设计烈度Ⅶ度,建筑物每增高 4m,缝宽增加 20mm;设计烈度Ⅷ度,建筑物每增高 3m,缝宽增加 20mm;设计烈度Ⅸ度,建筑物每增高 2m,缝宽增加 20mm。

2.8.2　变形缝的构造

1. 墙体变形缝

(1) 墙体伸缩缝。根据墙体的材料、厚度及施工条件,伸缩缝一般做成平缝、企口缝和错口缝等截面形式,如图 2.175 所示。砖墙伸缩缝一般做成平缝或错口缝,一砖半厚外墙应做成错口缝或企口缝。

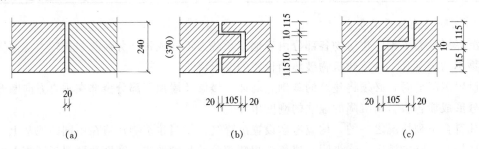

图 2.175　墙体伸缩缝形式
(a) 平缝;(b) 企口缝;(c) 错口缝

为避免外界自然条件对墙体及室内环境的影响,外墙伸缩缝内应填塞具有防水、保温和防腐性能的弹性材料,如沥青麻丝或木丝板、玻璃棉毡、泡沫塑料条、橡胶条、油膏等。外侧缝口还应用镀锌铁皮或铝片等金属片覆盖和装饰;内侧缝口通常用具有一定装饰效果的金属片、塑料片或木质盖缝条覆盖和装修。内墙伸缩缝内不填保温材料,缝口处理与外墙内侧缝口相同。墙体伸缩缝构造如图 2.176 所示。

(2) 墙体沉降缝。一般兼起伸缩缝的作用,其构造与伸缩缝不同之处在于,伸缩缝只需保证建筑物在水平方向的自由伸缩变形,而沉降缝主要应满足建筑物各部分在垂直方向的自由沉降变形,所以要从基础到屋顶全部断开。同时,沉降缝也应兼顾伸缩缝的作用,盖缝条及调节片构造必须能保证在水平方向和垂直方向均能自由变形。一般外墙外侧缝口宜根据缝的宽度不同,采用两种形式的金属调节片盖缝,如图 2.177 所示。外墙内侧缝口及内墙沉降缝的盖缝同伸缩缝。

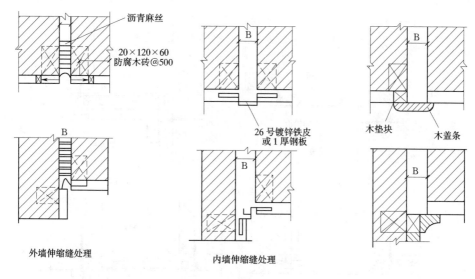

图 2.176 墙体伸缩缝处理

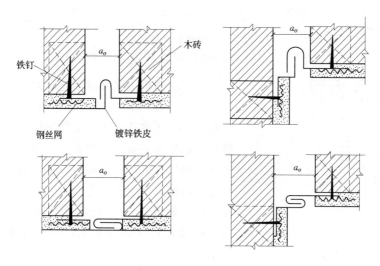

图 2.177 外墙沉降缝构造

（3）墙体防震缝。防震缝的构造基本上和伸缩缝、沉降缝相同。因缝口宽度较大，构造上更应注意盖缝的牢固、防风、防雨等防护措施。寒冷地区的外缝口还应用具有弹性的软质聚氯乙烯泡沫塑料、聚苯乙烯泡沫塑料等保温材料填实，如图 2.178 所示。

2. 楼地层变形缝

楼地层变形缝的位置、缝宽应与墙体和屋顶的变形缝一致。缝内以可压缩变形的油膏、沥青麻丝、金属或塑料调节片等材料做封缝处理，上铺活动盖板或橡皮等以防灰尘下落。顶棚的缝隙一般采用木质或硬质塑料盖缝条。盖缝条只能一端固定于顶棚，以保证缝两端构件自由伸缩。

3. 屋顶变形缝

屋顶变形缝的位置、缝宽应与墙体和楼地层的变形缝一致。其构造因缝两侧屋面标高是否相同及屋顶是否上人等因素的不同而不同，主要解决好防水、保温等问题。

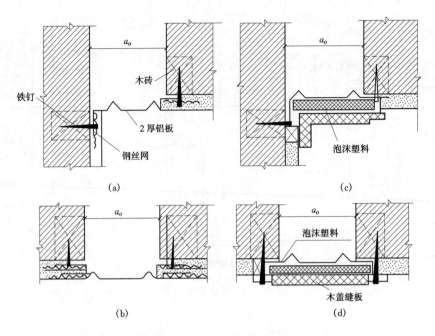

图 2.178　墙体防震缝构造

（a）外墙转角；（b）内墙转角；（c）外墙平缝；（d）内墙平缝

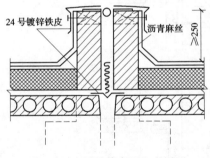

图 2.179　同层等高不上人屋面
变形缝构造

（1）缝两侧屋面标高相同时的做法。不上人屋顶通常在缝的两侧加砌矮墙，高出屋面 250mm 以上，再按屋面泛水构造将防水层做到矮墙上。缝口用镀锌铁皮、铝板或混凝土板覆盖。盖板的形式和构造应满足两侧结构自由变形的要求。寒冷地区为了加强变形缝处的保温，缝中填沥青麻丝、岩棉、泡沫塑料等保温材料。如图 2.179、图 2.180 所示。上人屋面一般不设矮墙，但应做好防水，避免渗漏，如图 2.181 所示。

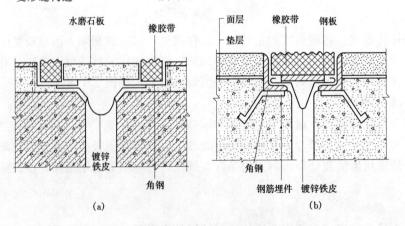

图 2.180　同层等高不上人屋面变形缝盖缝

（a）钢筋混凝土板盖缝；（b）镀锌薄钢板盖缝

（2）缝两侧屋面标高不相同时的做法。高低屋面交接处的变形缝，应在低侧屋面板上砌半砖矮墙，与高侧墙之间留出变形缝隙，并做好屋面防水和泛水处理。矮墙之上可用从高侧墙上悬挑的钢筋混凝土板或镀锌薄钢板盖缝，如图 2.182 所示。

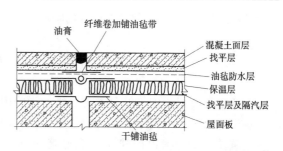

图 2.181　同层等高上人屋面变形缝构造

4. 基础沉降缝

基础沉降缝的构造处理方案有双墙式、悬挑式和交叉式三种，如图 2.183 所示。

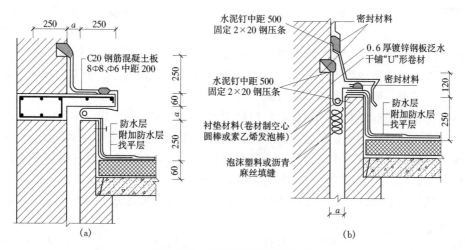

图 2.182　高低屋面变形缝构造

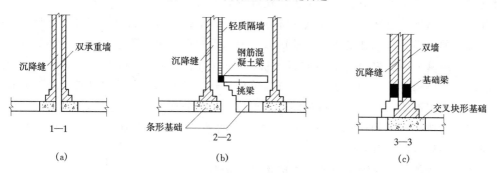

图 2.183　基础沉降缝构造

（a）双墙方案沉降缝；（b）悬挑基础方案的沉降缝；（c）双墙基础交叉排列方案的沉降缝

双墙式处理方案，缝两侧的基础平行设置，施工简单，造价低，但易出现两墙之间间距较大或基础偏心受压的情况，因此常用于基础荷载较小的房屋。

悬挑式处理方案是将沉降缝一侧的墙和基础按一般构造做法处理，而另一侧则采用挑梁支承基础梁，基础梁上支承墙体的做法。由于墙的荷载由挑梁承受，应尽量选用轻质墙以减少挑梁承受的荷载，挑梁下基础的底面要相应加宽。

交叉式处理方案是将沉降缝两侧的基础均做成墙下独立基础，交叉设置，在各自的基础上设置基础梁以支承墙体。这种做法受力明确，效果较好，但施工难度大，造价也较高。

基础总荷载较大，沉降缝两侧墙的距离又不宜过大时，可采用悬挑式或交叉式的处理方案。

本 章 小 结

本章主要介绍了建筑的分类与分级、影响因素、建筑模数和建筑定位、建筑标准化与民用建筑工业化。介绍民用建筑的构造组成、作用及各组成部分的结构型式、构造做法等。

建筑按功能分为民用建筑、农业建筑和工业建筑；按建筑规模和数量分为大量性建筑和大型建筑；按层数或高度分为低层、多层、中高层、高层、超高层建筑等；按建筑物主要承重结构所用材料分为木结构建筑、砖石结构建筑、混合结构建筑、钢筋混凝土结构建筑和钢结构建筑；按承重方式分为墙承重式、全框架承重式、局部框架承重式和空间结构。

民用建筑一般按使用年限、耐火性能、重要性和规模大小等方面来划分等级。房屋按耐久年限分四级，建筑物的耐火等级分为四级，建筑按照其规模大小、复杂程度，分成特级、一级、二级、三级、四级、五级 6 个级别。

建筑标准化是建筑工业化的前提，它包括两方面：一方面是建筑设计的标准，另一方面是建筑的标准设计。建筑模数是建筑标准化的基础，所选定的标准尺寸单位，作为建筑物、建筑构配件、建筑制品以及建筑设备尺寸间相互协调的基础。建筑模数包括基本模数、扩大模数和分模数。建筑上常用的尺寸有标志尺寸、构造尺寸、实际尺寸。

民用建筑构造主要是介绍房屋的构造组成、构造形式、构造方法及各个组成部分的细部构造做法等。一座民用建筑通常由基础、墙或柱、楼地层、楼梯、屋顶和门窗六大部分组成。其构造形式主要受外界环境、建筑技术条件、经济条件等因素影响。因此，民用建筑构造应满足坚固、实用、经济、美观及工业化等方面的要求。

基础：①基础是建筑物的重要组成部分，而地基不是建筑物的组成部分，但是与基础有着密不可分的关系。②基础是建筑物地面以下的承重构件，承担着建筑物的全部荷载，属于隐蔽工程；地基是承受建筑物荷载的岩土层。③基础的类型按基础所用材料及受力特点来分，有刚性基础和柔性基础；按构造可分为单独基础、条形基础、片筏基础、箱形基础和桩基础等。应根据地质、水文、建筑功能、施工技术、材料供应和周边环境的具体情况选用。④地下室是建造在地下的使用空间。由于地下室的外墙、底板受到地下潮气和地下水的侵袭，因此，必须重视地下室的防潮与防水处理。

墙体：①墙体是建筑物中重要的组成构件，具有承重、围护、分隔、装修等作用。工程设计中应满足功能、强度、刚度和稳定性要求。其承重方案、选材和构造对建筑的正常使用、安全、经济和施工将产生重要影响。②墙体按所处的位置不同分为外墙和内墙；按墙体受力情况的不同，可分为承重墙和非承重墙；按所用材料的不同，墙体有砖墙、石墙、土墙、混凝土墙、钢筋混凝土墙、轻质板材墙，以及各种砌块墙等；按构造方式不同，可分为实体墙、空体墙和复合墙三种；根据施工方法不同，墙体可分为块材墙、板筑墙和板材墙三种。③砖墙作为传统的墙体材料在一段时期内仍占主导地位。砖墙的材料是砖和砂浆。常见的砖墙砌筑方式有全顺式、一顺一丁式、三顺一丁式或多顺一丁式、每皮丁顺相间式也叫十字式，两平一侧式等。④墙体的细部构造包括勒脚、散水、明沟、窗台、门窗过梁、圈梁等，合适的墙体细部构造是确保墙体发挥其功能的重要保证。⑤隔墙是分隔建筑物内部空间的非承重墙。常用隔墙有块材隔墙、轻骨架隔墙和板材隔墙三大类。隔墙布置灵活，应根据使用功能要求选择适合的构造类型。⑥墙面装修按饰面材料和构造不同可分为清水勾缝、抹灰类、贴面类、涂刷类、裱糊类、铺钉类、玻璃（或金属）幕墙等。

楼地层：①楼地层包括地坪层和楼板层，是水平方向分隔房屋空间的承重构件。楼板层一般由面层、结构层、附加层和顶棚层组成。地坪层一般由面层、结构层、垫层和素土夯实层组成。②钢筋混凝土楼板按施工方式不同，分为现浇整体式钢筋混凝土楼板、预制装配式钢筋混凝土楼板和装配整体式钢筋混凝土楼板三种类型。现浇钢筋混凝土楼板可分为板式楼板、梁板式楼板、井式楼板、无梁楼板、压型钢板混凝土组合楼板；常用的预制装配式钢筋混凝土楼板类型有实心平板、槽形板、空心板；装配整体式钢筋混凝土楼板包括叠合楼板和密肋填充块楼板等。③地面按材料和构造做法有整体类地面、板块类地面、卷材类地面、涂料类地面等形式。④顶棚是屋面和楼板层下面的装饰层，分为直接式顶棚和悬吊式顶棚两大类。⑤阳台是多层和高层建筑中人们接触室外的平台，供人们休息、眺望、晾晒衣物或从事其他活动用。按阳台与外墙的相对位置不同，可分为凸阳台、凹阳台、半凸半凹阳台。⑥雨篷是位于建筑物外墙出入口处外门上方，用于遮挡雨雪、保护外门不受侵害并具有一定装饰作用的水平构件。雨篷一般为现浇钢筋混凝土悬挑构件，有板式和梁板式两种形式。

屋顶：主要由屋面和支承结构组成，屋顶按其排水坡度和构造形式不同，可分为平屋顶、坡屋顶和曲面屋顶。屋顶的排水方式分为无组织排水和有组织排水两大类，有组织排水分为外排水和内排水。

楼梯：是建筑内部垂直交通设施，一般由梯段、平台、栏杆组成。楼梯的尺寸应包括楼梯的坡度与踏步尺寸、楼梯段的宽度与平台宽度、楼梯的净空高度及栏杆扶手高度。楼梯按施工方式分有预制装配式和现浇钢筋混凝土楼梯，现浇楼梯按结构形式不同有板式和梁式两种。台阶由踏步和平台组成。坡道的坡度一般取 $1/6 \sim 1/12$。

门窗：是房屋的围护构件。门的类型按开启方式分平开门、弹簧门、推拉门、折叠门、转门等；窗的类型按开启方式分平开窗、固定窗、悬窗、推拉窗等。木门窗主要由门（窗）框、门（窗）扇、五金件及其他附件组成。

变形缝：将建筑物垂直分割开来的预留缝称为变形缝，根据其作用不同分为伸缩缝、沉降缝和防震缝。伸缩缝因为温度变化较大而设置，基础以上断开即可；沉降缝因为地基不均匀沉降而设置，从基础开始断开；在抗震设防烈度Ⅶ～Ⅸ度地区内应设防震缝。三种缝在适当情况下可以合设。

建筑防水构造类型有构造防水和材料防水，材料防水又可根据材料不同分为刚性防水、柔性防水和涂膜防水。屋面、楼地层、墙身、地下室等构造需做好防水防潮的相应处理。

复 习 思 考 题

1. 房屋是由哪几部分组成的？各部分的主要作用是什么？
2. 影响房屋构造的因素有哪些？
3. 建筑的类别是根据什么划分的？建筑按使用性质分为哪几类？

4. 建筑按主要承重结构的材料分为哪几类？当前采用比较多的是哪一类？

5. 建筑按耐久年限分为几级？各适用于何种建筑？

6. 房屋的耐火等级是根据什么确定的？分为几级？

7. 地基和基础有何区别？它们之间的关系如何？

8. 地基处理常用的方法有哪些？

9. 什么是基础的埋置深度？影响它的因素有哪些？

10. 什么是刚性基础、柔性基础？

11. 常见的基础构造形式有哪些？一般适用于什么情况？

12. 桩基础由哪些部分组成？

13. 地下室由哪些部分组成？

14. 为什么要对地下室作防潮和防水处理？构造上有何相同点和不同点？

15. 简述墙体类型有哪些？

16. 标准砖自身尺度有何关系？

17. 砖墙组砌的原则是什么？

18. 什么是砖模？它与建筑模数如何协调？

19. 勒脚的作用是什么？常用构造做法有哪些？

20. 墙体水平防潮层的作用是什么？常用做法有哪些？防潮层的位置应设在何处？

21. 常见的过梁有几种？它们的适用范围和构造特点是什么？

22. 窗台构造中应考虑哪些问题？

23. 墙身有哪些加固措施？

24. 砌块墙的组砌要求有哪些？

25. 简述常见隔墙的构造做法。

26. 试述墙体饰面的作用和基本类型。

27. 举例说明每类墙面装修的一至两种构造做法及使用范围。

28. 楼板层由哪些部分组成？各部分起什么作用？

29. 现浇钢筋混凝土楼板有哪些特点？有几种结构形式？

30. 预制装配式钢筋混凝土楼板具有哪些特点？常见的预制板有哪几种形式？

31. 预制钢筋混凝土楼板搁置在墙或梁上时，有哪些要求？

32. 压型钢板组合楼板的构造特点是什么？

33. 调整预制板缝的方法有哪些？

34. 常见阳台有哪几种类型？

35. 雨棚的作用及形式有哪些？

36. 屋顶由哪几部分组成？它们的主要功能是什么？

37. 如何形成屋顶的排水坡度？简述各种方法的优缺点。

38. 屋顶排水方式有哪几种？简述各自的优缺点和适用范围。

39. 何谓刚性防水屋面？其基本构造层次有哪些？各层如何做法？

40. 刚性防水屋面设置分格缝的目的是什么？通常在哪些部位设置分格缝？泛水、檐口、雨水口细部构造要点是什么？注意识记典型构造图。

41. 何谓柔性防水屋面？其基本构造层次有哪些？各层次的作用是什么？分别可采用哪

些材料做法？

42. 柔性防水屋面的细部构造主要包括哪些内容？各自的构造要点是什么？注意识记典型构造图。

43. 坡屋顶的承重结构有哪几种？其保温隔热措施有哪些？

44. 平屋顶的保温材料有哪几类？其保温隔热措施有哪些？

45. 楼梯的设计要求是什么？

46. 楼梯如何分类？

47. 楼梯主要是由哪几个部分组成？各部分的作用是什么？

48. 楼梯、爬梯和坡道的坡度范围是多少？楼梯的适宜坡度是多少？

49. 一般民用建筑的踏步高与踏步宽的尺寸是如何限制的？在不增加梯段长度的情况下如何加大踏步面宽？

50. 楼梯段的最小净宽有何规定？平台宽度和梯段宽度的关系如何？

51. 楼梯的净空高度有哪些规定？如何调整首层通行平台下的净高？

52. 钢筋混凝土楼梯分哪两类？它们各自的特点是什么？

53. 现浇钢筋混凝土楼梯构造形式有哪几种？各有何特点？

54. 楼梯踏步的防滑措施有哪些？

55. 楼梯转折处扶手高差处理有哪几种常用方法？

56. 台阶的平面形式有几种？踢面和踏面尺寸如何规定？台阶的基础一般是怎样处理的？

57. 坡道的坡度、宽度有何具体规定？

58. 电梯主要由哪几部分组成？电梯的设置条件是什么？

59. 自动扶梯的布置形式有几种？各自有什么特点？

60. 门和窗在建筑中的作用是什么？

61. 门和窗各有哪几种开启方式？各适用于什么情况？

62. 木门窗框的安装有哪两种方式？各有什么特点？

63. 叙述铝合金门窗的安装及玻璃的固定方法。

64. 铝合金门窗框与墙体之间的缝隙如何处理？

65. 比较镶板门和夹板门的优缺点，并说明各适用于什么情况。

66. 玻璃幕墙是如何连接的？

67. 简述塑钢门窗的基本构造形式。

68. 建筑构造的遮阳形式有哪几种？

69. 什么是变形缝？它有哪几种类型？

70. 伸缩缝的间距受什么因素的影响？

71. 什么情况下须设伸缩缝？宽度一般是多少？

72. 什么情况下须设沉降缝？宽度由什么因素确定？

73. 什么情况下须设防震缝？防震缝宽度确定的主要依据是什么？

74. 伸缩缝、沉降缝、防震缝是否可以相互替代？为什么？

75. 墙体中的变形缝的截面形式有哪几种？

76. 基础沉降缝的处理形式有哪几种？

实 训 练 习 题

1. 教师给出某一砖混结构建筑的平面轮廓图，以及墙厚、层高等条件，要求：

(1) 按 1∶50 的比例绘出该图的平面图，标注定位轴线并进行编号。

(2) 绘出剖面图，表示地面、楼面、平屋顶与竖向定位的关系。

2. 抄绘某条形基础的平面图，并设计、绘制 2～3 个基础断面图。

3. 到校内教学楼及实训楼内，找出横墙、纵墙、窗间墙、窗下墙、女儿墙、山墙；指出墙体的细部构造措施的具体位置，说明其名称、类型和作用；描述内外墙的装修方法及主要构造特点。

4. 到一处砖混结构建筑物的施工现场，了解墙体的承重方案、组砌方式，圈梁、过梁和构造柱的作用、设置位置、结构型式和尺寸及具体构造做法，隔墙与主体墙的连接构造，防潮层的位置和做法等。

5. 参观一处正在进行吊顶及楼地面施工的建筑工地，弄清吊顶及楼地面的构造组成情况，并按制图要求绘出：①吊顶构造大样图；②楼地面构造大样图。并说明所绘图的具体构造情况。

6. 参观建筑屋面工程现场，说明现场屋顶类型、承重方案、承重构件、屋面采用的防水方式、排水方式，并绘出相应的施工图。

7. 某家属楼，层高 3m，4 层，砖混结构，墙体厚度 0.24m，楼梯间开间 2.7m，进深 5.7m，室内外高差 0.45m，平台下过人，试设计该楼梯。

8. 观察学院教学楼等各楼安装的铝合金、塑料和木门窗的构造特点，分析其各部分的作用，并比较木门窗、铝合金门窗和塑钢门窗的优缺点。

9. 绘图表示基础沉降缝的构造。

第3章 工业建筑简介

【知识目标】 了解单层工业厂房的结构特点和分类，起重设备、金属梯、隔断的布设情况等；熟悉单层工业厂房主要承重构件和围护构件的构造要求；掌握单层工业厂房的结构形式及组成构件名称、类型、布设位置、作用，工业建筑的概念，厂房定位轴线的作用及标定方法等。

【能力目标】 能指出某单层工业厂房的主要承重构件和围护构件的名称、结构型式、作用；能进行厂房定位轴线的标定；能识读工业建筑构造图。

3.1 工业建筑概述

工业建筑是为工业生产需要而建造的各种不同用途的建筑物和构筑物的总称。工业厂房是用于工业生产的建筑物，主要包括生产厂房、辅助生产用房以及为生产提供动力的房屋等。厂房的建筑构造既要满足生产工艺的要求，也要为工人创造一个良好的生产环境，应力求做到技术先进、施工方便、坚固可靠、经济适用、环境适宜。

3.1.1 工业厂房建筑特点

工业厂房与民用建筑相比，在设计原则、建筑技术和建筑材料等方面有许多共同之处，但由于其是为工业生产服务的，故在建筑平面空间布局、建筑结构、建筑构造及建筑施工等方面与民用建筑有很大差别。工业厂房具有以下特点：

（1）厂房布置应满足生产工艺要求，并创造良好的工作卫生条件。

（2）厂房内生产设备、起重运输设备多，要求厂房内部有较大的建筑空间。

（3）厂房的结构、构造复杂，骨架的承载力比较大，技术要求高。

（4）厂房应根据生产需要具有良好的通风采光条件，或满足恒温恒湿、洁净、防辐射、防振动等条件。

（5）厂房中上下水、热力、煤气、氧气和电力管道等各种工程技术管网量多，应考虑好它们的敷设和荷载要求。

（6）生产过程中会有大量的原料、成品、半成品、零部件等需要运输，厂房设计时应考虑使用的运输工具和运输路径。

3.1.2 工业厂房建筑分类

1. 按用途分

（1）主要生产厂房。在其中进行产品备料、加工到装配的全部生产工艺流程的厂房。

（2）辅助生产厂房。为主要生产厂房服务的厂房，例如机械修理、工具等车间。

（3）动力用厂房。为主要生产厂房提供能源的场所，例如锅炉房、煤气站等。

（4）储存用房屋。是为生产提供存储原料、半成品、成品的仓库等。

（5）运输工具厂房。停放、检修各种运输工具的库房。

（6）其他厂房。如水泵房、污水处理站等。

2. 按生产状况分

（1）冷加工车间。常温状态下进行生产的车间，如机械加工及装配车间等。

（2）热加工车间。高温和熔化状态下进行生产的车间，可能散发大量余热、烟雾、灰尘、有害气体，如铸工、锻工、热处理车间等。

（3）恒温恒湿车间。恒温、恒湿条件下进行生产的车间，如精密机械、纺织车间等。

（4）洁净车间。要求在高度洁净的条件下进行生产，防止大气中灰尘及细菌对产品污染的车间，如集成电路、精密仪器加工及装配车间等。

（5）其他特种状况的车间。指生产过程中有爆炸可能性、有大量腐蚀物、有放射性散发物、防微振、防电磁波干扰等情况。

3. 按厂房层数分

（1）单层厂房（图3.1）。层数为一层的厂房，主要用于重型机械制造工业、冶金工业等重工业。具有生产设备体积大、重量重、厂房内以水平运输为主的特点。

（2）多层厂房（图3.2）。常见的层数为2～6层。其中两层厂房在化纤、机械制造工业中广泛采用。多层厂房在电子、食品、化学、精密仪器等轻工业中采用较多。其特点是生产设备较轻、体积较小，工厂的大型机床一般放在底层，小型设备放在楼层上，厂房内部的垂直运输以电梯为主，水平运输以电瓶车为主。多层厂房占地面积少，建筑面积大，造型美观，应提倡使用。

（3）层数混合的厂房（图3.3）。厂房由单层跨和多层跨组合而成，适用于竖向布置工艺流程的生产项目，多用于热电厂、化工厂等。高大的生产设备位于中间的单跨内，边跨为多层。

以上三种厂房都可以根据需要做成单跨、双跨、多跨或高低跨型式。

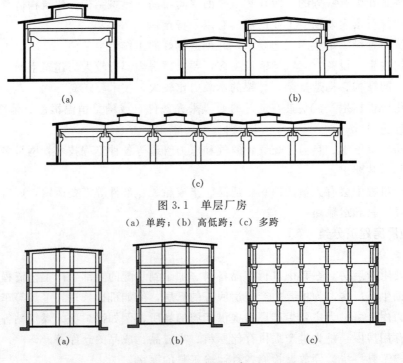

图 3.1　单层厂房

(a) 单跨；(b) 高低跨；(c) 多跨

图 3.2　多层厂房

(a) 内廊式；(b) 统间式；(c) 大宽度式

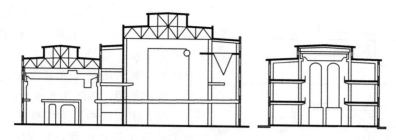

图 3.3　层数混合厂房

3.1.3　单层工业厂房的结构分类

厂房结构是指在厂房建筑中支承各种荷载作用的构件所连接组成的骨架。厂房结构应坚固、耐久。

1. 按其承重结构材料分

（1）混合结构（图3.4）。它是由砖墙（或砖柱）、钢筋混凝土屋架（或屋面大梁）或钢屋架等组成。其构造简单，施工方便，耗钢量少，经济。但承载力低，适用于跨度、高度、吊车荷载较小的情况。

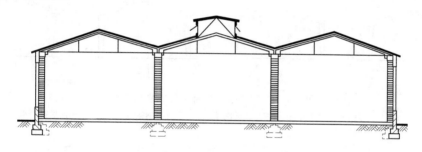

图 3.4　单层混合结构厂房

（2）钢筋混凝土结构。它多采用预制装配的施工方法。结构构成主要由横向骨架、纵向联系杆以及支撑构件组成。其建设周期短，坚固耐用，比钢结构节省钢材，造价较低，应用较广。但其自重大，抗震性能比钢结构差。

（3）钢结构（图3.5）。该结构的主要承重构件全部采用钢材制作。这种骨架结构自重轻，抗震性能好，施工速度快。主要用于跨度大、空间高、吊车荷载重、高温或震动荷载大的工业建筑。但钢结构易腐蚀，维修费用高，耐久性能差，防火性能差，使用时应采用必要的防护措施。

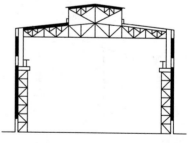

图 3.5　钢结构厂房

目前我国轻型钢结构发展较快，广泛应用于单层工业厂房及其他大跨度建筑中。

2. 按其主要承重结构型式分

（1）排架结构。排架结构是由柱子、基础、屋架（或屋面梁）构成的一种坚固骨架体系。其柱顶与屋架（或屋面梁）间为铰接，可以适应较大的吊车荷载；柱底与基础的连接为刚接。根据生产工艺和用途的不同，排架结构可以设计成等高、不等高和锯齿形（通常用于单向采光的纺织厂）等多种形式。

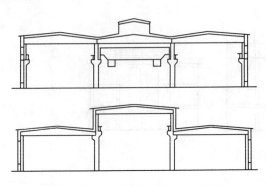

图 3.6　装配式钢筋混凝土排架结构

装配式钢筋混凝土排架结构是以往单层工业厂房结构的基本形式，应用比较普遍。除一般单层厂房外，还可在跨度和高度较大且设有大吨位的吊车或有较大振动荷载的大型厂房中使用，如图 3.6 所示。

（2）刚架结构。该结构是将屋架（或屋面梁）与柱子合并为一个构件。柱子与屋架（或屋面梁）连接处为一个整体刚性节点，柱子与基础的连接点一般为铰接点。构件种类少、轻巧，空间宽敞，但刚度较差，适用于屋盖轻、无桥式吊车或吊车吨位小、跨度和高度较小的厂房或仓库。

装配式钢筋混凝土门式刚架在单层厂房中采用较多的是两铰和三铰两种形式（图 3.7）。常用的轻型钢结构门式刚架有单跨、双跨、多跨、带挑檐的和带毗屋等刚架形式，也可根据需要采用多跨单坡刚架形式，其中间柱与刚架斜梁采用铰接连接，如图 3.8 所示。

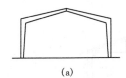
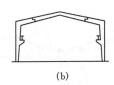
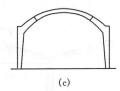
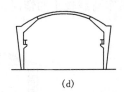

（a）　　　　　　（b）　　　　　　（c）　　　　　　（d）

图 3.7　装配式钢筋混凝土门式刚架结构

（a）人字形刚架；（b）带吊车的人字形刚架；（c）弧形拱刚架；（d）带吊车弧形拱刚架

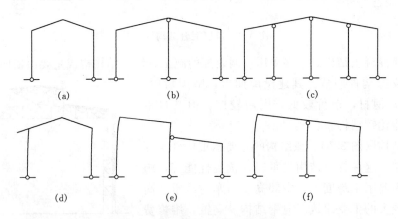

图 3.8　轻型钢结构门式刚架

（a）单跨刚架；（b）双跨刚架；（c）多跨刚架；（d）带挑檐刚架；
（e）带毗屋刚架；（f）多跨单坡刚架

3.1.4　单层工业厂房的结构组成

本章主要介绍应用较广的装配式钢筋混凝土排架结构单层工业厂房。根据组成构件的作用不同，可将单层工业厂房结构分为承重结构和围护结构两大部分。

1. 承重结构

厂房承重结构是由横向排架、纵向连系构件及支撑三部分组成，如图 3.9 所示。

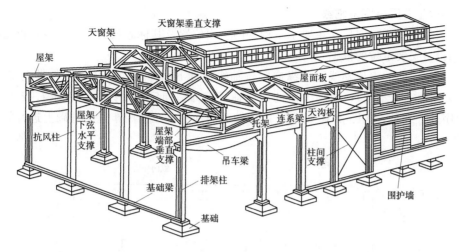

图 3.9　单层工业厂房的结构组成

（1）横向排架。它包括屋架（或屋面梁）、柱子和柱基础。其特点是将屋架（或屋面梁）看作刚度很大的横梁，并与柱铰接，柱与基础刚接。它承受屋盖、天窗、外墙及吊车等荷载。

屋架（屋面梁）搁置在柱子上，承受屋面板、天窗及其上的荷载，是主要承重构件。其形式有屋面梁、两铰（或三铰）拱屋架、桁架式屋架。桁架式屋架的外形有三角形、梯形、拱形、折线形等几种。

柱子是厂房的主要承重构件，承受屋盖、吊车梁、墙体上的荷载，以及山墙传来的风荷载，并把这些荷载传给基础。

基础承担作用在柱子上的全部荷载及基础梁传来的荷载，并将这些荷载传给地基。

（2）纵向连系构件。它包括基础梁、吊车梁、连系梁（或圈梁）、大型屋面板等。这些构件保证了横向排架的相互联系和稳定性，形成厂房的整体骨架结构体系，将作用在山墙上的风力和吊车纵向制动力传给柱子。

基础梁搁置在柱基础上，主要承受其上部墙体的荷载。

吊车梁安放在柱子伸出的牛腿上，它承受吊车自重和吊车荷载，并把这些荷载传给柱子。

连系梁是柱与柱之间在纵向的水平连系构件，主要用于增加厂房的纵向刚度，承受其上部的墙体荷载。

屋面板铺在屋架或屋面梁上，屋面板直接承受其上面的荷载，并传给屋架（屋面梁）。多用预应力混凝土屋面板。

（3）支撑系统。它包括柱间支撑和屋盖支撑两大部分，其作用是加强厂房结构的空间整体刚度和稳定性。它主要传递水平风荷载以及吊车产生的冲击力。

2. 围护结构

围护结构构件主要包括外墙围护系统、屋面、门、侧窗、天窗和地面等。

外墙围护系统包括厂房四周的外墙、抗风柱、墙梁和基础梁等。这些构件所承受的荷载主要是墙体和构件的自重以及作用在墙上的风荷载等。

围护结构构件除满足一般建筑构件的功能要求外，还要满足不同生产工艺的要求。

3.1.5　单层工业厂房定位轴线

厂房定位轴线是确定厂房主要承重构件的平面位置及其标志尺寸的基准线，也是厂房施工放线和设备安装定位的依据。

厂房长轴方向的定位轴线称为纵向定位轴线，自下而上用 A、B、C、…顺序进行编号（I、O、Z 三个字母不用）；短轴方向的定位轴线称为横向定位轴线，自左至右按 1、2、3、4、…顺序进行编号，如图 3.10 所示。定位轴线的标定是在柱网布置的基础上进行的，并与柱网布置一致。

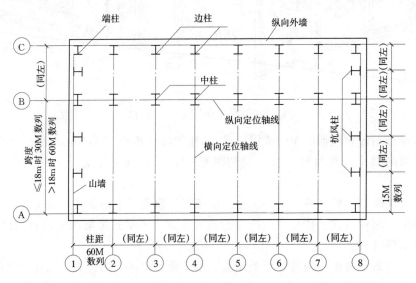

图 3.10　单层厂房定位轴线及柱网布置示意

1. 柱网尺寸确定

厂房柱子纵横向定位轴线在建筑平面上排列所形成的网格称为柱网（图 3.10）。一般是在纵横向定位轴线相交处设柱子，柱子纵向定位轴线之间的距离称为跨度，横向定位轴线之间的距离称为柱距。柱网尺寸确定实际上就是选择厂房的跨度和柱距。

在选择柱网尺寸时，应满足生产工艺要求、建筑统一化规定、通用性较大及经济合理等。根据国家标准《厂房建筑模数协调标准》（GBJ 6—86）的要求，当跨度小于 18m 时，应采用扩大模数 30M 数列，即跨度可取 9m、12m、15m 等。当跨度不小于 18m 时，按60M 模数递增，即跨度可取 18m、24m、30m、36m 等。柱距采用 60M 模数，即 6m、12m、18m 等。从经济指标、材料消耗和施工条件等多方面考虑，采用 6m 柱距较多。山墙处的抗风柱柱距宜采用扩大模数 15M 数列，即 4.5m、6m、7.5m 等。

2. 定位轴线的标定

定位轴线的标定的原则是结构合理、构造简单，能减少建筑构件的类型和规格，增加其通用性和互换性，扩大预制装配化程度，提高厂房建筑的工业化水平。标定位置通常由厂房的主要构件的布置情况决定。

（1）横向定位轴线。标定了吊车梁、连系梁、基础梁、屋面板、墙板、纵向支撑等纵向构件的标志尺寸端部位置。并尽可能与屋架及柱的中心线重合。

1）中间柱与横向定位轴线。中间柱的截面中心线应与横向定位轴线重合（图 3.11），而且屋架中心线也与横向定位轴线重合。屋面板、吊车梁、连系梁等纵向构件的标志长度皆以横向定位轴线为界。

　　2）变形缝处柱与横向定位轴线。在横向变形缝处一般采用双柱处理，为保证缝宽的要求，应设两条定位轴线，缝两侧柱截面中心均应自定位轴线向两侧内移 600mm，如图 3.12 所示。两条定位轴线之间的距离为插入距，用 a_i 表示，并使 a_i 等于变形缝的宽度 a_e。

　　3）端柱、山墙与横向定位轴线。①采用非承重山墙时，山墙内缘、抗风柱外缘与横向定位轴线重合（图 3.13），端柱柱截面中心线应自横向定位轴线内移 600mm，以利于结构构件的协调统一，使屋面板与山墙处封闭，简化了结构布置，避免出现补充构件；②采用承重山墙时，山墙内缘与横向定位轴线的距离应按半块砌体块材厚或墙体厚度的一半来取（图 3.14），保证构件在墙体上有足够的支承长度。

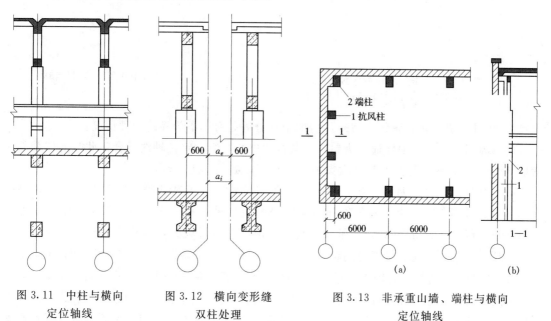

图 3.11　中柱与横向　　　图 3.12　横向变形缝　　　图 3.13　非承重山墙、端柱与横向
　　　定位轴线　　　　　　　　双柱处理　　　　　　　　　　定位轴线

　　（2）纵向定位轴线。主要用来标定厂房横向构件（如屋架或屋面梁）长度的标志尺寸。标定时应使厂房结构与吊车的规格协调，保证吊车与柱之间留有足够的安全距离。

　　1）外墙、边柱与纵向定位轴线。应根据吊车起重量、柱距、跨度、有无安全走道板等因素计算协调确定。一般有两种情况：

　　（a）封闭式结合。一般在无吊车或只有悬挂式吊车，桥式吊车起重量不大于 20t，柱距为 6m 的厂房中采用，即外墙内缘、边柱外缘与纵向定位轴线重合，如图 3.15（a）所示。其屋面板可全部采用标准板，不需设补充构件，具有构造简单、施工方便等优点。

图 3.14　承重山墙
　　横向定位轴线

　　（b）非封闭式结合。在吊车起重量不小于 30t，柱距大于 6m 时采用非封闭结合［图 3.15（b）］，此时，边柱外缘与纵向定位轴线之间增设联系尺寸 a_c，如按常规布置屋面板只能铺至定位轴线处，与外墙内缘出现了非封闭的构造间隙，需要非标准的补充构件板。构造复杂，施工也较为麻烦。

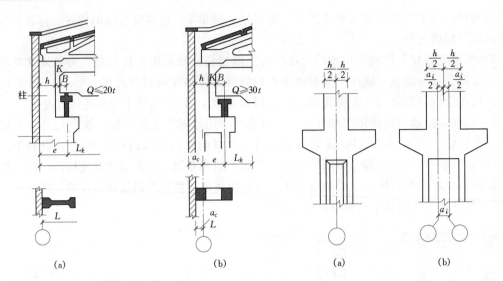

图 3.15　外墙、边柱与纵向定位轴线　　　　图 3.16　等高跨中柱与纵向定位轴线
(a) 封闭式组合；(b) 非封闭式组合

2）中柱与纵向定位轴线。多跨厂房的中柱分等高跨和不等高跨两种情况：

(a) 等高跨。厂房中柱通常为单柱，其截面中心与纵向定位轴线重合。此时上柱截面一般取 600mm，以满足屋架和屋面大梁的支承长度，如图 3.16 所示。

(b) 高低跨。也分两种情况：一是设一条定位轴线，当高低跨处采用单柱时，若高跨吊车起重量较小，则高跨上柱外缘和封墙内缘与定位轴线相重合，单轴线封闭结合，如图 3.17 (a) 所示。二是设两条定位轴线，当高跨吊车起重量较大，高跨轴线与上柱外缘之间设联系尺寸 a_c，低跨定位轴线与高跨定位轴线之间距离为插入距 a_i，为简化屋面构造，低跨定位轴线应自上柱外缘、封墙内缘通过，即插入距 a_i 等于联系尺寸 a_c，此时同一柱子的两条定位轴线分属高低跨 [图 3.17 (b)]，当高跨和低跨均为封闭结合，而两条定位轴线之间设有封墙时，则插入距等于墙厚 [图 3.17 (c)]。当高跨为非封闭结合，且高跨上柱外与低跨屋架端部之间设有封墙时，则两条定位轴线之间的插入距等于墙厚与联系尺寸之和 [图 3.17 (d)]。

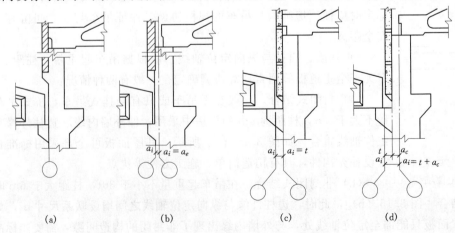

图 3.17　高低跨中柱与纵向定位轴线

3）纵向伸缩缝与防震缝处柱与纵向定位轴线。等高纵向伸缩缝处可采用单柱并设两条定位轴线，伸缩缝的一侧屋架或屋面梁搁置在活动支座上（图3.18），此时，$a_i = a_e$。

不等高纵向伸缩缝一般设置在高低跨处。当采用单柱处理时，低跨的屋架或屋面梁搁置在活动支座的牛腿上，高低跨处采用两条纵向定位轴线，其中间设插入距 a_i。此时，插入距 a_i 在数值上与伸缩缝宽 a_e、联系尺寸 a_c、封墙厚度的关系如图3.19所示。这种处理，结构简单，吊装工程量少，但柱外形较复杂，制作不便，尤其是当两侧高差较大或吊装起重量差异较大时不宜采用。此时，可结合伸缩缝或防震缝采用双柱结构方案。

当伸缩缝或防震缝采用双柱时，可采用两条纵向定位轴线，并设插入距。柱与纵向定位轴线的关系可按各自边柱处理，如图3.20所示。此时，高低跨两侧的结构实际是各自独立，自成系统，仅是互相靠拢，以便下部空间相通，有利于组织生产。

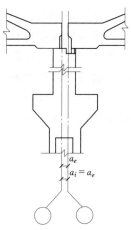

图 3.18　等高纵向伸缩缝处单柱与纵向定位轴线

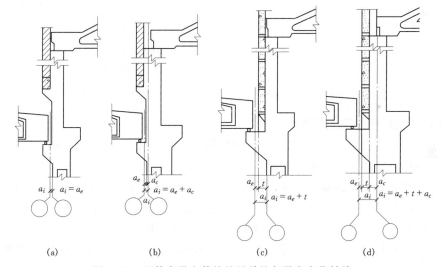

图 3.19　不等高纵向伸缩缝处单柱与纵向定位轴线

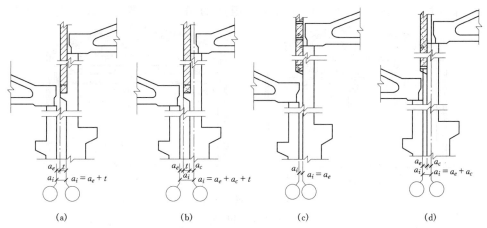

图 3.20　不等高纵向伸缩缝处双柱与纵向定位轴线

4）纵横跨交接处的定位轴线。厂房纵横跨相交，常在相交处设变形缝，使纵横跨各自独立。纵横跨应有各自的柱列和定位轴线。设计时，常将纵跨和横跨的结构分开，并在两者之间设变形缝。对于纵跨相交处的定位轴线按山墙的定位轴线处理；对于横跨相交处的处理相当于边柱与外墙的处理。纵横跨连接处设双柱、双定位轴线，两条定位轴线之间设插入距（图 3.21）。当封墙为砌体时，a_e 为变形缝的宽度；当封墙为墙板时，a_e 值取变形缝的宽度或吊装墙板所需净空尺寸的较大值。

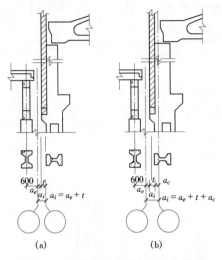

图 3.21　纵横跨交接处柱与定位轴线

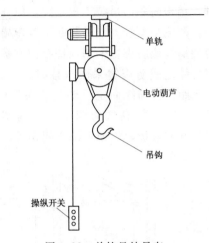

图 3.22　单轨悬挂吊车

3.1.6　单层工业厂房内部的起重运输设备

由于工业生产过程中常需装卸、搬运各种原材料、半成品、成品或进行生产设备的检修工作，厂房内应设置必要的起重运输设备。如在地面上可采用电瓶车、汽车等，在自动生产线上可采用悬挂式运输索或输送带等，在厂房上部空间可布设安装各种类型的起重吊车。其中，以吊车对厂房的布置、结构选型等影响最大。常见的吊车有以下三种：

（1）单轨悬挂吊车。它是在屋架（或屋面梁）下弦悬挂梁式钢轨，轨梁上安装可以水平移动的滑轮组，利用滑轮组升降起重的一种起重吊车（图 3.22）。有手动和电动两种类型，起重量最多不超过 5t，对屋盖结构的刚度要求较高。

（2）梁式吊车。它是由梁架和电动葫芦组成的吊车，有两种：①悬挂式［图 3.23

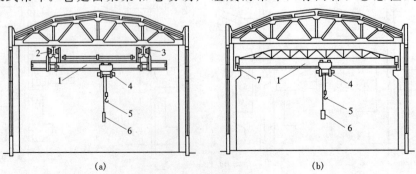

图 3.23　梁式吊车

(a) 悬挂式；(b) 支承式

1—钢梁；2—运行装置；3—轨道；4—提升装置；5—吊钩；6—操纵开关；7—吊车梁

(a)]，是在屋架（或屋面梁）下弦悬挂梁式钢轨，钢轨成两平行直线，钢轨梁上安放滑行的单梁，单梁上设有可移动的滑轮组以升降重物，起重量一般不超过 2t；②支承式［图 3.23 (b)]，是在排架柱上设牛腿，牛腿上搁置吊车梁，吊车梁上安装钢轨，钢轨上设有可滑行的单梁，在单梁上设有可移动的滑轮组以升降重物。起重量一般不超过 5t。

（3）桥式吊车。它是由桥架及起重小车（也称行车）组成。通常在排架柱的牛腿上设置的吊车梁上安放轨道，桥架行驶在吊车梁上。起重小车在桥架上并可横向移动。小车上有供起重用的滑轮组，如图 3.24 所示。其起重量为 5～400t，甚至更大，适用于大跨度的厂房。

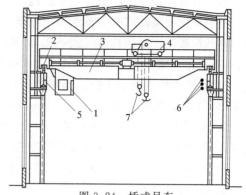

图 3.24　桥式吊车
1—吊车司机室；2—吊车轮；3—桥架；
4—起重小车；5—吊车梁；
6—电线；7—吊钩

3.2　单层工业厂房的主要结构构件

3.2.1　屋盖结构

厂房屋盖结构起承重和围护作用，包括承重构件和覆盖构件两部分。

屋盖结构形式主要有两种：

（1）无檩体系（图 3.25）。将大型屋面板直接放在屋架（或屋面梁）上，屋架（或屋面梁）放在柱子上。结构整体性好，刚度大，可以保证厂房的稳定性，且构件数量少，施工速度快，大中型厂房采用较多。

（2）有檩体系（图 3.26）。将各种小型屋面板（或瓦）直接放在檩条上，檩条支承在屋架（或屋面梁）上，屋架（屋面梁）放在柱子上。屋盖轻，结构的整体性较差，适用于中小型工业厂房。

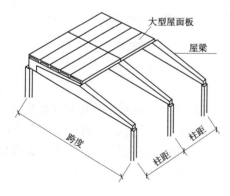

图 3.25　无檩体系屋盖结构

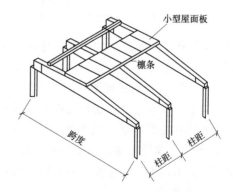

图 3.26　有檩体系屋盖结构

1. 屋盖承重构件

（1）屋架（或屋面梁）。屋架是主要承重构件，直接承受屋面荷载，有些厂房还承受悬挂吊车、管道等设备的荷载。它和柱网、屋面构件连接起来，形成厂房的整体空间结构。

目前常用屋架形式是钢筋混凝土屋架，只对跨度很大的重型车间和高温车间才采用钢屋架。钢筋混凝土屋架的构造形式（图 3.27）常见的有：

1）三角形屋架。自重大、屋架上设檩条或挂瓦板。适用于跨度不大的中、轻型厂房。

2）预应力钢筋混凝土折线形屋架。屋架的上弦杆件是由若干段折线形杆件组成，适用于 15m、18m、21m、24m、30m、36m 的中型和重型工业厂房。

3）梯形屋架。屋架的上弦坡度一致，端部高度较高，中间更高，稳定性较差，需通过支撑系统来保证稳定。这种屋架的跨度为 18m、21m、24m、30m。

4）预应力混凝土拱形屋架。外形合理，自重轻，但屋架端部屋面坡度太陡。适用于卷材防水屋面中、重型厂房。

屋面梁截面有 T 形和工字形两种，外形有单坡和双坡的。其结构简单，制作、安装方便，梁高小，重心低，稳定性好，但自重大，适用于跨度不大、有较大振动荷载**或腐蚀性介质的厂房。**

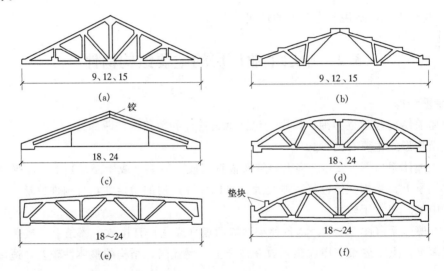

图 3.27　常见的钢筋混凝土屋架形式（单位：m）

(a) 三角形；(b) 组合式三角形；(c) 预应力三角拱；(d) 拱形；(e) 梯形；(f) 折线形

（2）屋架托架。当厂房全部或局部柱距为 12m 以上，屋架间距仍保持 6m 时，需在 12m 柱距间设置托架来支承中间屋架，通过托架将屋架上的荷载传递给柱子。托架有预应力钢筋混凝土（图 3.28）和钢托架两种。

（3）屋架与柱的连接。这种连接有焊接和螺栓连接两种。焊接是在屋架或屋面梁端部支承部位的预埋件底部焊上一块垫板，待屋架就位校正后，与柱顶预埋钢板焊接牢固，如图 3.29（a）所示。螺栓连接是在柱顶伸出预埋螺栓，在屋架（或屋面梁）端部支承部位焊上带有缺口的支承钢板，就位校正后，用螺栓拧紧，如图 3.29（b）所示。

2. 屋盖覆盖构件

（1）屋面板。它分大型屋面板和小型屋面板。无檩体系中采用的最多的是预应力钢筋混凝土大型屋面板，通过焊接与屋架连接；小型屋面板与檩条通过钢筋钩或插铁固定。屋面板常见类型、尺寸、特点及适用情况见表 3.1。

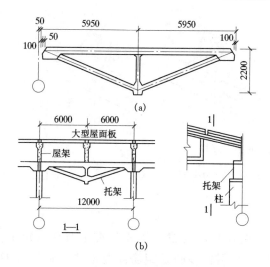

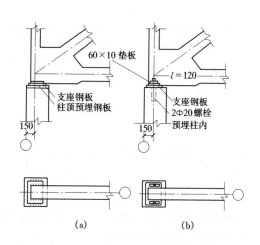

图 3.28 预应力钢筋混凝土托架
（a）托架；（b）托架布置

图 3.29 屋架与柱的连接
（a）焊接方式；（b）螺栓连接方式

表 3.1　　　　　　　　　　常见屋面板类型、尺寸、特点及适用情况

序号	名　　称	简图（mm）	标志尺寸（m×m）	特点及适用情况
1	大型屋面板	5970　240~300　1490	1.5×6	与嵌板、檐口板和天沟板配合使用，适用于中、大型和振动较大，并对屋面刚度要求较高的厂房
2	预应力混凝土夹心保温屋面板	130　1940　5950	1.5×6	具有承重、保温、防水三种作用。适用于一般保温厂房，不适用于气候寒冷、冻融频繁地区和有腐蚀性气体及湿度大的厂房
3	预应力 F 形屋面板	200　5970　1490	1.5×6	与盖瓦和脊瓦配合使用。适用于中、轻型非保温厂房，不适用于对屋面防水要求高的厂房
4	钢筋混凝土槽瓦	3000~3900　990　100	1.0×（3.3~3.9）	自防水构件，与盖瓦、脊瓦和檩条一起使用。适用于中小型厂房，不适用于有腐蚀气体、有较大振动、对屋面刚度及隔热要求高的厂房

（2）檩条。檩条支承槽瓦或小型屋面板，并将屋面荷载传给屋架。檩条有钢筋混凝土、型钢和冷弯钢板几种。常见型式有预应力钢筋混凝土倒 L 形和 T 形檩条。檩条与屋架上弦应牢固连接，以加强厂房纵向刚度。主要连接方式有焊接和螺栓连接，如图 3.30 所示。

3.2.2　柱

3.2.2.1　排架柱

厂房中的主要承重构件之一，主要承受屋架和牛腿上的吊车梁的垂直荷载、风荷载及吊车产生的纵向和横向的水平荷载，有时还要承受墙体、管道及设备等荷载，因此，柱子的形

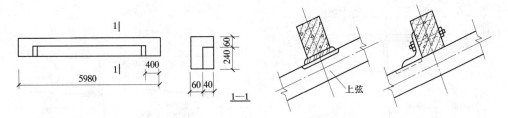

图 3.30 檩条与屋架的连接

式和尺寸应能满足抗压和抗弯的要求。柱由柱身（又分为上柱、下柱、牛腿）及柱上预埋件组成。

1. 柱的类型

根据柱的材料分有砖柱、钢筋混凝土柱、钢柱等；按截面形式分有单肢柱（矩形、工字形）、双肢柱（矩形截面、圆形截面）。目前采用较多的是钢筋混凝土柱。如图 3.31所示。

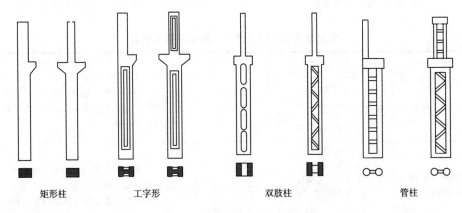

矩形柱　　　工字形　　　双肢柱　　　管柱

图 3.31 钢筋混凝土柱的截面形式

（1）矩形柱。其构造简单，施工方便。但不能充分发挥混凝土的承压性能且自重大，耗费材料。中心受压的柱子或截面较小的柱子常采用。

（2）工字形柱。其截面形式较合理，整体性能好，比矩形柱节省材料。施工简单，是工业厂房中常采用的截面形式。

（3）双肢柱。它在荷载作用下，双肢柱主要承受轴力，因而能充分发挥混凝土的强度。其断面小，自重轻，两肢间便于通过管道，少占空间，在吊车吨位较大的工业建筑中，柱的截面尺寸也较大，采用双肢柱可以省去牛腿，简化构造。

（4）钢筋混凝土管柱。它是采用高速离心方法制作，牛腿部分需浇筑混凝土。

2. 柱的构造

上柱的截面尺寸一般为 400mm×400mm，400mm×500mm，400mm×600mm。下柱的截面尺寸一般为 400mm×400mm，400mm×800mm，400mm×1000mm。工字形柱的构造如图 3.32 所示，双肢柱的构造如图 3.33 所示。

单层厂房中的托梁、吊车梁、连系梁等常设在柱的牛腿上支承。钢筋混凝土牛腿柱有实腹式和空腹式之分，常采用实腹式。

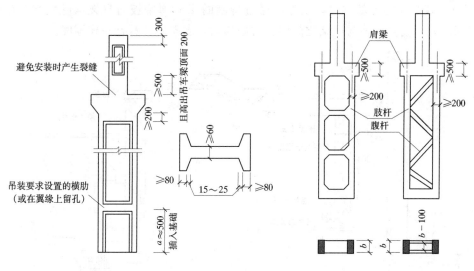

图 3.32 工字形柱的构造　　　　图 3.33 双肢柱的构造

3. 柱的预埋铁件

为保证柱能有效的传递荷载，必须使柱与其他构件有可靠的连接，所以应在柱子的相应位置预埋铁件或钢筋，如柱与屋架、柱与吊车梁、柱与连系梁或圈梁、柱与砖墙或大型墙板及柱间支撑等相互连接处，必须在柱上准确无误地设好预埋件，如图 3.34 所示。

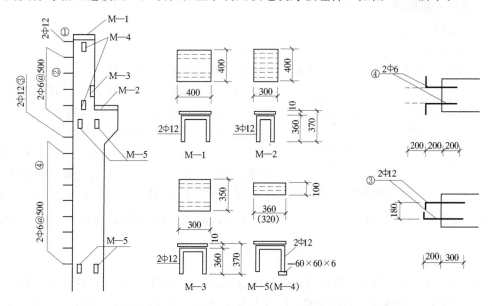

图 3.34 柱的埋筋与埋件
①—圈梁拉筋；②、④—墙体拉筋；③—连系梁拉筋
M—1—焊屋架埋件；M—2、M—3—焊吊车梁埋件；M—4、M—5—焊柱间支承埋件

3.2.2.2 抗风柱

为了加强山墙的稳定性，在山墙处设置抗风柱承受山墙上的风荷载，一部分风荷载由抗风柱直接传给基础，一部分风荷载由抗风柱上端通过屋盖系统传到纵向柱列上去。

抗风柱下端插入杯形基础内,上端应通过特制的 Z 形弹簧板与屋架(屋面梁)作构造连接(图 3.35),使抗风柱与屋架之间竖向可以移动,水平向又具有一定刚度。

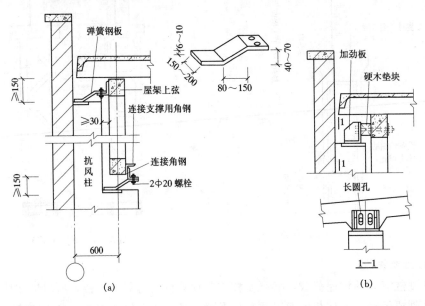

图 3.35　抗风柱与屋架的构造连接

3.2.3　基础和基础梁

3.2.3.1　基础

1. 基础类型

基础承受厂房上部结构的所有重量,并传送给地基,是厂房结构的重要构件之一。基础

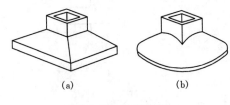

图 3.36　基础类型

类型的选择主要取决于上部结构荷载的性质、大小及工程地质情况等。装配式钢筋混凝土排架结构单层厂房一般常采用钢筋混凝土基础,当上部荷载不大、地基土质较均匀时,柱下多采用独立的杯形基础 [图 3.36(a)];当荷载的轴向大弯矩小且施工技术较好时,而其他情况相同时,也可采用独立的壳体基础 [图 3.36(b)];当上部荷载较大,地基承载力较小,可采用条形基础。

2. 基础构造

(1)现浇柱下独立基础。基础与柱均为现场浇筑,但不在同时施工,故应在基础顶面留出插筋,数量和柱中纵向受力筋相同,以便与柱子连接,其伸出长度根据柱的受力情况、钢筋规格及接头方式等来确定。如图 3.37 所示。

(2)预制柱下杯形基础。杯形基础是天然地基上浅埋的预制钢筋混凝土柱下独立基础,在工业厂房中较常见。一般有三种:一般位置采用单杯基础;变形缝处采用双杯基础;有设备时采用高杯口基础。为便于安装,杯口顶每边应比柱每边大 75mm,杯口底每边应比柱每边大 50mm。在柱底面与杯底面之间还应预留 50mm 的缝隙,用高强度细石混凝土找平。柱子就位后杯口与柱子四周缝隙用 C20 细石混凝土灌实,如图 3.38 所示。

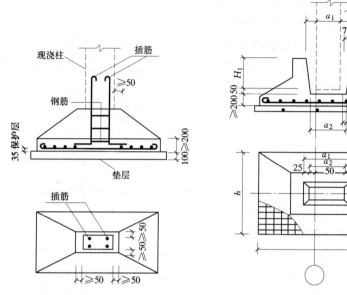

图 3.37 现浇柱下独立基础　　　　图 3.38 预制柱下杯形基础

3.2.3.2 基础梁

排架结构的单层厂房，墙身一般砌筑在基础梁上（高墙的上部墙体砌筑在连系梁上），基础梁的两端搁置在相邻两杯形基础的杯口上，墙体的重量通过基础梁传到基础上，可使墙和柱一起沉降，防止墙面因不均匀沉降而开裂。基础梁的截面形式常采用倒梯形，有预应力和非预应力钢筋混凝土两种。如图 3.39 所示。

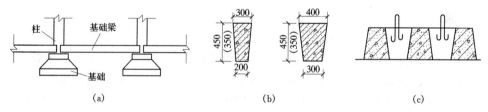

图 3.39 基础梁的位置及截面

为了防潮，基础梁顶面标高应低于室内地坪 50～100mm，高于室外地坪 100～150mm。其底面一般直接搁置杯口上 [图 3.40 （a）]，基础埋置较深时，加垫块 [图 3.40 （b）]，设置高杯口基础 [图 3.40 （c）] 或设牛腿 [图 3.40 （d）]。

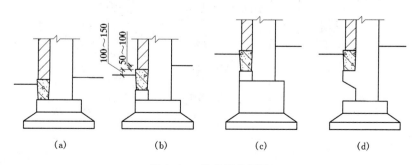

图 3.40 基础梁的搁置

寒冷地区基础梁下的土壤应采取防冻胀措施，基础梁底部应留有 50～150mm 的空隙。同时对于有保温隔热要求的厂房，为防止热量沿基础梁散失，应在基础梁两侧铺设厚度不小于 300mm 的松散材料，如矿渣、干砂等。如图 3.41 所示。

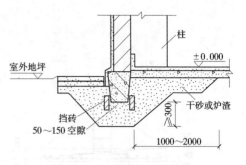

图 3.41　基础梁的防冻措施

3.2.4　吊车梁、连系梁和圈梁

1. 吊车梁

当工业厂房设有桥式吊车或支承式梁式吊车时，需沿厂房纵向在柱子的牛腿上设置吊车梁，并在吊车梁上铺设轨道供吊车行驶。吊车梁直接承受吊车传来的竖向荷载和水平制动力，同时也传递纵向荷载，保证厂房纵向刚度和稳定性。

吊车梁的形式通常有钢筋混凝土吊车梁和钢吊车梁。其截面形式主要有等截面的 T 形、工字形 [图 3.42（a）、（b）] 和变截面的鱼腹式、折线式 [图 3.42（c）]。钢筋混凝土吊车梁又有普通钢筋混凝土和预应力混凝土两种，有全国通用标准图集可供选用。

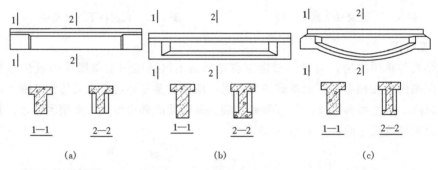

图 3.42　吊车梁的截面形式

吊车梁与柱的连接多采用焊接。为承受吊车的横向水平刹车力，将吊车梁上翼缘的预埋件与柱的预埋件用钢板或角钢焊接。吊车梁底部安装前应焊上一块垫板与柱牛腿顶面预埋钢板焊牢。吊车梁的对头空隙及梁与柱之间的空隙用 C20 混凝土填实，如图 3.43 所示。

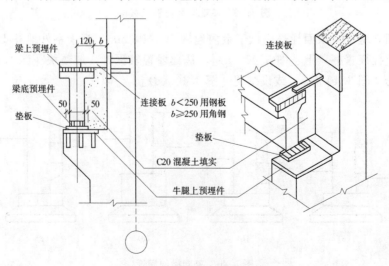

图 3.43　吊车梁与柱的连接

吊车梁与吊车轨道的连接如图 3.44 所示。为防止吊车在行驶中与山墙冲撞，在吊车梁的尽端应设车挡，如图 3.45 所示。

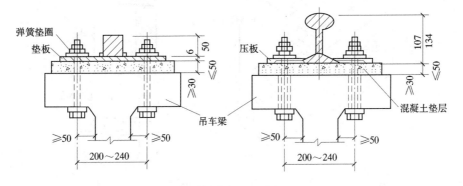

图 3.44 吊车梁与吊车轨道的连接

2. 连系梁

连系梁是厂房纵向柱列的水平连系构件，常设置在窗口上皮，并代替窗过梁。连系梁可增强厂房纵向刚度、传递风荷载到纵向柱列；承受部分墙体重量（当墙高超过 15m）并传给柱子。连系梁常用预制构件，有全国通用标准图集，与柱子用焊接或螺栓连接。截面形式有矩形（用于 240mm 墙）、L 形（用于 370mm 墙），如图 3.46 所示。

3. 圈梁

圈梁的作用是将墙体同厂房排架柱、抗风柱连在一起，以加强厂房的整体刚度和稳定性。圈梁应按照上密下疏的原则在墙体内每 5m 左右设一道，一般位于柱顶、屋架端头顶部和吊

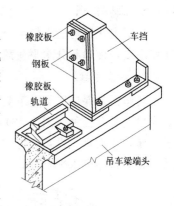

图 3.45 车挡

车梁附近。圈梁施工可现浇也可预制，应与柱子伸出的预埋钢筋连接（图 3.47）。圈梁、连系梁、过梁应统一考虑，调整好位置。

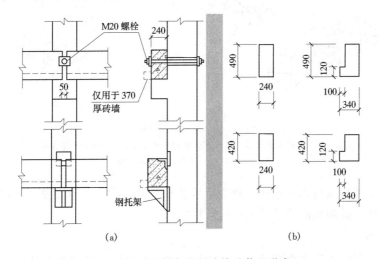

图 3.46 连系梁与柱的连接及截面形式

179

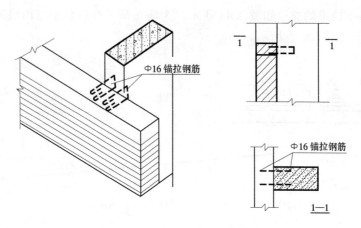

图 3.47 圈梁的连接

3.2.5 支撑系统

单层工业厂房的支撑系统的作用是保证厂房结构和构件的承载力，提高厂房的整体稳定性和刚度，传递部分水平荷载。主要有屋盖支撑和柱间支撑两部分。

1. 屋盖支撑

其作用是保证屋架上下弦间杆件在受力后的稳定性，并能传递山墙受到的风荷载等。屋盖支撑主要有三种（图 3.48）：①水平支撑，包括上、下弦横向水平支撑和上、下弦纵向水平支撑；②垂直支撑，有跨中垂直支撑和端部垂直支撑；③纵向水平系杆，有上弦跨中水平系杆和下弦跨中水平系杆。

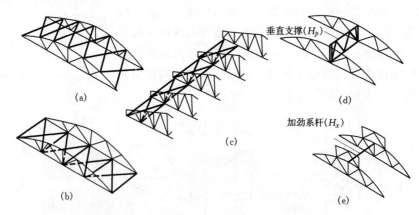

图 3.48 屋盖支撑种类
（a）上弦横向水平支撑；（b）下弦横向水平支撑；（c）纵向水平支撑；
（d）垂直支撑；（e）纵向水平系杆（加劲杆）

纵向水平支撑和纵向水平系杆一般沿厂房总长布置，横向水平支撑和垂直支撑一般布置在厂房端部和伸缩缝两侧的第二（或第一）柱间。

2. 柱间支撑

柱间支撑一般设在厂房变形缝的区段中部，其作用是承受山墙抗风柱传来的水平荷载及经柱间传递吊车产生的纵向刹车力，以加强纵向柱列的刚度和稳定性。柱间支撑一般采用钢材制成。按吊车梁位置分为上部和下部支撑。支撑形式有交叉式和门架式两种，如图 3.49 所示。

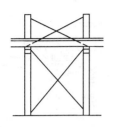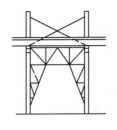

图 3.49　柱间支撑形式

3.3　单层工业厂房的围护及其他构造

3.3.1　外墙

单层厂房的外墙，按承重情况可分为承重墙、承自重墙及骨架墙等。按材料构造可分为砖墙、块材墙、板材墙和轻型板材墙等。

承重墙一般用于中、小型厂房。当厂房跨度小于 15m，吊车吨位不超过 5t 时，可做成条形基础和带壁柱的承重砖墙。承重墙和自承重墙的构造类似于民用建筑。

骨架墙是利用厂房的承重结构作骨架，墙体仅起围护作用。与砖结构的承重墙相比，减少结构面积，便于建筑施工和设备安装，适应高大及有振动的厂房条件，易于实现建筑工业化，适应厂房的改建、扩建等，当前被广泛采用。依据使用要求、材料和施工条件，骨架墙有块材墙、板材墙和开敞式外墙等。

3.3.1.1　块材墙

（1）块材墙的位置。块材墙厂房围护墙与柱的平面关系有两种：一种是外墙位于柱子之间，能节约用地，提高柱列的刚度，但构造复杂，热工性能差；第二种是设在柱的外侧，具有构造简单、施工方便、热工性能好、便于统一等特点，应用普遍。

（2）块材墙的相关构件及连接。块材围护墙一般不设基础，下部墙身支承在基础梁上，上部墙身通过连系梁经牛腿将重量传给柱再传至基础，为了保证墙体有足够的稳定性与刚度，在构造上应使墙体与柱子、山墙与抗风柱、墙与屋架（或屋面梁）之间有可靠的连接。

1）墙与柱子的连接。由柱子沿高度每隔 $500\sim600$mm 伸出 $2\phi6$ 钢筋砌入墙缝内，使块材墙在水平方向与柱子拉结，如图 3.50 所示。

2）墙与屋架（或屋面梁）的连接。在屋架的上弦、下弦或屋面梁上预埋钢筋拉结墙体；或在腹杆预埋钢板上焊接钢筋与墙体拉结，如图 3.51 所示。

3）山墙与抗风柱、端柱、屋面板的连接。山墙与抗风柱、端柱连接构造同 1），除此之外，在非地震区，一般还应在山墙上部沿屋面设置 $2\phi8$ 钢筋于墙中，并在屋面板的板缝中嵌入 $1\phi12$，长为 1000mm 的钢筋与山墙中钢筋拉结，如图 3.52 所示。

4）纵向女儿墙与屋面板的连接。一般在屋面板横向缝内放置 $1\phi12$ 钢筋钩，与在屋面板缝内及纵向外墙内各放置的 $1\phi12$（长 1000mm）的钢筋连接，形成工字形的拉结钢筋，并用 C20 细石混凝土填实板缝，如图 3.53 所示。

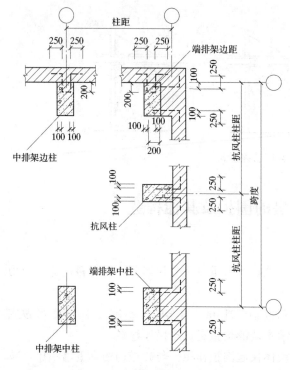

图 3.50 墙与柱子的连接构造

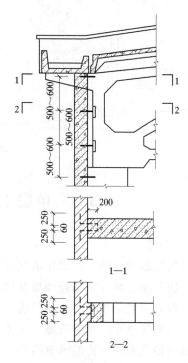

图 3.51 墙与屋架的连接构造

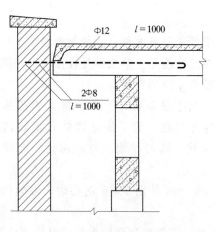

图 3.52 山墙与屋面板的
连接构造

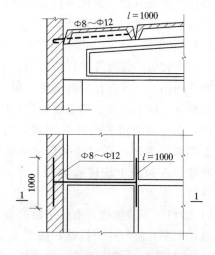

图 3.53 纵向女儿墙与屋面板的
连接构造

3.3.1.2 板材墙

板材墙是采用工厂生产的大型墙板现场装配而成。能充分利用工业废料，节省耕地，提高墙体的抗震性能，减轻劳动强度，加快施工速度，可促进建筑工业化。目前适宜用的板材有钢筋混凝土板材和波形板材。

1. 钢筋混凝土板材墙

(1) 墙板的规格。钢筋混凝土墙板的长度和高度采用扩大模数 3M 数列。板长有 4500mm、6000mm、7500mm、12000mm 等，可适用于常用的 6m 或 12m 柱距以及 3m 整数的跨距。板的高度有 900mm、1200mm、1500mm、1800mm 等。常用的板厚度为 160～240mm，以 20mm 为模数进级。

(2) 墙板的类型。可根据不同的需要从不同的角度分类。按规格尺寸分有基本板、异形板、补充构件等；按板材所在的墙面位置分有檐口板、窗下板、女儿墙板等；按保温性能分有保温板和非保温板等；这里主要介绍按材料和构造方式分，墙板分单一材料墙板和复合墙板。单一材料墙板常见的有钢筋混凝土槽形板、空心板和配筋轻混凝土墙板。复合墙板是指采用承重骨架、外壳及各种轻质夹芯材料所组成的墙板。常用的夹芯材料为膨胀珍珠岩、蛭石、陶粒、泡沫塑料等配制的各种轻混凝土或预制板材。常用的外壳有钢筋混凝土重型外壳和石棉水泥板、塑料板、薄钢板等轻型外壳。

(3) 墙板布置。这可分横向布置、竖向布置和混合布置（图 3.54）。其中横向布板以柱距为板长，可省去窗过梁和连系梁，板型少，利于加强厂房刚度，接缝处理较容易，故用得最多。混合布置虽增加板型，但立面处理灵活，应用也较多。竖向布置因板长受侧窗高度的限制，板型和构件较多，故应用较少。

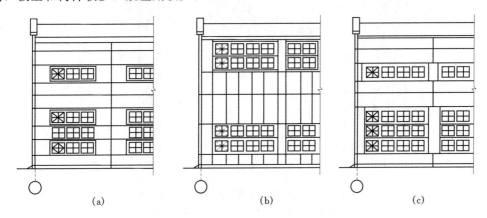

图 3.54 板材墙板的布置形式
(a) 横向布置；(b) 竖向布置；(c) 混合布置

(4) 墙板和柱的连接。一般分柔性连接和刚性连接。

柔性连接是墙板和柱之间通过预埋件和连接件将两者拉结在一起。其特点是墙板与骨架以及墙板之间在一定范围内可相对位移，能较好地适应各种振动引起的变形。连接方式主要有：①螺栓挂钩柔性连接，是在垂直方向每隔 3～4 块板在柱上设钢托支承墙板荷载，在水平方向用螺栓挂钩将墙板拉结固定在一起，如图 3.55 (a) 所示。②压条柔性连接，是用预埋或焊在柱上的螺栓、压条及螺母将两块墙板压紧固定在柱上，如图 3.55 (b) 所示。

刚性连接就是通过墙板和柱的预埋铁件用型钢焊接固定在一起（图 3.56）。特点是用钢少，厂房的纵向刚度大，但构件不能相对位移，在基础出现不均匀沉降或有较大振动荷载时，墙板易产生裂缝等现象。

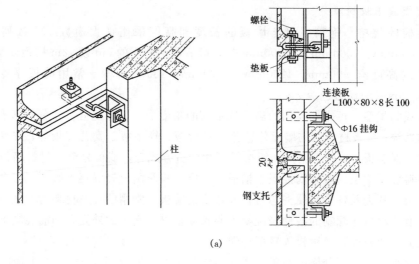

(a)

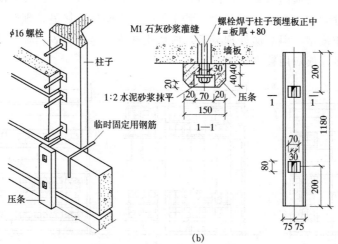

(b)

图 3.55 板材墙和柱的柔性连接（单位：mm）

(a) 螺栓挂钩柔性连接；(b) 压条柔性连接

2. 波形板材墙

按材料分有压型薄钢板、石棉水泥波形板、塑料玻璃钢波形板等，主要用于无保温要求的厂房和仓库等建筑。它们的连接构造基本类同，现以压型钢板为例简要说明，压型钢板是用自攻螺丝固定在骨架上的墙梁上，型钢墙梁既可通过预埋件焊接也可用螺栓连接在柱子上，连接构造如图 3.57 所示。

3. 复合材料钢板（复合保温压型钢板）墙体

（1）组合板墙体。它是以檩条及墙梁或专业固定支架作为支撑及固定骨架，骨架外侧设单层压型钢板，骨架内侧设装饰板，内外板之

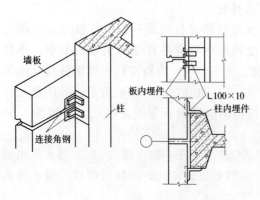

图 3.56 板材墙和柱的刚性连接

间设保温及隔热层（图 3.58）。为防止产生冷桥，保温层应固定于外板与檩条、墙梁之间；在相对潮湿的环境中，保温层靠室内一侧宜增设隔气层，可用铝箔、聚丙烯膜等制作。

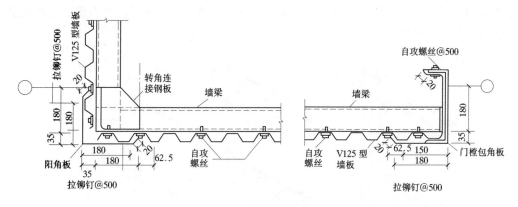

图 3.57 压型钢板连接构造

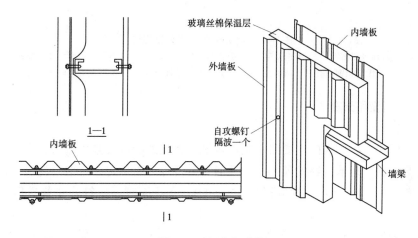

图 3.58 组合板墙体

（2）夹芯板墙体（图 3.59）。夹芯板是将彩色涂层钢板面板及底板与保温芯材通过黏结剂（或发泡）复合而成的保温复合围护板材。分为硬质聚氨酯夹芯板、聚苯乙烯夹芯板、岩棉夹芯板。有骨架的轻型钢结构房屋采用紧固件或连接将夹芯板固定在檩条或墙梁上，无骨架的小型房屋可通过连接件将夹芯板组合成型，成为板自承重的盒子式组合房屋。

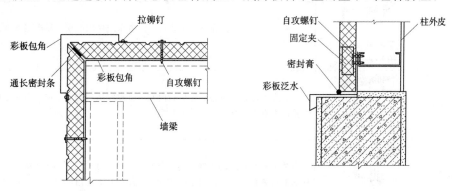

图 3.59 夹芯板墙体

185

3.3.1.3　开敞式外墙

南方炎热地区的热加工车间（如炼钢等）和某些化工车间常采用开敞或半开敞式外墙，便于通风和防雨，其外墙构造主要是挡雨板的构造（图 3.60），常用的有石棉水泥波瓦挡雨板和钢筋混凝土挡雨板。

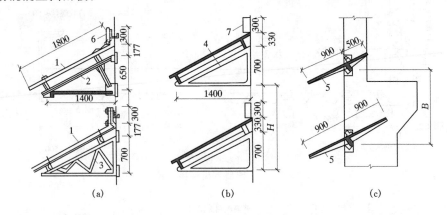

图 3.60　开敞式外墙挡雨板构造

1—石棉水泥波瓦；2—型钢支架；3—圆钢筋轻型支架；4—轻型混凝土挡雨板及支架；
5—无支架钢筋混凝土挡雨板；6—石棉水泥波瓦防溅板；7—钢筋混凝土防溅板

3.3.2　大门、侧窗和天窗

3.3.2.1　大门

（1）大门尺寸。厂房大门主要用于生产运输、人流通行以及紧急疏散。大门的尺寸应根据运输工具的类型、运输货物的外型尺寸及通行方便等因素确定。一般门的尺寸比装满货物的车辆宽出 600～1000mm，高度应高出 400～600mm，同时还应符合建筑模数协调标准的规定。

（2）大门类型。①按用途分一般大门、特殊大门，特殊大门有保温门、防火门、冷藏库门、射线防护门、烘干室门、隔声门等。②按使用材料分木大门、钢木大门、钢板门、塑钢门等。③按开启方式分平开门、推拉门、折叠门、卷帘门、上翻门、升降门等，见表 3.2。

表 3.2　　　　　　　　　　　常见门的类型及构造特点

序号	名　称	形　式	特点及适用范围
1	平开门		构造简单，开启方便；便于疏散，节省车间使用面积；易产生下垂或扭曲变形；通常向外开启
2	推拉门		门的开关是通过滑轮沿着导轨向左右推拉实现；构造简单，不易变形，密闭性差；不宜用于密闭要求高的车间
3	折叠门		由几个较窄的门扇通过铰链组合而成，开启时通过门扇上下滑轮沿导轨左右移动并折叠在一起，占用空间较少；适用于较大的门洞口

序号	名 称	形 式	特 点 及 适 用 范 围
4	卷帘门		门扇是由许多冲压成型的金属叶片连接而成，开启时通过门洞上部的转动轴将叶片卷起；密闭性好，但制作复杂，造价高；手动、电动均可；适用于非频繁开启的高大门洞
5	上翻门		开启时门扇随水平轴沿导轨上翻至门顶过梁下面，不占使用空间，可避免门扇的碰损，多用于车库大门
6	升降门		开启时门扇沿导轨向上升，所以门洞上部留有足够的上升高度；不占使用空间，宜采用电动；适用于较高大的大型厂房

（3）大门构造特点。①厂房的门框一般由钢筋混凝土制成，门扇通常大于门框；②厂房大门是供货物出入的，大门上附有小门供行人出入；③门扇与门框的连接不用合页，而用特制的铰链；④一组门框与门扇一般由骨架和面板组成，很少有单一材料的门。

3.3.2.2 侧窗

单层厂房的侧窗除了有采光、通风作用外，还会有工艺上的特殊要求，如泄压、保温、隔热、防尘等。侧窗应坚固耐久、开关方便。

1. 侧窗类型

（1）按材料可分为钢窗、木窗、铝合金窗及塑钢窗等。

钢侧窗（主要是实腹钢窗）具有坚固耐久、防火、关闭紧密、透光率高等优点，采用较多。

（2）按侧窗的开关方式可分为中悬窗、平开窗、垂直旋转窗、固定窗和百叶窗等。

中悬窗：窗扇沿水平轴转动，开启角度可达 80°，可用自重保持平衡，便于开关，有利于泄压，调整转轴位置，使转轴位于窗扇重心以上，当室内空气达到一定的压力时，能自动开启泄压，常用于外墙上部。其构造复杂，开关扇周边的缝隙易漏雨，并不利于保温。

平开窗：构造简单，开关方便，通风效果好，并便于组成双层窗。多用于外墙下部，作为通风的进气口。

垂直旋转窗：窗扇沿垂直轴转动，并可根据不同的风向调节开启角度，通风效果好，多用于热加工车间的外墙下部，作为进风口。

固定窗：构造简单、节省材料，多设在外墙中部，主要用于采光。对有防尘要求的车间，其侧窗也多做成固定窗。

百叶窗：主要用于通风，兼顾遮阳、防雨、遮挡视线等。有固定式和活动式两种，常用固定式，叶片通常为 45°和 60°角。在百叶后设钢丝网或窗纱，防鸟虫进入。

在选择厂房外墙的侧窗时，可根据厂房特点将悬窗、平开窗或固定窗等组合在一起使用，如图 3.61 所示。

2. 侧窗构造特点

（1）一般采用单层窗，但在寒冷地区或有特殊要求的车间（恒温、洁净车间等），可考

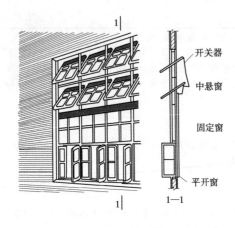

图 3.61 组合侧窗构造

虑双层窗。

（2）侧窗的布置可以是被窗间墙隔开的独立窗或沿厂房纵向连续布置的带形窗。侧窗的洞口尺寸应为 300mm 的扩大模数。

（3）侧窗的面积大，一般以吊车梁为界，其上叫高侧窗，其下叫低侧窗。

（4）大面积的侧窗多采用组合式，由基本窗扇、基本窗框、组合窗三部分组成。宽度方向组合时，两个基本窗扇之间加竖挺。高度方向组合时，两个基本窗之间加横挡。横档与竖挺均需与四周墙体连接。当窗洞高度大于 4.8m 时，为保证窗有一定的刚度，应增设钢筋混凝土横梁或钢横梁。

（5）侧窗除接近工作面的部分采用平开式外，其余均采用中悬式。

3.3.2.3 天窗

在单层工业厂房中，由于厂房的跨度太大或是多跨时，侧窗不能满足天然采光和通风的要求，此时在厂房的屋顶上设置各种形式的窗，即天窗。

按用途分有采光天窗、通风天窗、采光通风天窗；按其在屋面的位置分有上凸式天窗、下沉式天窗、平天窗；按方向有横向天窗、纵向天窗；按断面形式有矩形天窗、M 形天窗、三角形天窗、锯齿形天窗。如图 3.62 所示。

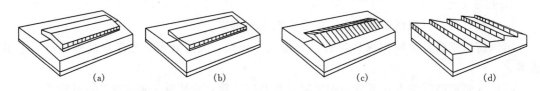

图 3.62 各种天窗示意图
（a）矩形天窗；（b）M 形天窗；（c）三角形天窗；（d）锯齿形天窗

1. 上凸式矩形天窗（简称矩形天窗）

沿厂房的纵向布置，为简化构造和检修的需要，在厂房两端及变形缝两侧的第一个柱间一般不设天窗，每段天窗的端部设上天窗屋顶的检修梯。天窗的两侧根据通风要求可设挡风板。矩形天窗主要由天窗架、天窗扇、天窗檐口、天窗侧板及天窗端壁板等组成，如图 3.63 所示。

（1）天窗架。它是天窗的承重构件，它直接支承在屋架上弦节点上，其材料一般与屋架

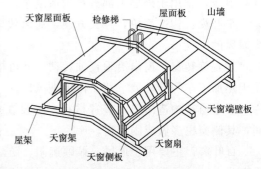

图 3.63 矩形天窗构造组成

一致。常用的有钢筋混凝土天窗架和钢天窗架两种形式（图 3.64）。钢天窗架重量轻，制作及吊装均方便，除用于钢屋架上外，也可用于钢筋混凝土屋架上。

（2）天窗扇。常用钢天窗扇。其具有耐久、耐高温、重量轻、挡光少、使用过程中不变

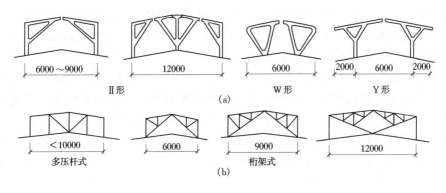

图 3.64　天窗架形式示例

（a）钢筋混凝土天窗架；（b）钢天窗架

形、关闭紧密等优点。有两种：

1）上悬钢天窗扇。防飘雨较好，但通风较差。最大开启角只有 45°。定型上悬钢天窗扇的高度有三种：900mm、1200mm、1500mm。根据需要可以组合成不同高度的天窗。上悬钢天窗扇主要由开启扇和固定扇等基本单元组成，可以布置成通长窗扇和分段窗扇。

2）中悬钢天窗扇 。通风性能好，但防水较差。因受天窗架的阻挡和受转轴位置的影响，只能按柱距分段设置。定型的中悬钢天窗的高有 1200mm、1500mm 设单排，1800mm、2400mm、3000mm 设两排，3600mm 设三排窗。每个窗扇间设槽钢竖框，窗扇转轴固定在竖框上。变形缝处的窗扇为固定扇。

（3）天窗檐口。天窗屋顶的构造与厂房屋顶的构造相同，天窗檐口多采用无组织排水的带挑檐屋顶板，出挑长度为 300～500mm，如图 3.65 所示。

（4）天窗侧板。在天窗扇下部设置天窗侧板（图 3.65），目的是防止雨水溅入车间，防止积雪遮挡天窗扇。侧板的高度主要依据气候条件确定，一般高出屋顶不小于 300mm。但也不宜太高，过高会增加天窗架的高度。

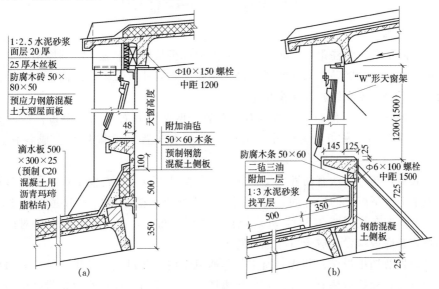

图 3.65　天窗侧板及檐口构造

189

侧板的形式应与厂房屋顶结构相适应,当屋顶为无檩体系时,天窗侧板多采用与大型屋顶板相同长度的钢筋混凝土槽形板。有檩体系的屋顶常采用石棉水泥波形瓦等轻质小板作天窗侧板。侧板与屋顶板交接处应做好泛水处理。

　　(5)天窗端壁板。天窗端壁板常用钢筋混凝土端壁板和石棉瓦端壁板两种(图 3.66)。钢筋混凝土端壁板预制成肋形板,取代天窗架支承屋顶板,并起围护作用。根据天窗的宽度,可由两至三块板拼接而成。天窗端壁板焊接固定在屋架上弦的一侧,屋架上弦的另一侧铺放与天窗相邻的屋顶板。端壁板与屋面板的交接处应做好泛水处理,端壁板内侧可根据需要设置保温层。石棉瓦天窗端壁采用天窗架承重,由轻型波形瓦作围护结构。其结构构件琐碎,施工复杂,主要用于钢天窗架上。

　　(6)天窗屋面。天窗屋面与厂房屋面相同,檐口部分采用无组织排水,把雨水直接排在厂房屋面上。

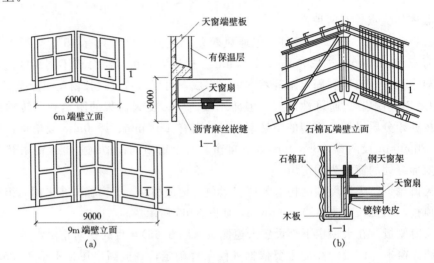

图 3.66　天窗端壁构造
(a)钢筋混凝土端壁;(b)石棉水泥瓦端壁

2. 下沉式天窗

　　下沉式天窗是在一个柱距内,将一定宽度的屋顶板从屋架上弦下沉到屋架的下弦上,利用上下屋顶板之间的高度差作采光和通风口。主要形式有井式天窗、纵向下沉式天窗和横向下沉式天窗。下面主要介绍井式天窗构造。

　　(1)布置形式。有一侧布置、两侧对称布置、两侧错开布置和跨中布置等。前三种可称为边井式天窗,后一种可称为中井式天窗。由基本布置又可排列组合成各种连跨布置形式。

　　(2)井底板。布置方法有两种:①横向布置(图 3.67),井底板平行于屋架布置,为了充分利用屋架上、下弦之间的空间,可采用下卧式檩条、槽形檩条或 L 形檩条来增大垂直口的净高;②纵向布置(图 3.68),井底板垂直于屋架布置,由于屋架的腹杆对搁置标准屋面板有影响,井底板应设计成卡口板或出肋板。

　　(3)井口板及挡雨设施。井式天窗主要起通风作用,井口应作挡雨设施。井口板是挡雨设施的组成部分,构造做法有三种:井口作挑檐、井口设挡雨片和垂直口设挡雨板。

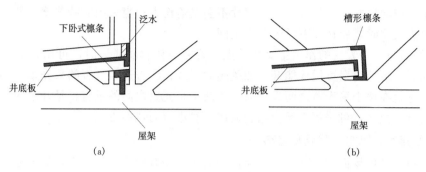

图 3.67 横向铺井底板

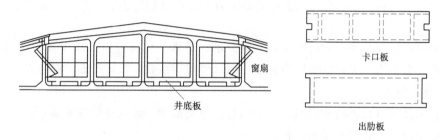

图 3.68 纵向铺井底板

（4）窗扇设置。有采暖要求的厂房，需在井口处设窗扇。窗扇的布置有：①垂直口设窗扇，纵向垂直口为矩形，可选用上悬式或中悬式窗扇，横向垂直口因屋架腹杆的阻挡，只能选用上悬式窗扇；②水平口设窗扇，比较方便，但密闭性不如垂直口设窗扇。

（5）排水设施。井式天窗的排水处理较复杂。排水方式主要有边井外排水、连跨内排水等。

3. 平天窗

（1）平天窗类型。平天窗的类型有采光罩、采光板、采光带等三种。其共同特点是：采光效率比矩形天窗高 2～3 倍，布置灵活，采光也较均匀，构造简单，施工方便，但造价高，易积尘。适用于一般冷加工车间。

（2）平天窗的构造（图 3.69）。

1）井壁。平天窗采光口的边框称为井壁。它的材料主要采用钢筋混凝土，有整浇井壁和预制井壁两种。

2）玻璃搭接构造。平天窗的透光材料主要采用玻璃，当平天窗采用两块或两块以上玻璃时，玻璃之间必须搭接。其方法有卡钩不封口搭接、水泥砂浆封口搭接、塑料管封口搭接和油膏或油灰封口搭接等 4 种。搭接长度应不小于 100mm。

图 3.69 采光平天窗

平天窗玻璃沿厂房纵向为两块或两块以上时，应设横档。横档起支承和固定玻璃的作用，用钢或钢筋混凝土制作。

3）透光材料及安全措施。透光材料可采用玻璃、有机玻璃和玻璃钢等。如采用压花夹丝玻璃、钢化玻璃较好，因其破碎后，碎片不会坠落伤人；当采用磨砂玻璃、乳白玻璃、压花玻璃、吸热玻璃时，应在其下设金属安全网。

4）通风措施。平天窗的作用主要是采光，若需兼作自然通风时，可用以下方式：①采光板或采光罩的玻璃窗扇可做成能开启和关闭的形式；②带通风百页的采光罩；③组合式通风采光罩，它是在两个采光罩之间设挡风板，两个采光罩之间的垂直口是开敞的，并设有挡雨板；④南方炎热区，可采用平天窗结合通风屋脊进行通风的方式。

3.3.3 屋面排水、防水、保温及隔热

单层工业厂房的屋面宽，面积大，屋面板大多采用装配式，接缝多，另外还直接受厂房内部的振动、高温、腐蚀性气体、积灰等因素的影响，因此屋面的排水、防水成为工业厂房屋面构造的主要问题。有特殊要求的厂房还要处理好屋面的保温、隔热、防爆、泄压及防腐蚀等问题。

一般来说，屋面的排水和防水是相互补充的。排水组织得好，会减少渗漏，利于防水；而高质量的屋面防水，也有益于屋面排水。因此要防排结合，统筹考虑，综合处理。

3.3.3.1 屋面排水

屋面排水坡度可根据防水材料、屋盖构造、屋架型式、地区降雨量等确定。屋面排水方式分为无组织排水、有组织排水两种。

（1）无组织排水（图 3.70）。是使雨水顺屋坡流向屋檐，然后自由泻落到地面，也称自由落水。无组织排水屋面的檐口须设挑檐。挑檐长度一般不宜小于 500mm；辅助厂房或天窗的挑檐长度可减小到 300mm。其特点是在屋面上不设天沟，厂房内部也不需设置雨水管及地下雨水管网，构造简单、施工方便、造价经济。适用于降雨量不大地区，檐高较低的单跨或多跨厂房的边跨屋面，以及工艺上有特殊要求的厂房。

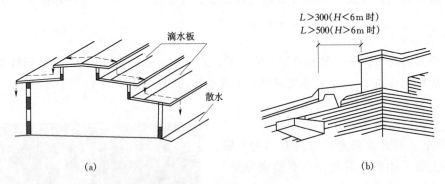

图 3.70　无组织排水
(a) 无组织排水；(b) 大型屋面板挑檐

（2）有组织排水。是通过屋面上的天沟、雨水斗、雨水管等有组织地将雨水疏导到散水坡、雨水明沟或雨水管网。厂房屋面的有组织排水方式见表 3.3。

3.3.3.2 屋面防水

按防水材料和构造分为卷材防水屋面、波形瓦屋面及钢筋混凝土构件自防水屋面。

1. 卷材防水

防水卷材主要有油毡、合成高分子材料、合成橡胶卷材等。

表 3.3	厂房屋面的有组织排水方式	
排 水 方 式	特 点	适 用 范 围
内排水（图 3.71）	将屋面汇集的雨水引向中间跨天沟和边墙天沟处，再经雨水斗引入厂房内的雨水竖管及地下雨水管网。其优点是屋面排水组织比较灵活，在严寒多雪地区还可防止屋檐和外部雨水管的破坏。但其构造较为复杂，造价较高，材料消耗量大，在室内还须设雨水地沟，有时还会妨碍工艺设备的布置	多用于多跨厂房
内落外排水（图 3.72）	在多跨厂房内用水平悬吊管将雨水斗连通到外墙的雨水竖管处，经竖管将雨水排入地下雨水管网或明沟内。该方式可避免在厂房内部敷设雨水地沟，利于工艺设备布置。但水平管总的坡降会占据厂房的有效空间	多用于多跨厂房
檐沟外排水（图 3.73）	即在檐口处设置檐沟板用来汇集雨水，并安装雨水斗连接雨水竖管。此方式可弥补内落水的缺点，又可免去自由落水的局限性，具有构造简单、施工方便的优点	在南方地区采用较多
长天沟外排水（图 3.74）	是沿厂房纵向做贯通的天沟汇集雨水，并将雨水引至山墙外部的雨水竖管排出。该方式构造简单、施工方便、排水简捷。但由于坡降的原因，天沟的长度受到限制，一般不宜超过 100m。应在长天沟板端部做溢流口，以防暴雨时因竖向雨水管来不及泄水而发生天沟漫水现象	适用于厂房天沟长度不大时

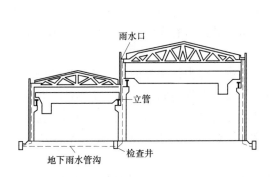

图 3.71 内排水

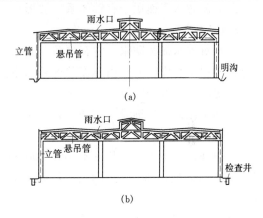

图 3.72 内落外排水

（a）地上出水；（b）地下出水

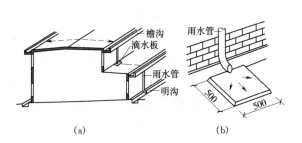

图 3.73 檐沟外排水

（a）檐沟外排水；（b）低跨屋面滴水板

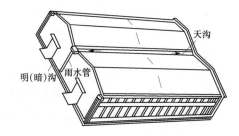

图 3.74 长天沟外排水

卷材防水屋面的防水构造做法类同于民用建筑。与民用建筑不同的是：厂房屋顶面积大，荷载大，振动大，基层变形可能大，易引起防水层拉裂破坏。应增强屋顶基层的刚度和整体性，减小基层的变形；同时改进卷材在易出现裂缝的横缝处的构造，适应基层的变形。

如在大型屋顶板或保温层上做找平层时，应先在构件接缝处留分隔缝，缝中用油膏填充，其上铺 300mm 宽的油毡作缓冲层，然后再铺设卷材防水层，如图 3.75 所示。

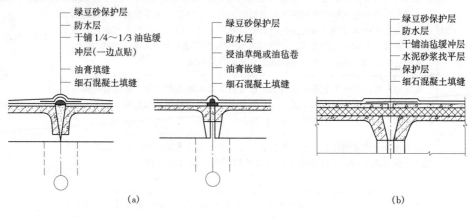

图 3.75 卷材防水屋面

2. 波形瓦防水

波形瓦防水屋面属于有檩体系，波形瓦类型主要有石棉水泥瓦、镀锌铁皮瓦、压型钢板瓦及玻璃钢瓦等。

（1）石棉水泥瓦防水。它瓦厚薄，重量轻，施工简便，但易脆裂，耐久性及保温隔热性能差，多用于仓库和对室内温度状况要求不高的厂房。其规格有大波瓦、中波瓦和小波瓦三种。厂房屋顶多采用大波瓦。

石棉水泥瓦直接铺设在檩条上，檩条材质有木、钢、轻钢、钢筋混凝土等，檩条间距应与石棉瓦的规格相适应。一般一块瓦跨三根檩条，铺设时在横向间搭接为一个半波，且应顺主导风向铺设。上下搭接长度不小于 200mm。檐口处的出挑长度不宜大于 300mm。为避免四块瓦在搭接处出现瓦角重叠、瓦面翘起的现象，应将斜对的瓦角割掉或采用错位排瓦方法。

（2）镀锌铁皮瓦防水。屋顶有良好的抗震和防水性能，在抗震区使用优于大型屋顶板，可用于高温厂房的屋顶。镀锌铁皮瓦的连接构造同石棉水泥瓦屋顶。

（3）压型钢板瓦防水。是用 0.6～1.6mm 厚的镀锌钢板或冷轧钢板经辊压或冷弯成各种不同形状的多菱形板材。表面一般带有彩色涂层，分单层板、多层复合板、金属夹芯板等。钢板可预压成型，但其长度受运输条件限制不宜过长；亦可制成薄钢板卷，运到施工现场，再用简易压型机压成所需形状。因此，钢板可做成整块无纵向接缝的屋面，接缝少，防水性能好，屋面也可采用较平缓的坡度（约 2%～5%）。钢板瓦重量轻、防腐、防锈、美观、适应性强、施工速度快。但耗用钢材多，造价高，目前我国应用较少。

3. 构件自防水

是利用屋面板本身的密实性和平整度（或者再加涂防水涂料）、大坡度，再配合油膏嵌缝及油毡贴缝或者靠板与板相互搭接来盖缝等措施，以达到防水目的。其施工程序简单，省材料，造价低。但不宜用于振动较大的厂房，多用于南方地区。

按照板缝的构造方式可分为嵌缝式和搭盖式两种基本类型。

（1）嵌缝式。将大型屋面板上部的找平层、防水层取消，直接在大型屋面板的板缝中嵌灌防水油膏［图 3.76 (a)］。为改进防水性能，在其上面再粘贴卷材防水层（一布二油或二毡三油），就构成了贴缝式防水［图 3.76 (b)］。

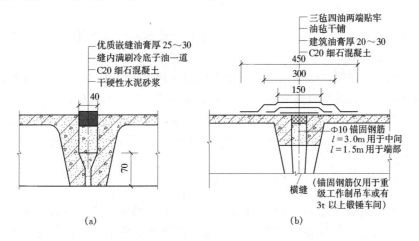

图 3.76　嵌缝式、贴缝式防水构造

(a) 嵌缝式；(b) 贴缝式

(2) 搭盖式。采用 F 形大型屋顶板作防水构件，板纵缝上下搭接，横缝和脊缝用盖瓦覆盖（图 3.77）。这种构造简便，施工速度快。但板型复杂，盖瓦在振动影响下易滑脱，造成屋顶渗漏。

3.3.3.3　屋面保温、隔热

厂房屋面保温、隔热，与民用房屋做法类似，但也有要注意的地方。

(1) 保温。一般保温只在采暖厂房和空调厂房中设置。保温层大多数设在屋面板上，如民用房屋中平屋顶所述。也有设在屋面板下的情况，还可采用带保温层的夹心板材。

(2) 隔热。除有空调的厂房外，一般只

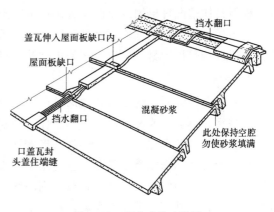

图 3.77　搭盖式防水构造

在炎热地区较低矮的厂房才作隔热处理。如厂房屋面高度大于 9m，可不隔热，主要靠通风解决屋面散热问题；如厂房屋面高度不大于 9m，但大于 6m，且高度大于跨度的 1/2 时不需隔热；若高度不大于跨度的 1/2 时可隔热；如厂房屋面高度不大于 6m，则需隔热。厂房屋面隔热原理与构造做法均同民用房屋。

3.3.4　地面构造

工业建筑地面与民用建筑地面构造基本相同。一般由面层、垫层和地基组成。为了满足一些特殊要求还要增设结合层、找平层、防水层、保温层、隔声层等功能层次。现将主要层次分述于下：

(1) 面层选择。面层是直接承受各种物理和化学作用的表面层，应根据生产特征、使用要求和影响地面的各种因素来选择地面。

（2）垫层的设置与选择。垫层是承受并传递地面荷载至地基的构造层次，可分为刚性和柔性两类。一般厂房内混凝土垫层按 3～6m 的距离设置分仓缝，分仓缝有平头缝、企口缝、假缝等。

（3）地基。地面应铺设在均匀密实的基土上，对地基进行适当处理，使地基与垫层有恰当的关系是十分重要的。

（4）细部构造。包括：①变形缝，位置应与建筑物的变形缝一致，同时在地面荷载差异较大和受局部冲击荷载的部分亦应设变形缝；②交界缝，两种不同材料的地面交接处应设交界缝，并根据不同情况采取措施；③地沟，在厂房地面范围内常设有排水沟和通行各种管线的地沟；④坡道，厂房出入口，为便利各种车辆通行，在门外侧须设坡道。

3.3.5　其他构造

1. 金属梯

在厂房中由于使用的需要，常设置各种钢梯，主要有作业平台梯（供工人上下操作平台或跨越生产设备的交通联系构件）、吊车梯（吊车司机上下吊车用）和消防检修梯等。消防检修梯多设置在山墙上，也可设置在纵墙上，它的形式有直梯，也有斜梯。

2. 走道板

走道板又称安全走道板，是为维修吊车轨道及检修吊车而设。走道板均沿吊车梁顶面铺设。根据具体情况可单侧或双侧布置走道板。走道板的宽度不宜小于 500mm。

走道板一般由支架（若利用外侧墙作为支承时，可设支架）、走道板及栏杆三部分组成。支架及栏杆均采用钢材，走道板多采用钢筋混凝土板。

3. 隔断

（1）金属网隔断。这是由金属网及框架组成，金属网可用钢板网或镀锌铁丝网，框架可用普通型钢、钢管柱或冷弯薄壁型钢制作。隔扇之间用螺栓连接或焊接。隔扇与地面的连接可用膨胀螺栓或预埋螺栓。金属网隔断透光好，灵活性大，但用钢量较多。

（2）装配式钢筋混凝土隔断。它适用于有火灾危险或湿度较大的车间，它由钢筋混凝土拼板、立柱及上槛组成，立柱与拼板分别用螺栓与地面连接，上槛卡紧拼板，并用螺栓与立柱固定。拼板上部可装玻璃或金属网用以采光和通风。

（3）混合隔断。常采用 240mm×240mm 砖柱，柱距 3m 左右，中间砌 1m 左右高度的 30mm 厚砖墙，上部装上玻璃木隔断或金属隔断。

本 章 小 结

工业建筑是为工业生产需要而建造的各种不同用途的建筑物和构筑物的总称。工业厂房是用于工业生产的建筑物。单层工业厂房分类：①按用途分为主要生产厂房、辅助生产厂房、动力供应厂房、仓储建筑、运输设备建筑；②按生产状况分为热加工车间、冷加工车间、恒温恒湿车间、洁净车间、其他特种状况的车间；③按层数分为单层工业厂房、多层工业厂房、混合层数厂房。

单层厂房定位轴线是确定厂房主要构件的位置及其标志尺寸的基线，同时也是设备定位、安装及厂房施工放线的依据。厂房长轴方向的定位轴线称为纵向定位轴线，自下而上用

A、B、C、…顺序进行编号；短轴方向的定位轴线称为横向定位轴线，自左至右按 1、2、3、4、…顺序进行编号。厂房柱子纵横向定位轴线在建筑平面上排列所形成的网格称为柱网。柱子纵向定位轴线之间的距离称为跨度，横向定位轴线之间的距离称为柱距。选择柱网尺寸实际上就是选择厂房的跨度和柱距，应满足国家标准、生产工艺、通用性、经济合理等要求。

单层工业厂房主要结构构件有：①基础与基础梁。基础有杯形基础、薄壳基础、板肋基础，一般为独立基础。基础梁的截面多采用倒梯形，其搁置方式依基础埋深不同而不同，注意防冻措施。②柱。承受屋盖、吊车梁、墙体等传来的荷载，并将这些荷载及自重全部传递给基础。有单肢柱和双肢柱两种。③屋盖结构体系。起着承重和围护的作用。结构形式有檩体系和无檩体系。屋盖的承重构件包括屋架（屋面梁）、托架。覆盖构件有屋面板、檩条。④吊车梁、连系梁、圈梁。吊车梁有等截面梁（T形与工字形）、变截面梁（鱼腹式与折线式）。连系梁是厂房纵向柱列的水平连系构件，常设置在窗口上皮，并代替窗过梁。在高度较大或振动较大的单层厂房中应布置圈梁，以加强墙与柱之间的连接，保证墙体的稳定性，并增加厂房的整体刚度。⑤支撑包括屋盖支撑、柱间支撑。

单层工业厂房主要围护构件：①外墙构造按其材料类别可分为砖墙、砌块墙、板材墙等；按其承重型式则可分为承重墙、自承重墙和框架墙等。承重墙的构造与民用建筑类似。自承重墙应注重墙与柱子的连接关系和拉结构造。板柱连接有刚性和柔性两类。板缝处理的首要任务是防水。轻质板材墙有石棉水泥波瓦墙和压型钢板墙两种。开敞式外墙主要用在南方炎热地区的一些热加工车间。②大门的宽度与所用运输工具的尺寸密切相关。大门的常用材料有木、钢木、普通型钢和空腹型钢等，常见开启方式有平开、推拉、折叠、升降、上翻、卷帘等。平开门可采用钢筋混凝土门框或砖砌门框。推拉门有上挂式和下滑式两种。侧窗根据开启方式的不同可分为中悬窗、平开窗、立转窗和固定窗等类型；侧窗材料主要采用钢材和木材。由于单层厂房的侧窗面积较大，因此一个侧窗往往是由几个基本扇拼框组成。矩形天窗的跨度是屋架（或屋面梁）跨度的 1/3～1/2。天窗架的高度是根据所需天窗扇的排数和每排窗扇的高度来确定的。矩形避风天窗是由矩形天窗及其两侧的挡风板组成，为了增大通风量，可以不设窗扇。井式天窗由井底板、井口板、挡风侧墙及挡雨设施组成。井式天窗的井底板既可横向布置，也可纵向布置。平天窗的玻璃与井壁之间常采用油膏粘结。可能产生凝结水时，应设排水沟，将凝结水排至屋面。③屋面排水方式基本上可分为无组织排水和有组织排水两大类。有组织排水又可分为内落水、内落外排水、檐沟外排水、长天沟外排水等。屋面防水有卷材防水、刚性防水、构件自防水和瓦屋面等几种。卷材防水的原理、做法与民用建筑类似，但在大型屋面板的接缝，檐沟、天沟的形成以及高低跨处泛水等细部构造上又有其特点。刚性防水在单层厂房中采用不多。构件自防水又有嵌缝式、搭盖式两种基本类型。常用瓦屋面有波形石棉瓦屋面和压型钢板两种。④地面面层的选择、垫层的设置与选择以及地基都应满足生产的要求。其细部构造有变形缝、交界缝、地沟和坡道等。

单层工业厂房的其他构件：①金属梯根据其作用的不同分为作业平台梯、吊车梯、消防检修梯。②隔断的类型有金属网隔断、装配式钢筋混凝土隔断及混合隔断三种。

厂房内部因工业生产过程输送原料、成品、半成品等需要有起重运输设备，对厂房结构影响最大的是吊车，有悬挂吊车、梁式吊车、桥式吊车等。

复 习 思 考 题

1. 常见的装配式钢筋混凝土横向排架结构单层厂房由哪几个部分组成？各部分由哪些构件组成？它们的主要作用是什么？

2. 基础梁搁置在基础上的方式有哪几种？构造上有什么要求？

3. 厂房的定位轴线的作用什么？什么是横向和纵向定位轴线？两种定位轴线与哪些主要构件有关系？

4. 厂房的中间柱、端部柱以及横向变形缝处柱与横向定位轴线关系如何？

5. 单层厂房屋面构件自防水有什么特点？有哪些类型？板缝如何处理？

6. 简述单层工业厂房侧窗的种类及构造特点。

7. 厂房大门按门扇开启方式有哪几种？各适用于什么情况？

8. 矩形天窗扇有哪几种？有何构造区别？

9. 厂房地面有什么特点和要求？地面由哪些构造层次组成？它们有什么作用？

实 训 练 习 题

参观某单层工业建筑厂房，要求：①说出该厂房的结构类型、结构组成、柱网布置情况、起重运输设备等；②说出该厂房的主要承重构件的名称、所用材料、作用、类型、布置位置、构造特点等，并画出 2～3 个构件的构造示意图；③说出该厂房的主要围护构件名称、所用材料、作用、类型、布置位置、构造特点等，并画出 2～3 个构件的构造示意图；④说出该厂房的防震、防火结构措施。

第4章 建筑工程施工图识读概述

【知识目标】 了解建筑工程施工图的产生；熟悉定位轴线及编号、标高及符号、坐标、索引符号及详图符号、引出线、连接符号和对称符号、指北针和风向频率玫瑰图等国家标准中的各项规定；掌握建筑工程施工图的分类、编排顺序及一般识读方法和步骤；掌握现行工程建设标准设计图集的分级、编号和使用情况。

【能力目标】 能对建筑工程施工图进行分类和排序；能查用工程建设标准设计图集。

4.1 建筑工程施工图的产生和特点

4.1.1 建筑工程施工图的产生

建筑工程施工图是由设计单位根据设计任务书的要求、有关设计资料、计算数据和建筑艺术等多方面因素设计绘制而成的。

按工程项目的性质、技术复杂程度、规模大小及审批要求，民用建筑工程设计一般划分为方案设计、初步设计、施工图设计三个阶段进行。小型或技术简单的建筑工程，经有关主管部门同意，并且合同中有不做初步设计的约定，可按方案设计审批后直接转入施工图设计的两阶段进行。

1. 方案设计

方案设计的主要任务是根据设计任务书的要求及收集到的必要基础资料，结合当地环境，综合考虑建筑艺术要求和技术经济条件，对建筑总体布置、空间组合等进行可能与合理的安排，提出两个或多个设计方案供建设单位选用。

方案设计文件一般有：①设计说明书（包括各专业设计说明以及投资估算等内容）；②总平面图及建筑设计图纸；③设计委托或设计合同中规定的透视图、鸟瞰图、模型等。

2. 初步设计

初步设计是供主管部门审批而提供的文件，也是施工图设计的主要依据。在已确定的方案设计的基础上，进一步充实完善而成为较理想的方案并绘制成初步设计。

初步设计文件一般包括：①设计说明书（包括设计总说明及各专业设计说明）；②设计图纸（总平面图、平面图、立面图、剖面图、效果图等）；③主要电气设备或材料表（可附在说明书或设计图纸中，也可单独成册）；④工程概算书。

3. 施工图设计

施工图设计应提交施工单位进行施工的设计文件，满足设备材料采购、非标准设备制作和施工的需要，即综合建筑、结构、设备各专业工种，相互交底、核对核实，深入了解材料供应、施工技术、设备等条件，把满足工程施工的各项具体要求反映在图纸中，做到整套图纸明确无误，齐全统一。

施工图设计文件一般有：①合同要求所涉及的所有专业的设计文件（包括建筑、结构、建筑电气、给水排水、采暖通风与空气调节、热能动力等专业设计文件，含图纸目录、施工图设计说明、设计图纸、主要设备表及计算书）以及图纸总封面；②合同要求的工程预算书。

　　整套施工图纸是设计人员的最终成果，是施工单位进行工程施工、编制施工图预算和施工组织设计的依据，也是进行施工技术管理的重要技术文件。因此，建筑工程施工图设计的图纸应详细完整、前后统一、尺寸齐全、正确无误，符合国家建筑制图标准。

4.1.2　建筑工程施工图的特点

　　（1）建筑工程施工图不是示意性或意象性表达，而是施工的依据。施工图中每一根线条均表达明确的含义，且是施工的内容；每一个空间、构件、构造均应在图中明确表达。

　　（2）施工图中的各种图样，除了设备施工图中的各种设备系统图是用斜投影法绘制的之外，其余的图样都是用正投影法绘制的。图线、符号、构件实例等都是按"国家标准"绘制的。

　　（3）施工图一般都是需精确绘图，建筑构件自身和空间关系均按比例绘制，不同图纸内容可采取不同的比例。但由于建筑物的形体庞大而图纸的幅面有限，所以施工图一般是用缩小比例绘制的。

　　（4）由于建筑物是用多种构配件和材料建造的，所以在施工图中，多用各种图例符号来表示这些构配件和材料。在识读图纸时，必须熟悉常用的图例符号。

　　（5）为了节省大量的设计与制图工作，对定型的构配件、标准构造做法等可选用国家和地方现行标准图集。凡采用标准图集设计的内容，图样上用索引符号引出，且只标出标准图集的编号、页数、图号就可以了。

4.2　建筑工程施工图的分类与编排顺序

　　建筑工程施工图简称"施工图"，是表示工程项目总体布局，建筑物的外部形状、内部布置、结构构造、内外装修、材料做法以及设备、施工等要求的图样。具有图纸齐全、表达准确、要求具体的特点。

　　1. 施工图的分类

　　按照专业分工的不同，一套完整的建筑工程施工图一般包括建筑施工图、结构施工图、给水排水施工图、暖通空调施工图及电气施工图等专业图纸，也可将给水排水施工图、暖通空调施工图、电气施工图合在一起统称设备施工图。

　　（1）建筑施工图（简称"建施"）。表达建筑的平面形状、内部布置、外部造型、构造做法、装修做法的图样。主要包括首页图与建筑总平面图、平面图、立面图、剖面图和详图等。

　　（2）结构施工图（简称"结施"）。表达建筑的结构类型、构件布置、大小及详细做法的图样。主要包括结构设计说明、基础平面图及详图、结构平面图、构件与节点详图。

　　（3）设备施工图（简称"设施"，又可分为"水施"、"暖施"、"电施"）。表达建筑设备（包括建筑给水排水、采暖通风与电气照明等设备）安装做法的图样。主要包括平面布置图、系统图及详图等。

　　2. 施工图的编排顺序

　　建筑工程施工图应按专业顺序编排。一般按下列顺序进行编排：首页图（包括图纸目录、施工总说明、汇总表等）与建筑总平面图、建筑施工图、结构施工图、设备施工图（给水排水施工图、暖通空调施工图、电气施工图等）。若是以某专业工种为主体的工程，则应突出该专业的施工图而另外编排。

各专业施工图应按图纸内容的主次和逻辑关系有序排列。例如：总体图在前，局部图在后；布置图在前，构件图在后；主要图在前，次要图在后；基本图在前，详图在后；先施工图在前，后施工图在后等。

4.3　国家标准的有关规定

4.3.1　定位轴线与编号

定位轴线是确定建筑物主要承重构件平面相互位置的基准线。在施工图中，凡是承重的墙、柱子、大梁、屋架等主要承重构件，都要画出定位轴线来确定其位置。对于非承重的隔墙、次要构件等，其位置可用附加定位轴线（分轴线）来确定，也可用注明其与附近定位轴线的有关尺寸的方法来确定。对定位轴线及其编号的规定一般如下：

（1）定位轴线用细单点长画线绘制。

（2）在平面图中，纵向和横向定位轴线构成轴线网，并对定位轴线进行编号，编号应注写在轴线端部的圆内。圆应用细实线绘制，直径为 8~10mm。定位轴线圆的圆心，应在定位轴线的延长线上或延长线的折线上。横向定位轴线编号由左至右用阿拉伯数字 1、2、3、…编写在图样的下方，竖向定位轴线编号应用大写拉丁字母 A、B、C、…从下至上顺序编写在图样的左侧（图 4.1）。

（3）大写拉丁字母中的 I、O、Z 不得用做轴线编号，以免与数字混淆。如字母数量不够使用，可增用双字母或单字母加数字注脚，如 AA、BA、…、YA 或 A_1、B_1、…、Y_1。

（4）组合较复杂的平面图中定位轴线可采用分区编号，编号的注写形式为"分区号-该分区编号"。分区号采用阿拉伯数字或大写拉丁字母表示，如图 4.2 所示。

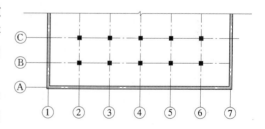

图 4.1　定位轴线的编号顺序

（5）附加定位轴线应以分数形式进行编号，具体规定如下：①两根轴线间的附加轴线，应以分母表示前一根轴线的编号，分子表示附加轴线的编号，编号宜用阿拉伯数字按顺序编写；②A 号或 1 号轴线之前的附加定位轴线的分母应以 0A 或 01 表示，如图 4.3 所示。

（6）一个详图适用于几根轴线时，应同时注明各有关轴线的编号，如图 4.4 所示。

（7）通用详图中的定位轴线，应只画圆，不注写轴线编号。

（8）圆形平面图中定位轴线的编号，其径向轴线宜用阿拉伯数字表示，从左下角开始，按逆时针顺序编写；其圆周轴线宜用大写拉丁字母表示，从外向内顺序编写，如图 4.5 所示。

（9）折线形平面图中定位轴线的编号形式如图 4.6 所示。

4.3.2　标高及标高符号

标高是表示建筑物某一部位相对于基准面（标高的零点）的竖向高度，是竖向定位的依据。

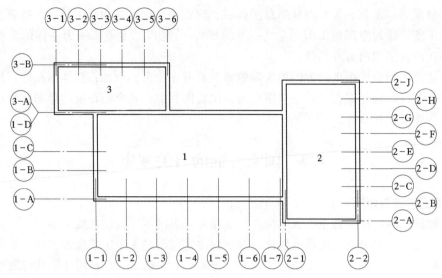

3-1
3-2
3-3
3-4
3-5
3-6
3-B
3
3-A
1-D
1-C
1-B
1-A
1
2
2-J
2-H
2-G
2-F
2-E
2-D
2-C
2-B
2-A
1-1
1-2
1-3
1-4
1-5
1-6
1-7
2-1
2-2

图 4.2　定位轴线的分区编号

1/2
表示 2 号轴线之后附加的第一根轴线
3/0A
表示 A 号轴线之前附加的第三根轴线
3/C
表示 C 号轴线之后附加的第三根轴线
1/01
表示 1 号轴线之前附加的第一根轴线

图 4.3　附加轴线的标注

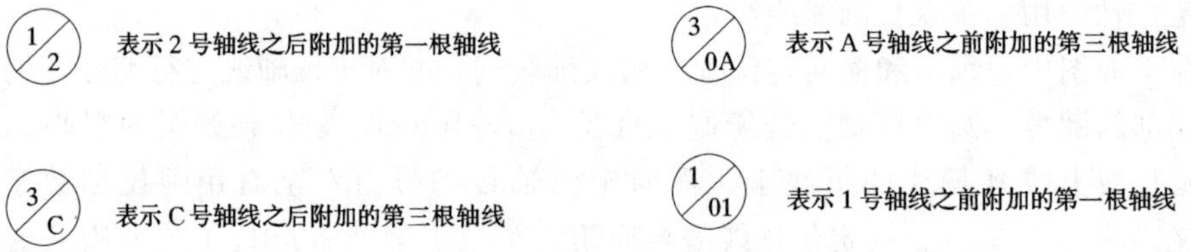

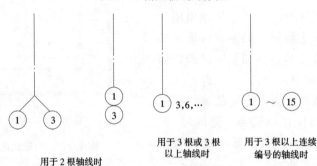

1
3
1
3
1
3,6,…
1
~
15
用于 2 根轴线时
用于 3 根或 3 根以上轴线时
用于 3 根以上连续编号的轴线时

图 4.4　详图的轴线编号

5
4
6
3
B
A
1
2

图 4.5　圆形平面定位轴线的编号

8
7
C
B
A
6
5
1
2
3
4

图 4.6　折线形平面定位轴线的编号

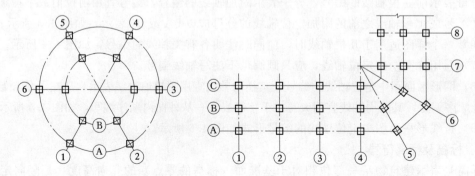

1. 标高的分类

（1）按基准面选取的不同分为绝对标高和相对标高。

1）绝对标高。以我国青岛附近黄海平均海平面为基准的标高。一般用于总平面图中。

2）相对标高。根据工程需要而选择基准面的标高。一般用于除总平面图以外的其他图中。建筑工程施工图中常将底层室内作为基准面（±0.000）。

一般在建筑设计总说明中要说明相对标高与绝对标高的关系。

（2）根据标高在施工图中所注写的位置不同分建筑标高和结构标高。

1）建筑标高。是指建筑结构构件装饰装修完成后的表面标高，一般用于建筑施工图中。

2）结构标高。是指建筑结构构件装饰装修前的表面标高，一般用于结构施工图中。

2. 标高符号

标高符号是用细实线绘制的高度约为3mm的等腰直角三角形。尖端应指至被标注高度的位置，可指向上，也可指向下。

标高数字应注写在标高符号的左侧或右侧，应以米为单位，注写到小数点以后第三位。在总平面图中，可注写到小数点以后第二位。零点标高应注写成±0.000，正数标高不注"＋"，负数标高应注"－"。

总平面图中室外地坪标高符号宜用涂黑的三角形表示。在标准层平面图中，同一位置可表示几个不同标高数字。

标高符号的具体注写方法如图4.7所示。

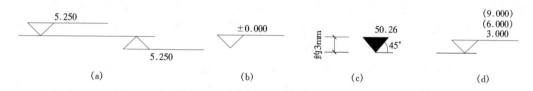

图 4.7　标高符号的注写方法

（a）标高指向；（b）零点标高注写；（c）总平面图室外地坪标高符号；（d）同一位置注写多个标高数字

4.3.3　坐标

坐标分为测量坐标和建筑坐标两种，常用细实线绘制坐标网格。一般用于建筑总平面图中确定复杂地形、成片新建建筑物和构筑物等相对位置关系及图外其他建筑物或参照物的相对位置关系。如图4.8所示。

（1）测量坐标。测量坐标网是以100m×100m或50m×50m为一方格，用与地形图相同比例在地形图上绘制而成的交叉十字线，坐标代号宜用"X、Y"（X为南北方向轴线，X的增量在X轴线上；Y为东西方向轴线，Y的增量在Y轴线上）表示。定位时，根据现场已有的导线点的坐标，用测量仪导测出新建房屋的坐标。

（2）建筑坐标。建筑坐标网应按100m×100m或50m×50m绘制成网格通线，坐标代号宜用"A、B"（A轴相当于X轴，B轴相当于Y轴）表示，绘图比例与地形图相同。定位时一般将建设地区具有明显标志的地物的某一点定为"0"，再用新建建筑物墙角距"0"点的距离确定新建建筑的位置，即为建筑坐标。坐标值为负数时，应注"－"号，为正数时，"＋"号可省略。

总平面图上有测量和建筑两种坐标系统时，应在附注中注明两种坐标系统的换算公式。

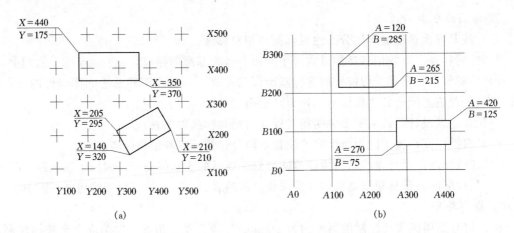

图 4.8　坐标

(a) 测量坐标定位示意图；(b) 建筑坐标定位示意图

表示建筑物、构筑物位置的坐标，宜注其三个角的坐标，如建筑物、构筑物与坐标轴线平行，可注其对角坐标。较小的建筑物、构筑物也可用相对尺寸定位。

4.3.4　索引符号与详图符号

1. 索引符号

建筑施工图中的某一局部或构件，如需另见详图才能表达清楚时，应以索引符号索引。索引符号是由直径为 10mm 的圆和水平直径组成，圆及水平直径均应以细实线绘制。

索引符号如用于索引剖视详图，应在被剖切的部位绘制剖切位置线，并以引出线引出索引符号，引出线所在的一侧应为投射方向。

在索引符号的上半圆中应注写索引出的详图编号，在下半圆中注写详图所在图纸编号；若与被索引的详图同在一张图纸内，应在索引符号的下半圆中间画一段水平细实线；若用标准图，应在索引符号水平直径的延长线上加注该标准图册的编号。如图 4.9 所示。

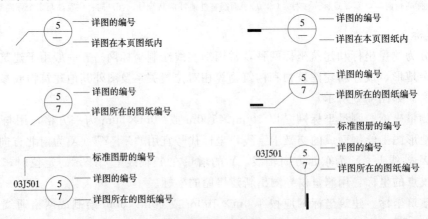

图 4.9　索引符号的编写规定

2. 详图符号

详图的位置和编号，应用详图符号表示。详图符号的圆应以直径为 14mm 粗实线绘制。详图符号主要有两种，其编写规定如图 4.10 所示。

图 4.10 详图符号编写规定

4.3.5 引出线

引出线宜采用水平方向的直线，与水平方向成 30°、45°、60°、90°的直线，或经上述角度再折为水平线，应以细实线绘制。文字说明宜注写在水平线的上方，也可注写在水平线的端部。索引详图的引出线，应对准索引符号的圆心。

同时引出几个相同部分的引出线，宜互相平行，也可画成集中于一点的放射线。

多层构造共用引出线，应通过被引出的各层。文字说明宜注写在水平线的上方，或注写在水平线的端部，说明的顺序应由上至下，并应与被说明的层次相互一致；如层次为横向排序，则由上至下的说明顺序应与由左至右的层次相互一致。

引出线的绘制方法如图 4.11 所示。

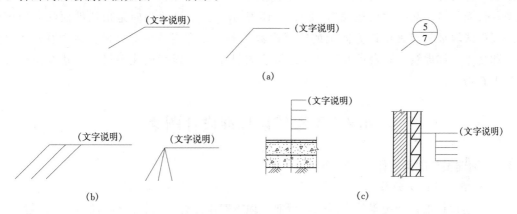

图 4.11 引出线绘制方法

（a）引出线；（b）共用引出线；（c）多层构造引出线

4.3.6 连接符号和对称符号

1. 连接符号

连接符号用折断线或折断线加上大写拉丁字母编号表示。若两连接部位相距较远时，折断线两端靠图样一侧应注写大写拉丁字母表示连接编号。两个被连接的图样必须用相同的字母编号，如图 4.12 所示。

2. 对称符号

对称符号应由对称线和两端的两对平行线组成。对称线用细点画线绘制；平行线用细实线绘制，其长度宜为 6～10mm，每对的间距宜为 2～3mm；对称线垂直平分于两对平行线，两端超出平行线宜为 2～3mm，如图 4.13 所示。

4.3.7 指北针和风向频率玫瑰图

1. 指北针

指北针是绘制在总平面图和建筑物±0.000 标高的平面图上，用于表示建筑物朝向的符号。指北针形状如图 4.14 所示，图中圆的直径宜为 24mm，用细实线绘制；指针尾部的宽度宜为 3mm，指针头部应注"北"或"N"字。需用较大直径绘制指北针时，指针尾部宽度宜为直径的 1/8。

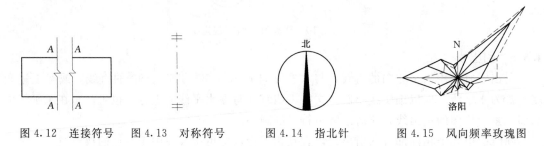

图 4.12　连接符号　　图 4.13　对称符号　　图 4.14　指北针　　图 4.15　风向频率玫瑰图

2. 风向频率玫瑰图

风向频率玫瑰图是总平面图上用来表示房屋的朝向和该地区风向频率的标志，它是根据某一地区多年平均统计的 8 个或 16 个罗盘方位上各个风向的百分数值，以一定比例用细实线绘制，并将各相邻方向的端点用直线连接起来。图形上应注"北"或"N"字。因图形似玫瑰花朵而得名，简称"风玫瑰"，如图 4.15 所示。图中风的吹向是指从外面吹向地区中心，图中线段最长者表示该方向上的吹风次数最多，即为当地主导风向。通常有常年（实线）和夏季（细虚线）等表示方法。各地区主要城市风向频率玫瑰图可从《建筑设计资料集》上查得。

4.4　工程建设标准设计图集

4.4.1　标准设计图集的作用、分级

1. 标准设计图集的作用

工程建设标准设计图集是指国家、行业和地方对于工程建设构配件与制品、建筑物、构筑物、工程设施及装置等编制的通用设计文件，为新产品、新工艺、新技术和新材料推广使用编制的应用设计文件。标准图集在保证工程质量、提高设计速度、促进行业技术进步及引导正确贯彻现行规范方面都发挥了积极作用。

2. 标准设计图集的分级

标准设计图集是依据 1999 年 1 月 6 日建设部建设（1999）4 号文件颁布的《工程建设标准设计管理规定》开展工作的。

目前，我国编制的标准构件、配件图集很多，按其使用范围主要可分为三级：

（1）国家建筑标准设计图集。经中华人民共和国住房和城乡建设部批准，由中国建筑标准设计研究院等单位牵头组织编制和出版发行的，在全国范围内跨行业使用的标准图集。如：03J609（GJBT － 639 － 2003）《防火门窗》，09G901 － 2（GJBT － 1096 － 2009）《钢筋排布规则与构造详图（现浇混凝土框、剪、框－剪、框支剪）》，03SR417 － 2（GJBT － 622 － 2003）《装配式管道吊挂支架安装图》，06D401 － 4（GJBT － 923 － 2006）《洁净环境电气设备安装》等。

（2）地方建筑标准设计图集。经各省、自治区、直辖市的建设主管部门批准的，在各地区内使用的标准图集。如：辽 2002G802（DBJT05 － 138 － 2002）《钢筋混凝土建筑抗震构

造》,陕02G01-1《砌体结构构造详图》,豫02YG305(DBJT19-01-2002)《钢筋混凝土雨篷、挑檐》,皖2006J116(DBJT11-140-2006)《外墙保温系统构造图集(一)》等。

(3)由一些大型企业自行编制的在本单位内部使用的通用设计图集。

4.4.2 国家建筑标准设计图集简介

1. 标准图的代号规定

国家建筑标准设计图集按不同专业有不同的代号。建筑专业代号为J;结构专业代号为G;给水排水专业代号为S;暖通空调专业的代号为K;动力专业代号为R;弱电专业的代号为X;人防专业的代号为F。

每个专业的图集又分有标准图、试用图、参考图和合订本等几种类型。

2. 标准图集的编号方法

1985年以后,国家建筑标准设计的编号由批准年代号、专业代号、类别号、顺序号和分册号组成,例如编号03G101-1中各符号含义为:

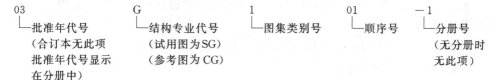

当一本图集修编时,只改变批准年代号,或有时将试用图改为标准图,其余不变。

3. 结构专业国家建筑标准图集的分类

目前结构专业国家建筑标准图集的类别和编号对应情况见表4.1。

表4.1   结构专业国家建筑标准图集的类别和编号对应表

编 号	类 别	编 号	类 别
1	制图规则及设计深度	5	钢结构构件及构造
2	构筑物	6	砌体结构构造
3	钢筋混凝土构件及构造	7	新型墙体材料构件及构造
4	预应力混凝土构件及构造	8	

4. 现行国家建筑标准图集主要内容

现行国家建筑标准图集的情况可通过住房和城乡建设部文件、每年的目录及国家建筑标准设计网(http://www.chinabuilding.com.cn/)了解。民用建筑工程施工图主要有以下系列内容:

(1)建筑专业图集。总图及室外工程、墙体、屋面、楼地面、梯、装修、门窗及天窗、设计图示、综合项目、参考图、节能系列图集等。

(2)结构专业图集。制图规则、构筑物、混凝土构件、预应力混凝土构件、钢结构、钢与混凝土组合结构、砌体结构、建筑场地、地基与基础、建筑施工、参考图等。

(3)给水排水专业图集。给水设备安装、消防设备安装、排水设备及卫生器具安装、室内给水排水管道及附件安装、室外给水排水管道工程及附属设施、给水处理构筑物、排水处理构筑物、蓄水构筑物、综合项目、节能系列图集等。

(4)暖通空调专业图集。风机及风管系统、水泵及管道系统、空气处理系统及控制、暖通空调系统末端设备安装、综合项目、设计图示、节能系列图集、参考图等。

（5）动力专业图集。供热设备及辅助设备的安装、供冷设备及辅助设备的安装、供气设备及辅助设备的安装、动力管道附件安装、综合项目、节能系列图集等。

（6）电气专业图集。综合项目、电力线路敷设及安装、变配电所设备安装及 35/6 - 10kV 二次拉线、室内管线安装及常用低压控制线路、车间电气线路安装、防雷与接地安装、强弱电连接与控制、常用电气设备安装、建筑电气设计与施工、参考图、节能系列图集等。

（7）弱电专业图集。通信线路安装、建筑设备监控系统、广播与扩声系统、电视系统、安全防范系统、住宅智能系统、公共建筑智能化系统、智能化系统集成等。

4.4.3　标准图集的选用方法

1. 标准图查用方法

（1）按施工图中注明的标准图集的名称、编号和编制单位，查找相应图集。

（2）识读时应先看标准图集的总说明，了解该图集的设计依据、使用范围、选用条件、施工要求及注意事项等。

（3）按施工图中的详图索引编号查阅详图，核对有关尺寸和要求。

2. 选用标准图集的注意事项

各级标准图集虽编制内容和编制方式不同，但其编制原则和使用对象是类似的，在选用时，应注意以下问题：

（1）标准图集是随着规范的修改编、技术的发展和市场的需要不断修编的，因此，应选用有效（现行）版本，不得选用作废版本。

（2）使用标准图集时必须认真阅读总说明，主要明确以下两点：①注意查看总说明中列出的标准图集所依据的现行规范（程）及标准的名称、编号和版本有没有修改，核对其有效性，因为标准图集的修编通常是滞后的；②注意查看标准图集的适用范围和设计计算原则是不是适用于自己的工程，如不完全适用时应修改或自行设计。

（3）标准图集经常对一个问题给出几个做法，特别是国家建筑标准设计图集要适用于不同的建设要求和不同的地区。因此，应注意查看实际工程情况和设计者的选用类型，以避免错误。

4.5　识读建筑工程施工图的一般方法和步骤

4.5.1　识读方法和步骤

看懂建筑工程施工图是每一个参与工程施工与管理的工程技术人员和技术工人必须掌握的专业技术知识，只有看懂图纸才能准确表达设计意图，严格按图施工以及开展各项相关工作。

一套施工图，简单的有几张，复杂的有几十张，甚至几百张。建筑工程施工图识读的方法和步骤可归纳为："总体了解、由粗到细、顺序识读、前后对照、重点细读"。

（1）总体了解。一般先看图纸目录、总平面图和设计说明，了解工程概况，如工程设计单位、建设单位、新建房屋的位置、高程、朝向、周围环境等。对照目录检查图纸是否齐全，采用了哪些标准图集并备齐这些标准图集。

（2）由粗到细、顺序识读。在总体了解建筑物的概况以后要根据图纸编排和施工的先后顺序从大到小、由粗到细按建筑施工图、结构施工图、设备施工图仔细阅读有关图纸。

1）建筑施工图。看各层平面图，了解建筑物的功能布局，建筑物的长度、宽度、轴线尺寸等；看立面图和剖面图，了解建筑物的层高、总高、立面造型和各部位的大致做法。平、立、剖面图看懂后，要大致想象出建筑物的立体形象和空间组合；看建筑详图，了解各部位的详细尺寸、所用材料、具体做法，引用标准图集的应找到相应的节点详图阅读。进一步加深对建筑物的印象，同时考虑如何进行施工。

2）结构施工图。通过阅读结构设计说明了解结构形式、抗震设防烈度以及主要结构构件所采用的材料等有关规定后，依次从基础结构平面布置图开始，逐项阅读楼面、屋面结构平面布置图和结构构件详图。了解基础形式，埋置深度，墙、柱、梁、板等的位置、标高和构造等。

3）设备施工图。看设备施工图，主要了解水、电管线的管径、走向和标高，了解设备安装的情况，便于留设各种空洞和预埋。

（3）前后对照、重点细读。读图时，要注意平面图、剖面图对照读，平、立、剖面图与详图对照读，建筑施工图和结构施工图对照读，土建施工图和设备施工图对照读，做到对整个工程心中有数。

根据工种的不同，对有关专业施工图的新构造、新工艺、新技术有重点的仔细阅读，并将遇到的问题记录下来，及时向设计部门反映。

施工图的绘制是对前述各章节知识综合应用的结果，因此要想顺利识读施工图纸的内容，除了要掌握投影原理、熟悉国家制图标准和有关标准图集外，还必须要掌握各专业施工图的用途、图示内容、特点和表达方法。再使用正确的识读方法，经过反复识读图纸训练才行。此外，还要经常深入现场，将图纸和实物对照，这也是提高识图能力的一个重要方法。

4.5.2 识读图的注意事项

1. 仔细阅读设计说明或附注

在建筑工程施工图中，有些内容无法直接图示，但却关系到工程的做法及工程质量，所以通常以文字形式表达出来。如建筑施工图中墙体所用的砌块大小、种类及强度等级，结构施工图中钢筋种类、锚固长度等，同样是图纸中的重要内容之一，必须仔细看且要认真、正确地理解。

2. 熟记常用图例和符号

图样中的图例和符号是工程界的通用语言，读图前应务必熟记。只有这样才能避免识读过程中出现"语言"障碍，顺利识读图示内容。

3. 注意尺寸及其单位

图纸中的图形或图例的尺寸单位为有米（m）和毫米（mm）两种，除了标高和总平面图中的尺寸用米为单位外，其余的尺寸均以毫米为单位，且对于以毫米为单位的尺寸在图纸中尺寸数字的后面一律不加注单位。

4. 不得随意变更设计或修改图纸

在识读施工图过程中，若发现图纸设计存在问题，应认真做好记录，但不得随意变更设计或修改设计图纸。对有疑问的地方或内容可以保留意见，并按规定程序反映给有关人员，及时协商解决。

本 章 小 结

本章主要介绍了建筑工程施工图的产生、分类及排序、一般识读方法和步骤、国家标准中对建筑工程施工图的常用符号规定、现行工程建设标准设计图集情况等。

建筑工程施工图是由设计单位根据设计任务书的要求、有关设计资料、计算数据和建筑艺术等多方面因素设计绘制而成的。民用建筑工程的建筑设计按工程的复杂程度、规模大小及审批要求，一般分为方案设计、初步设计和施工图设计三个阶段。施工图设计文件一般包括合同要求所涉及的所有专业的设计文件、图纸总封面及工程预算书。

建筑工程施工图可分为建筑施工图、结构施工图和设备施工图，一般的编排顺序是：首页图与建筑总平面图、建筑施工图、结构施工图、设备施工图。

建筑工程施工图的常用符号有定位轴线、标高符号、坐标、索引符号、详图符号、引出线、连接符号、对称符号、指北针与风向频率玫瑰图等，应熟记这些符号的规定。

现行工程建设标准设计图集根据其使用范围分三级，分别是：经中华人民共和国建设部批准，由中国建筑标准设计研究院等单位牵头组织编制和出版发行的在全国范围内跨行业使用的国家建筑标准设计图集；经各省、自治区、直辖市的建设主管部门批准的，在各地区内使用的地方建筑标准设计图集；由一些大型企业自行编制的在本单位内部使用的通用设计图集。应能正确查用这些标准图集。

建筑工程施工图识读的总体方法和步骤可归纳为："总体了解、由粗到细、顺序识读、前后对照、重点细读"。应结合后面各章的学习不断熟记各种常用符号规定，真正掌握图样的识读方法和技巧。

复 习 思 考 题

1. 建筑工程施工图是如何产生的？
2. 施工图设计文件一般包括哪些内容？
3. 建筑工程施工图有哪些种类？一般编排顺序是什么？
4. 附加定位轴线如何编号？
5. 举例说明索引符号和详图符号的规定和使用方法。
6. 什么是定位轴线？如何编号？其作用是什么？
7. 标高有哪几种？相互之间的关系和区别是什么？一般在哪些图中使用？
8. 什么是测量坐标和建筑坐标？如何表示？其用途是什么？
9. 在什么情况下使用对称符号和连接符号？如何表示？
10. 指北针和风向频率玫瑰图如何表示？其作用是什么？
11. 什么是标准设计图集？其作用是什么？
12. 说明国家建筑标准设计图集的代号规定、编号方法及主要包含内容。
13. 标准设计图集分几级？如何查用工程建设标准设计图集？
14. 试述建筑工程施工图识读的一般方法和步骤。
15. 列出结构专业国家建筑标准图集的类别和编号对应表。

实 训 练 习 题

1. 上网（国家建筑标准设计网，网址：http：//www.chinabuilding.com.cn/）查看一下现行国家建筑标准设计图集的情况。

2. 查找学校教学楼门窗标准图。

第5章 识读建筑施工图

【**知识目标**】 了解建筑施工图的图样形成方法；熟悉建筑施工图的各种图例；掌握建筑施工图的用途、图样组成、主要识读内容和方法。

【**能力目标**】 能正确识读建筑施工图。

5.1 概　　述

5.1.1　建筑施工图的用途、图样组成

建筑施工图是用来表达建筑物的总体布局、规模、外部造型、内部布置、细部构造、内外装饰、固定设施和施工要求的专业图纸，是建筑物施工放线、砌筑、安装门窗、室内外装修和编制施工概算及施工组织计划的主要依据。其包含的工程信息也是其他专业工种工作的基础，在整套建筑工程施工图中具有全局性、基础性作用。

建筑施工图的图样组成及合理排序一般为：首页图、总平面图、建筑平面图、建筑立面图、建筑剖面图及建筑详图等。

5.1.2　有关规定

（1）图线。在建筑施工图中通常用不同的线宽和线型来表示图样中的不同内容，以分主次，便于识读。具体按《房屋建筑制图统一标准》（GB/T 50001—2001）中"图线"的规定选用。图5.1～图5.3示例可供选用时参照。

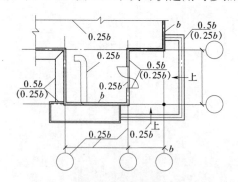

图5.1　平面图图线宽度选用示例

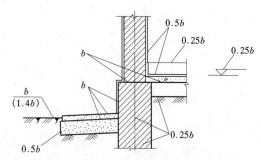

图5.2　墙身剖面图图线宽度选用示例

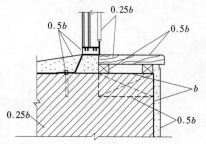

图5.3　详图图线宽度选用示例

（2）比例。比例一般按下面规定选用：

1）总平面图宜采用1∶500、1∶1000、1∶2000的比例。

2）建筑物或构筑物的平面图、立面图、剖面图宜采用1∶50、1∶100、1∶150、1∶200、1∶300的比例。

3）建筑物或构筑物的局部放大图宜采用1∶10、1∶20、1∶25、1∶30、1∶50的比例。

4）配件及构造详图宜采用 1：1、1：2、1：5、1：10、1：15、1：20、1：25、1：30、1：50 的比例。

5.1.3 图例

（1）总平面图常用图例见表 5.1，其他图例查《总图制图标准》（GB/T 50103—2001）。

（2）构件及配件常用图例见表 5.2，其他图例查《建筑制图标准》（GB/T 50104—2001）。

（3）常用建筑材料图例见表 5.3，也可查《房屋建筑制图标准》（GB/T 50001—2001）。

表 5.1　　　　　　　　　　　　　总 平 面 图 常 用 图 例

序号	名　称	图　例	说　明
1	新建建筑物	 8 ▲	需要时，可用 ▲ 表示出入口，可在图形内右上角用点数或数字表示层数； 建筑物外形（一般以 ±0.00 高度处的外墙定位轴线或外墙面线为准）用粗实线表示
2	原有建筑物	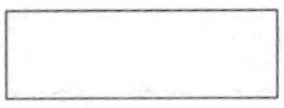	用细实线表示
3	计划扩建的预留地或建筑物		用中粗虚线表示
4	拆除的建筑物	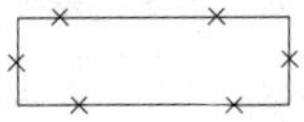	用细实线表示
5	敞棚或敞廊	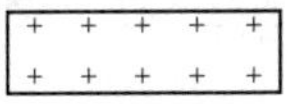	
6	铺砌场地	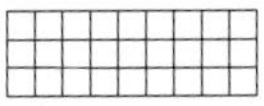	
7	围墙及大门	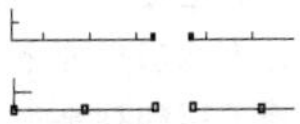	上图为实体性质的围墙（砖石、混凝土等）； 下图为通透性质的围墙（篱笆、栏杆等）； 仅表示围墙时不画大门
8	坐标	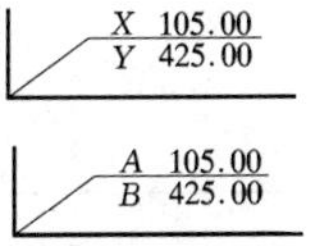 X 105.00 Y 425.00 A 105.00 B 425.00	上图表示测量坐标； 下图表示建筑坐标
9	护坡	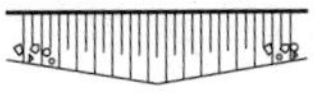	边坡较长时，可在一端或两端局部表示
10	原有道路		
11	计划扩建的道路		
12	新建的道路	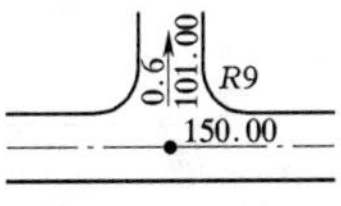 R9 0.6 101.00 150.00	"R9" 表示道路转弯半径为 9m； "150.00" 为路面中心控制点标高； "0.6" 表示 0.6% 的纵向坡度； "101.00" 表示边坡点间距离
13	绿化针叶树	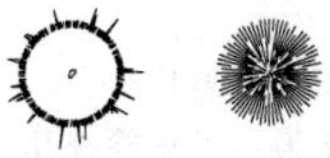	左为常绿针叶树； 右为落叶针叶树

序号	名　称	图　例	说　明
14	绿化阔叶乔木		左为常绿阔叶乔木； 右为落叶阔叶乔木
15	草坪	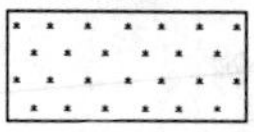	
16	绿篱	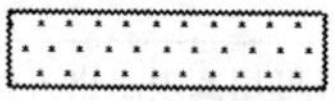	
17	植草砖铺地	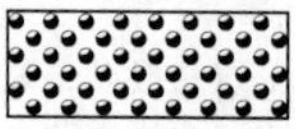	

表 5.2　　　　　　　　　　　　　　构件及配件常用图例

序号	名　称	图　例	说　明
1	墙体	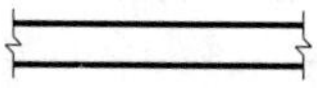	应加注文字或填充图例表示墙体材料，在项目设计图纸说明中列材料图例表给予说明
2	隔断		包括板条抹灰、木质、石膏板、金属材料等隔断，适用于到顶与不到顶隔断
3	栏杆		
4	楼梯	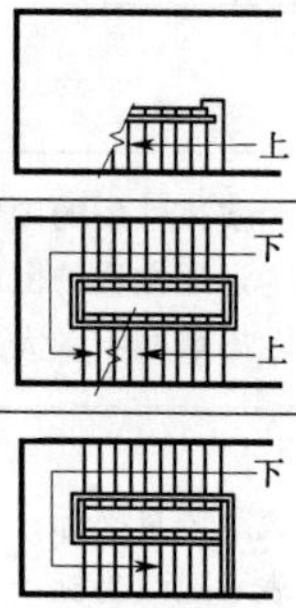	上图为底层楼梯平面； 中图为中间层楼梯平面； 下图为顶层楼梯平面； 楼梯及栏杆扶手的形式和梯段踏步数应按实际情况绘制
5	坡道		长坡道 门口坡道
6	平面高差	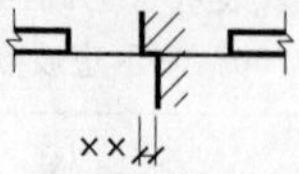	适用于高差小于100的两个地面或楼面相接处
7	检查孔		左图为可见检查孔； 右图为不可见检查孔

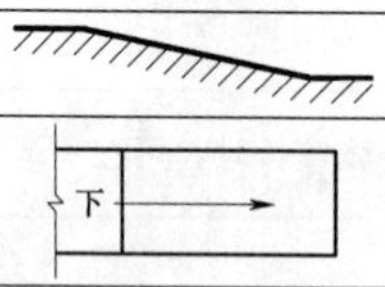

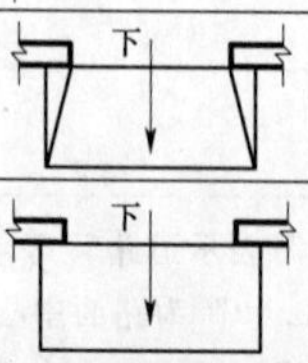

序号	名　称	图　例	说　明
8	孔洞		阴影部分可用涂色代替
9	墙预留洞	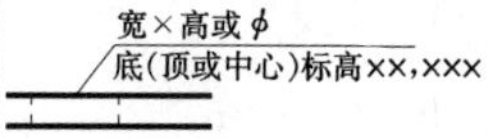 宽×高或 φ / 底(顶或中心)标高××.×××	以洞中心或洞边定位； 宜以涂色区别墙体和留洞位置
10	烟道	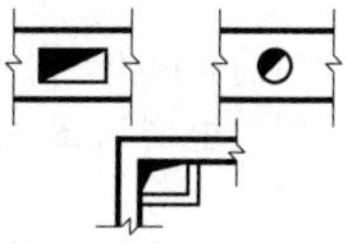	阴影部分可涂色代替； 烟道与墙体为同一材料，其相接处墙身线应断开
11	通风道	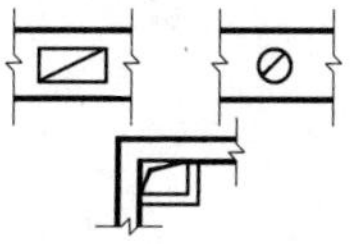	
12	新建的墙和窗	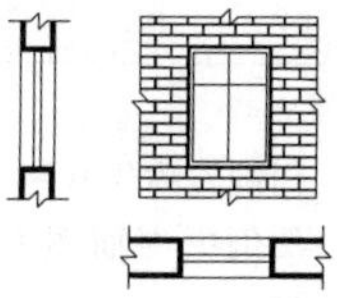	左上图为剖面图图例，右上图为立面图图例，下图为平面图图例； 本图以小型砌块为图例，绘图时应按所用材料的图例绘制，不易以图例绘制的，可在墙面上以文字或代号注明； 小比例绘图时平、剖面窗线可用单粗实线表示
13	在原有墙或楼板上新开的洞	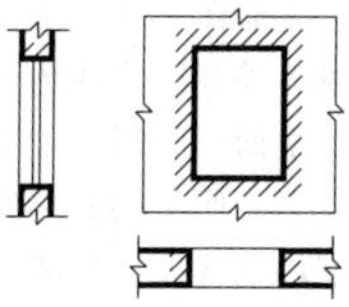	
14	空门洞	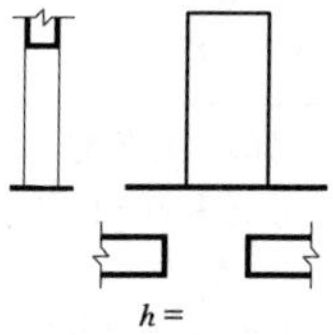 h =	h 为门洞高度
15	单扇门（包括平开或单面弹簧）	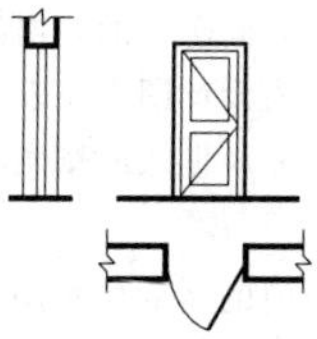	门的名称代号用 M； 图例中剖面图左为外、右为内，平面图下为外，上为内； 立面图上开启方向线交角的一侧为安装合页的一侧，实线为外开，虚线为内开； 平面图上门线应 90°或 45°开启，开启门线宜绘出； 立面图上的开启线在一般设计图中可不表示，在详图及室内设计图上应表示； 立面形式应按实际情况绘制
16	双扇门（包括平开或单面弹簧）	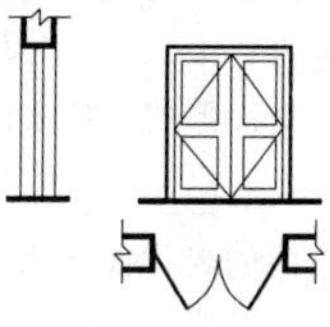	
17	对开折叠门	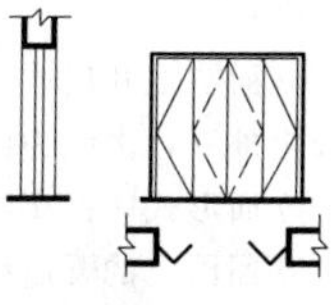	

续表

序号	名　称	图　例	说　明
18	推拉门	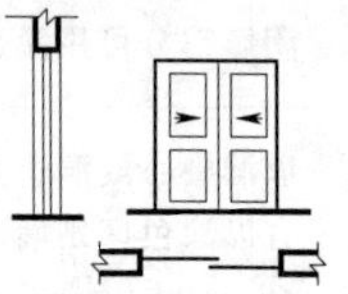	
19	墙外单扇推拉门	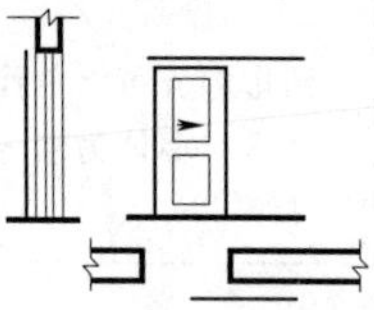	门的名称代号用 M； 图例中剖面图左为外、右为内，平面图下为外，上为内； 立面形式应按实际情况绘制
20	墙外双扇推拉门	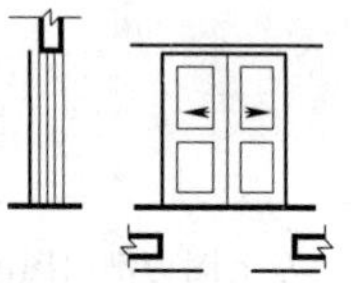	
21	单扇双面弹簧门	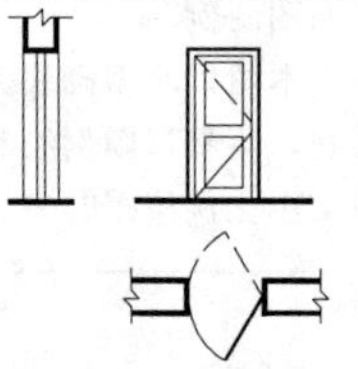	门的名称代号用 M； 图例中剖面图左为外、右为内，平面图下为外，上为内； 立面图上开启方向线交角的一侧为安装合页的一侧，实线为外开，虚线为内开； 平面图上门线应 90°或 45°开启，开启弧线宜绘出； 立面图上的开启线在一般设计图中可不表示，在详图及室内设计图上应表示； 立面形式应按实际情况绘制
22	双扇双面弹簧门	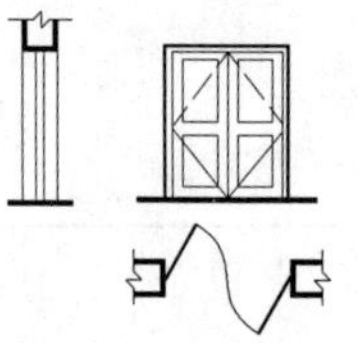	
23	转门	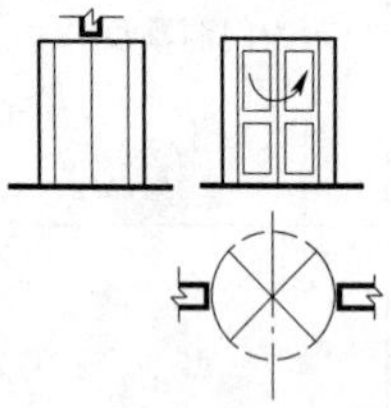	门的名称代号用 M； 图例中剖面图左为外、右为内，平面图下为外，上为内； 平面图上门线应 90°或 45°开启，开启弧线宜绘出； 立面图上的开启线在一般设计图中可不表示，在详图及室内设计图上应表示； 立面形式应按实际情况绘制
24	自动门	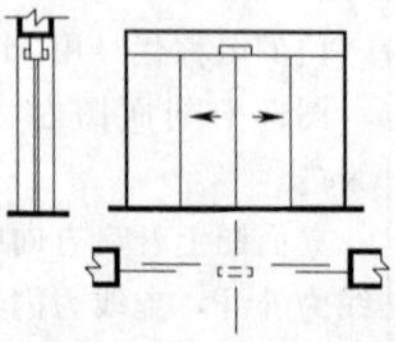	门的名称代号用 M； 图例中剖面图左为外、右为内，平面图下为外，上为内； 立面形式应按实际情况绘制
25	折叠上翻门	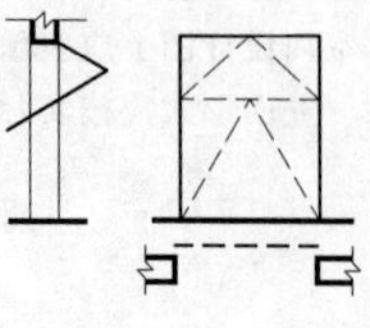	门的名称代号用 M； 图例中剖面图左为外、右为内，平面图下为外，上为内； 立面图上开启方向线交角的一侧为安装合页的一侧，实线为外开，虚线为内开； 立面形式应按实际情况绘制； 立面图上的开启线设计图中应表示

序号	名　称	图　例	说　明
26	竖向卷帘门	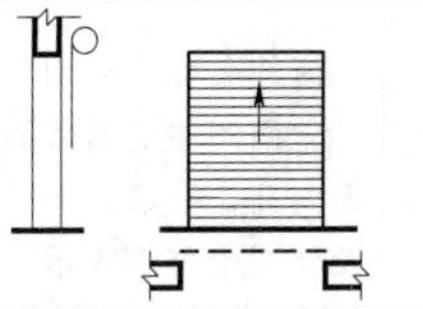	门的名称代号用 M； 图例中剖面图左为外、右为内，平面图下为外，上为内； 立面形式应按实际情况绘制
27	单层固定窗	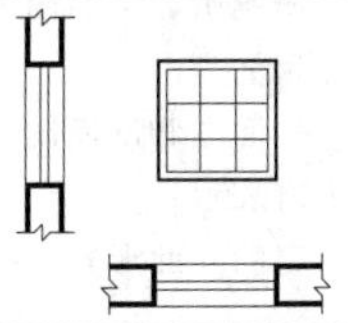	
28	单层外开上悬窗	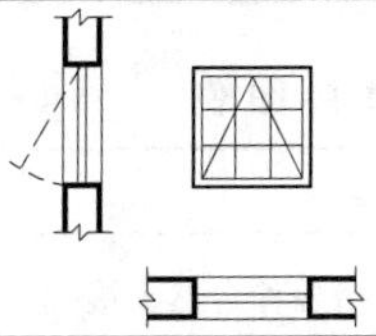	
29	单层中悬窗	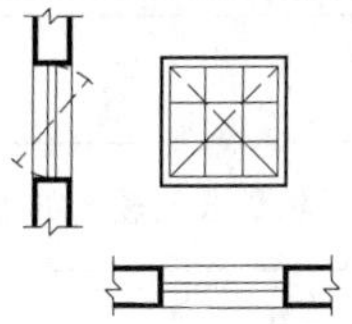	窗的名称代号用 C 表示； 立面图中的斜线表示窗的开启方向，实线为外开，虚线为内开；开启方向线交角的一侧为安装合页的一侧，一般设计图中可不表示； 图例中，剖面图所示左为外、右为内，平面图所示下为外，上为内； 平面图和剖面图的虚线仅说明开关方式，在设计图中不需表示； 窗的立面形式应按实际情况绘制； 小比例绘图时平、剖面窗线可用单粗实线表示
30	单层内开下悬窗	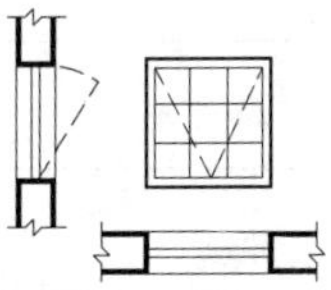	
31	单层外开平开窗	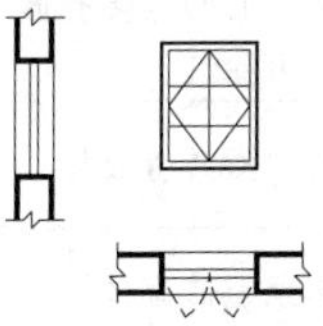	
32	单层内开平开窗	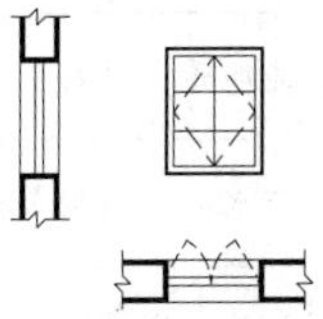	
33	双层内外开平开窗	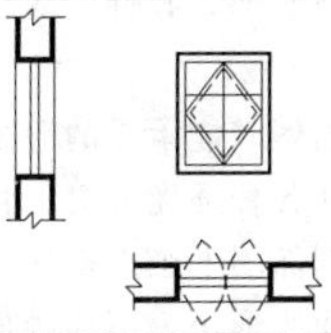	
34	推拉窗	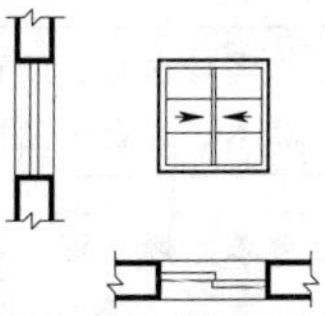	窗的名称代号用 C 表示； 图例中，剖面图所示左为外、右为内，平面图所示下为外，上为内； 窗的立面形式应按实际情况绘制； 小比例绘图时平、剖面窗线可用单粗实线表示

序号	名 称	图 例	说 明
35	高窗	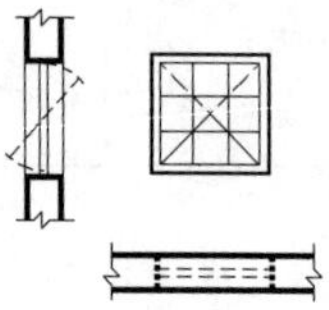	窗的名称代号用 C 表示； 立面图中的斜线表示窗的开启方向，实线为外开，虚线为内开；开启方向线交角的一侧为安装合页的一侧，一般设计图中可不表示； 图例中，剖面图所示左为外、右为内，平面图所示下为外，上为内； 平面图和剖面图上的虚线仅说明开关方式，在设计图中不需表示； 窗的立面形式应按实际情况绘制

表 5.3   常 用 建 筑 材 料 图 例

序号	名 称	图 例	说 明
1	自然土壤		包括各种自然土壤
2	夯实土壤		
3	砂、灰土	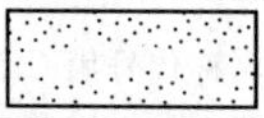	靠近轮廓线绘较密的点
4	砂砾土、碎砖三合土	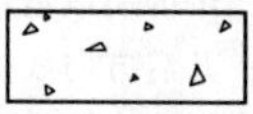	
5	石材	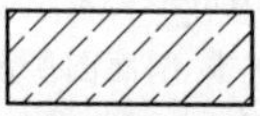	
6	毛石	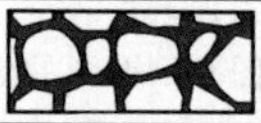	
7	普通砖	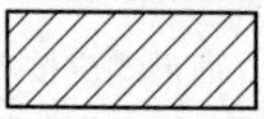	包括实心砖、多孔砖、砌块等砌体。断面较窄不易绘出图例线时，可涂红
8	耐火砖	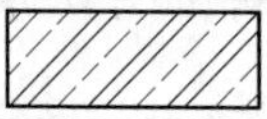	包括耐酸砖等砌体
9	空心砖		指非承重砖砌体
10	饰面砖	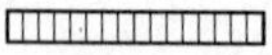	包括铺地砖、马赛克、陶瓷锦砖、人造大理石等
11	矿渣、焦渣	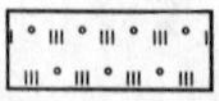	包括与水泥、石灰等混合而成的材料
12	纤维材料	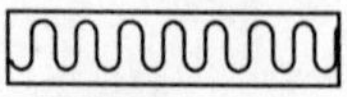	包括矿棉、岩棉、玻璃棉、麻丝、木丝板、纤维板等
13	混凝土	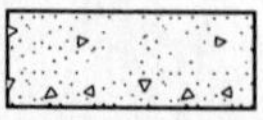	本图例只能承重的混凝土及钢筋混凝土； 包括各种强度等级、骨料、添加剂的混凝土；
14	钢筋混凝土		在剖面图上画出钢筋时，不画图例线； 断面图形小，不易画出图例线时，可涂黑
15	多孔材料		包括水泥珍珠岩、沥青珍珠岩、泡沫混凝土、非承重加气混凝土、软木、蛭石制品等
16	泡沫塑料材料	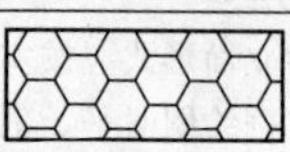	包括聚苯乙烯、聚乙烯、聚氨酯等多孔聚合物类材料

续表

序号	名 称	图 例	说 明
17	木材	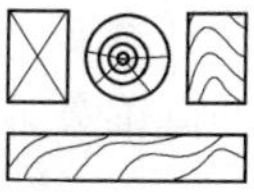	上图为横断面,上左图为垫木、木砖或木龙骨; 下图为纵断面
18	胶合板		应注明为×层胶合板
19	石膏板	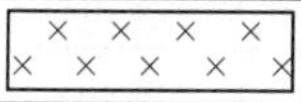	包括圆孔、方孔石膏板、防水石膏板等
20	金属		包括各种金属,图形小时可涂黑
21	网状材料		包括金属、塑料网状材料,应注明具体材料名称
22	液体	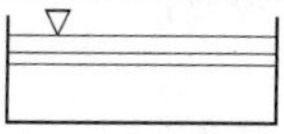	应注明具体液体名称
23	玻璃	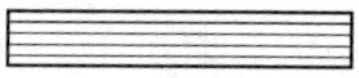	包括平板玻璃、磨砂玻璃、夹丝玻璃、钢化玻璃、中空玻璃、加层玻璃、镀膜玻璃等
24	橡胶		
25	塑料	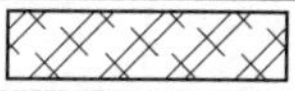	包括各种软、硬塑料和有机玻璃等
26	防水材料		构造层次多或比例大时,采用上面的图例
27	粉刷	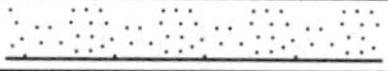	本图例采用较稀的点

注 图例中斜线、短斜线、交叉斜线等一律为 45°。

5.2 首 页 图

首页图放在全套施工图的首页,一般包括图纸目录、建筑设计总说明、门窗表等。

1. 图纸目录

主要说明图纸的专业种类、张数、图号、图名等,对一套建筑工程图纸进行组织和编排,以便识读人员查阅。如表 5.4 是某住宅楼的施工图图纸目录。该住宅楼共有建筑施工图 12 张,结构施工图 4 张,电气施工图 2 张。

表 5.4 图 纸 目 录

图别	图号	图 纸 名 称	备注	图别	图号	图 纸 名 称	备注
建施	01	设计说明、门窗表		建施	10	1—1 剖面图	
建施	02	车库平面图		建施	11	大样图一	
建施	03	一至五层平面图		建施	12	大样图二	
建施	04	六层平面图		结施	01	基础结构平面布置图	
建施	05	阁楼层平面图		结施	02	标准层结构平面布置图	
建施	06	屋顶平面图		结施	03	屋顶结构平面布置图	
建施	07	①~⑩轴立面图		结施	04	柱配筋图	
建施	08	⑩~①轴立面图		电施	01	一层电气平面布置图	
建施	09	侧立面图		电施	02	二层电气平面布置图	

2. 建筑设计总说明

主要反映新建建筑物的总体要求，对建筑工程施工图中未能表达清楚的内容做详细的说明和必要补充。一般包括设计依据、工程概况、工程（构造）做法［有时单独列表（表 5.5）说明］、引用的标准图集、主要经济技术指标、施工要求、用料选择及注意事项等内容。

表 5.5　　　　　　　　　　　　　　建筑构造做法（部分）

类型	编号	名　称	构造做法	使用范围	备　注
一、地面做法	1.1 …	水泥砂浆地面	20mm 厚 1∶2 水泥砂浆抹面压光； 素水泥浆结合层一道； 80mm 厚 C15 混凝土； 素土夯实	仓库	
二、楼面做法	… 2.2 …	陶瓷锦砖地面	8～10mm 厚地砖铺实拍平，水泥浆擦缝； 25mm 厚 1∶4 干硬性水泥砂浆，面上撒素水泥； 素水泥浆结合层一道； 钢筋混凝土楼板	所有	600mm×600mm 防滑砖（楼梯、卫生间采用 300mm×300mm）

3. 门窗表

为了方便施工和预算时查用，有时也将某一建筑工程所有不同类型的门窗统计后列成表格形式放在首页图中。门窗表中应表明门、窗类型、编号及洞口尺寸和数量等，凡是使用标准门窗的，都不必再单画详图，只需在图上注明相应的门窗符号即可。表 5.6 为某建筑门窗表（部分）示例。

表 5.6　　　　　　　　　　　　　门 窗 表（部分）

类别	门窗编号	标准图号	图集编号	洞口尺寸（mm）		数量	备　注
				宽	高		
门	M1	98ZJ681	GJM301	900	2100	78	木门
	M2	98ZJ681	GJM301	800	2100	52	铝合金推拉门
	MC1	见大样图	无	3000	2100	6	铝合金推拉门
	JM1	甲方自定	无	3000	2000	20	铝合金推拉门
窗	C1	见大样图	无	4260	1500	6	铝合金中空玻璃窗
	C2	见大样图	无	1800	1500	24	铝合金中空玻璃窗
	C3	98ZJ721	PLC70—44	1800	1500	7	铝合金中空玻璃窗
	C4	98ZJ721	PLC70—44	1500	1500	10	铝合金中空玻璃窗

5.3　总　平　面　图

5.3.1　图样形成方法及用途

总平面图是将拟建工程附近一定范围内的建筑物、构筑物及其自然状况用正投影的方法，按照《总图制图标准》（GB/T 50103—2001）中规定的图例、图线、比例、计量单位、尺寸注法等要求绘制而成的图样。

总平面图是新建建筑在基地范围内的总体布置图,主要表示新建建筑的形状、位置、朝向、标高以及周围原有建筑、地形、道路、绿化等内容。

总平面图是新建建筑定位、施工放线及现场布置的依据,也是水、电、暖等其他专业总平面图设计和各种管线敷设的依据。

5.3.2 识读内容和方法

1. 阅读图名、比例、图例及有关的文字说明

(1) 新建建筑的工程名称可由图纸标题栏看出。

(2) 比例一般采用较小的比例,如 1:500、1:1000、1:2000。

(3) 通常用图例表示新建、原有、拟建的建筑物、附近的地物环境、交通及绿化情况等。读图时,必须熟悉《总图制图标准》中规定的图例符号及其意义。《总图制图标准》中分别列出了总平面图例、道路与铁路图例、管线与绿化图例,书中表 5.1 只是列出了总平面图中常用的图例。若图中有附注图例,则按附注图例识读。

(4) 还应认真阅读图中的有关文字说明内容。

2. 确定新建建筑的位置和朝向

(1) 新建建筑的位置确定通常有两种方法:一是参照法,即参照已有房屋或道路,由平面尺寸确定;二是坐标定位,即根据测量坐标点或建筑坐标点来确定。

(2) 新建建筑的朝向可由指北针或风向玫瑰频率图确定。

3. 明确新建建筑的层数和标高

(1) 新建建筑的层数通常用圆点或数字标注在建筑的右上角,仔细查看即可。

(2) 新建建筑的标高可直接从图中查看,同时根据室内地面和室外地坪设计标高可清楚室内外高差,从图中还可明确±0.000 与绝对标高的关系。

4. 查看拟建建筑及原有建筑物位置、形状

总平面图上一般会有新建建筑物、原有建筑物、计划扩建的建筑物或预留地、拆除的建筑物及新建的地下建筑物或构筑物等,读图时,要依据图例、图线的粗细、虚实等仔细查看新建和原有建筑物的位置、形状。

5. 了解新建建筑四周的绿化、道路和附近的地形等情况

(1) 查看周围树木、花草及喷泉、凉亭、雕塑等的布置情况。

(2) 了解周围道路的位置、走向以及与新建建筑的联系等。

(3) 查看等高线分析附近地形的高低起伏情况。

5.4 建 筑 平 面 图

5.4.1 图样形成方法及用途

建筑平面图是用一个假想的水平剖切面在建筑物的门窗洞口位置水平剖切后,移去剖切面上方的部分,对剖切面以下部分所做的水平投影图,简称平面图。按照水平剖切的位置不同,可形成各层平面图。在屋面以上俯视形成的水平投影图称为屋顶平面图。除底层平面图、顶层平面图外,其余各中间层若完全相同,可统称为标准层平面图。

平面图中被剖切到的墙、柱等主要建筑构造的轮廓线用粗实线绘制,未被剖切到的部分

如散水、楼梯、室外台阶、门的开启线等用中粗实线或细实线绘制，引出线、尺寸线、折断线、标高等用细实线绘制。图内表示高窗、槽、通气孔、洞口、地沟及起重机等不可见部分，应以虚线绘制。

平面图的方向宜与总平面图方向一致。平面图的长边宜与横式幅面图纸的长边一致。在同一张图纸上绘制各层平面图时，宜按层数由低向高的顺序从左至右或从下至上布置。

如果平面图对称，可将两层平面图绘制在一张图上，中间用对称符号分开并在对称轴线处画对称符号，图下方在左右两边分别注写图名。

建筑平面图反映出建筑物的平面形状、大小和房间的布置、墙（或柱）的位置、厚度、材料、门窗的位置、大小、开启方向等情况，因此建筑平面图是施工放线、砌墙、安装门窗、预留孔洞、室内装修及编制预算、施工备料等工作的重要依据。

5.4.2 识读内容和方法

（1）阅读图名和所注比例，了解图样和实物之间的比例关系。建筑平面图常用的比例为 1 : 100，也可采用 1 : 50、1 : 150、1 : 200、1 : 300。

（2）借助于指北针了解建筑物的朝向。指北针应绘制在建筑物 ±0.000 标高的平面图上，并放在明显位置，所指的方向应与总平面图一致。

（3）分析建筑平面的形状及各层的平面布置情况。了解房间的名称、功能、面积及布局等。了解楼梯间的布置、楼梯段的踏步级数和楼梯的走向。了解卫生间的位置、室内各种设备的位置和门的开启方向。

（4）仔细阅读纵、横轴线的排列和编号，外围总体尺寸、轴间总体尺寸和细部尺寸，室内一些构造的定形、定位尺寸，各个关键部位（地面、楼梯间休息板面、窗台等）的标高。了解主要房间的开间和进深，了解外墙、内墙、隔墙的位置和墙厚及构造柱的位置和尺寸。

（5）查阅室内外门、窗洞口的位置、代号及门的开启方向。根据门、窗代号并联系门窗数量表可以了解到各种门、窗的具体规格、尺寸、数量以及对某些门、窗的特殊要求等。

（6）了解室外台阶、散水、落水管、花池、阳台、雨篷等构造的位置及尺寸。

（7）阅读有关符号及文字说明，查阅索引符号及其对应的详图或标准图集。

（8）查阅屋顶平面图，分析了解屋面构造及排水布置情况等。

5.5 建筑立面图

5.5.1 图样形成方法及用途

建筑立面图是按正投影法将各立面向与之平行的投影面投影形成的图样，简称立面图。

立面图的命名方法通常有：①根据建筑物首尾两端定位轴线编号命名，如①～⑩立面图、（A）～（F）立面图等；②根据建筑物各面的朝向命名，如南立面图、东立面图等；③根据建筑物立面主次命名，如正立面图（反映建筑物主要外部特征的立面）、背立面图、左侧立面图、右侧立面图等。

建筑立面图所用的比例应与建筑平面图一致。常用的比例为 1 : 100，也可采用 1 : 50、1 : 150、1 : 200、1 : 300。

立面图中主体外轮廓和较大转折处轮廓用粗实线绘制，门窗洞口、窗台、勒脚、阳台、雨篷、檐口、柱、台阶、花池等轮廓线用中粗实线绘制，门窗细部分格线、栏杆、雨水管、墙面装饰线、尺寸线、折断线、引出线、标高等用细实线绘制。室外地坪线用粗实线或加粗实线绘制。

平面形状曲折的建筑物，可绘制展开立面图。圆形或多边形平面的建筑物，可分段展开绘制立面图，但均应在图名后加注"展开"二字。

相邻的立面图宜绘制在同一水平线上，图内相互有关的尺寸及标高，宜标注在同一竖线上。立面图为较简单的对称式时可绘制一半，并在对称轴线处画对称符号。

立面图主要用于反映建筑物的体形和外貌，反映立面各部分配件的形状及相互关系，反映立面艺术处理、装饰要求和构造做法，反映立面上必要的尺寸标高等。

5.5.2 识读内容和方法

（1）阅读图名或定位轴线的编号，了解该图与房屋哪一个立面相对应。

（2）阅读比例，立面图的绘制比例与平面图绘图比例应一致。

（3）阅读房屋的外轮廓线，了解房屋立面的造型、层数和层高的变化。

（4）了解外墙面上门窗的类型、数量、布置及水平高度的变化。

（5）了解房屋的屋顶、雨篷、阳台、台阶、勒脚、落水管及花池等细部构造的位置和形式。

（6）阅读标高，了解房屋室内、外的高度差及各层高度尺寸和总高度。标高注写的部位主要有室外地面、入口处地面、勒脚、各层的窗台、门窗顶、阳台、檐口、女儿墙等完成面。

（7）阅读文字说明和符号，了解外墙面装饰材料、构造做法和要求，查阅索引符号及索引的详图情况。

5.6 建 筑 剖 面 图

5.6.1 图样形成方法及用途

建筑剖面图是用一个假想的铅垂剖切面垂直于外墙剖切建筑，向某一方向进行正投影形成的图样，简称剖面图。剖切面应根据图纸的用途或设计深度，在底层平面图上选择能反映全貌、构造特征以及有代表性的部位，如楼梯间、门窗洞口及高低变化较多的部位。

剖面图的命名应与底层平面图上的剖切符号一致，可用阿拉伯数字、罗马数字或拉丁字母注写。

剖面图常用的比例为1：100，也可采用1：50、1：150、1：200、1：300。比例为1：50的剖面图，宜画出楼地面、屋面的面层线，抹灰层的面层线应根据需要而定；比例为1：100～1：200的平面图、剖面图，可画简化的材料图例（如砌体墙涂红、钢筋混凝土涂黑等），但宜画出楼地面、屋面的面层线；比例为1：300的平面图、剖面图，可不画材料图例，剖面图的楼地面、屋面的面层线可不画出。

建筑剖面图中被剖切到的墙、梁、楼地层、屋面、楼梯、散水、基础等主要构造的轮廓线用粗实线绘制，被剖切到的楼地面、屋面的面层线及未被剖切到的可见部分如楼梯、室外台阶、女儿墙、门窗洞口等轮廓线用中粗实线绘制，踢脚线、材料图例、尺寸线、折断线、引出线、标高等用细实线绘制，室内外地坪线用粗实线或加粗实线绘制。

建筑剖面图主要用于反映建筑内部竖向空间的结构形式、楼层分层、建筑构造、构配件、垂直方向的尺寸、标高及各部分的联系等内容。在施工中，可作为控制高程、砌筑内墙、铺设楼板、屋面板和内部装修等工作的依据，是与平、立面图相互配合的不可缺少的主要图样之一。

5.6.2　识读内容和方法

（1）阅读图名、定位轴线、比例，根据图名、定位轴线与底层平面图对照，确定剖切位置和投影方向。在剖面图中，被剖切到的墙、柱均应绘制与平面图相一致的定位轴线，并标注轴线编号及轴线间尺寸。剖面图的绘图比例与平面图、立面图一致。

（2）查阅剖切到的建筑内部构造做法、结构型式、建筑材料及墙体与各层梁板、楼梯、屋面等构件之间的相互连接关系等。若剖面图绘制出断面材料图例（表 5.3）可了解剖面图中各部分选用的材料及构造做法。

（3）识读图中建筑物的竖向尺寸。一是看高度尺寸，外部尺寸主要是外墙上在高度方向上门、口的定形、定位尺寸；内部尺寸主要是室内门、窗、墙裙等高度尺寸。二是看各部位完成面的标高，如室外地面标高、室内一层地面及各层楼面标高、楼梯平台、各层的窗台、窗顶、屋面、屋面以上的阁楼、烟囱及水箱间等标高。

（4）阅读图样中的文字说明和索引符号，了解有关构件的详细构造做法。对于简单工程图中的楼地面、屋面的多层构造通常用一引出线并分别按构造层次顺序列出材料及做法说明。多数情况下是用索引符号引出详图，故应了解详图的引出位置、编号或标准图集号，以便查阅。

5.7　建　筑　详　图

5.7.1　图样形成方法及用途

因建筑平、立、剖面图的绘制比例相对较小，不能将建筑中某些细部构造、尺寸、材料和做法等内容表达清楚，为了满足建筑细部施工的需要，常将这些局部构造用较大比例绘制成详细的图样，即为建筑详图，简称详图，有时也称大样图或节点图。

详图的常用比例有 1∶1、1∶2、1∶5、1∶10、1∶20、1∶50 几种。

建筑详图通常用局部平面图、局部立面图、局部剖面图或节点大样图表示。各部位因其复杂程度不同，图示方法也各异。如墙身详图只用一个剖面图即可；楼梯详图则需要平面图、剖面图和节点大样图；有的详图则需要平面图、立面图、剖面图及节点大样图等。

建筑详图包括墙身剖面详图和楼梯、阳台、雨篷、台阶、门窗、卫生间、厨房、内外装修等详图。目前，大部分建筑详图都采用国家或地区的标准设计。查阅时，要根据建筑施工图上细部构造位置所绘制的索引符号、标准设计图集名称、代号、编号等找到相应的标准设计图集才可以。

建筑详图是对建筑平、立、剖面图的深化和补充，是建筑构配件制作、施工放样和编制预算的重要依据。

5.7.2　识读内容和方法

以墙身剖面详图和楼梯详图为例来进行说明。

5.7.2.1　墙身剖面详图

墙身剖面详图常用 1∶20 的比例，根据底层平面剖切线的位置和投影方向来绘制的，也可在剖面图的墙身上取各节点放大绘制而成。一般的多层建筑，当中间各层的情况相同时，可只画底层、顶层和一个中间层即可。但在标注时，应在中间层的节点处标注出所代表的各中间层的标高。窗洞中部通常用折断符号断开。主要识读内容和方法如下：

(1) 阅读图名、墙身与定位轴线的关系，了解所画墙身的位置。

(2) 阅读各层楼中梁、板的位置及与墙身的连接关系。

(3) 查阅各层地面、楼面、屋面的构造做法。

(4) 查看门窗立口与墙身的关系。

(5) 查看各部位的细部装修及防水防潮做法。

(6) 阅读各主要部位的标高、高度尺寸及墙身突出部分的细部尺寸。

5.7.2.2　楼梯详图

楼梯是由楼梯段（简称梯段）、休息平台、栏杆与扶手等组成。由于楼梯的构造比较复杂，楼梯详图一般由楼梯平面图、剖面图及踏步、栏杆扶手（或栏板）的节点详图等组成，尽可能画在同一张图纸内。平、剖面图比例要一致，以便对照阅读。

1. 楼梯平面图

楼梯平面图是用假想的水平面将楼梯间水平剖切得到投影图，实际为建筑平面图中楼梯间的放大图样。一般每一层楼都要画楼梯平面图，但三层以上的建筑，若中间各层的楼梯位置及其梯段数、踏步数和大小都相同时，通常只画出底层、中间层和顶层三个平面图。三个平面图画在同一张图纸内，并互相对齐，以便于阅读。

楼梯平面图的剖切位置，是在该层上行的第一梯段（休息平台下）的楼梯间任一位置处。各层被剖切到的梯段，均在平面图中用45°折断线表示。在每一梯段处画有一长箭头，并注写"上"或"下"字，也可在其后注明步级数，表明从该层楼（地）面上行或下行多少步级可达到上（或下）一层的楼（地）面。各层平面图中应标出该楼梯间的轴线。在底层平面图应标注楼梯剖面图的剖切符号，表示剖切位置和剖视方向。

楼梯平面图主要反映楼梯的结构型式、构造做法、材料、各部分的详细尺寸等。主要识读内容和方法是：

(1) 楼梯间的位置，应从图中横向与纵向定位轴线编号可以看出楼梯间的位置。

(2) 楼梯间的尺寸，通常包括楼梯间的开间尺寸、进深尺寸、平台深度尺寸、梯段与梯井宽度尺寸、梯段长度（踏面宽度×梯段的踏面数）及楼梯栏杆扶手的位置尺寸。

(3) 楼梯间的标高，包括楼地面和休息平台面标高。

(4) 楼梯间的门窗。

2. 楼梯剖面图

楼梯剖面图是用假想的铅垂面通过各层的一个梯段和门窗洞将楼梯剖开，向另一未剖到的梯段方向投影得到投影图。在多层房屋中，若中间各层的楼梯构造相同时，则剖面图可只画出底层、中间层和顶层剖面，中间用折断线断开。

楼梯剖面图主要反映楼梯踏步、平台、栏杆的构造及其相互连接方式。其主要识读内容和方法是：

(1) 楼梯的结构型式。

(2) 楼梯的标高及尺寸，包括地面、平台面、楼面等的标高和梯段的标高及尺寸，且应与楼梯平面图一致。梯段在剖面图中标注的是步级数（踏面数＋1）。

（3）细部构造及材料，剖面图中应表达梯段、平台、梁等被剖切断面的材料图例，且应注明栏杆、扶手的做法。

3. 楼梯节点详图

楼梯节点详图一般都是根据索引查阅现行的标准设计图集，若采用特殊形式，则需用比例较大的详图表示。楼梯节点详图主要表示楼梯栏杆、踏步、扶手的做法，如图 5.4 所示。

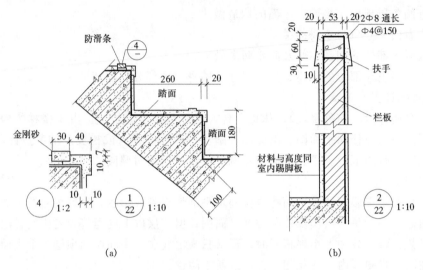

图 5.4　楼梯节点详图示例

（a）踏步详图；（b）栏板及扶手详图

本 章 小 结

建筑施工图是用来表达建筑物的总体布局、规模、外部造型、内部布置、细部构造、内外装饰、固定设施和施工要求的专业图纸。其图样组成及合理排序一般为：首页图、总平面图、建筑平面图、建筑立面图、建筑剖面图及建筑详图等。本章主要介绍了各图样的形成方法、用途、主要识读内容和方法。

首页图放在全套施工图的首页，一般包括图纸目录、建筑设计总说明、门窗表等。

总平面图是将拟建工程附近一定范围内的建筑物、构筑物及其自然状况用正投影的方法，按照制图标准中规定的图例、图线、比例、计量单位、尺寸注法等要求绘制而成的图样，属总体布置图。主要表示新建建筑的形状、位置、朝向、标高以及周围原有建筑、地形、道路、绿化等内容。是新建建筑定位、施工放线、现场布置及水、电、暖等其他专业总平面图设计和各种管线敷设的依据。

建筑平面图是用一个假想的水平剖切面在建筑物的门窗洞口位置水平剖切后，移去剖切面上方的部分，对剖切面以下部分所做的水平投影图。主要反映建筑物的平面形状、大小和房间的布置、墙（或柱）的位置、厚度、材料、门窗的位置、大小、开启方向等情况。是施工放线、砌墙、安装门窗、预留孔洞、室内装修及编制预算、施工备料等工作的重要依据。

建筑立面图是按正投影法将各立面向与之平行的投影面投影形成的图样。主要用于反映建筑物的体形和外貌，反映立面各部分配件的形状及相互关系、艺术处理、装饰要求、构造做法及必要的标高尺寸等。

建筑剖面图是用一个假想的铅垂剖切面垂直于外墙剖切建筑，向某一方向进行正投影形成的图样。主要用于反映建筑内部竖向空间的结构形式、楼层分层、建筑构造、构配件、垂直方向的尺寸、标高及各部分的联系等内容。可作为控制高程、砌筑内墙、铺设楼板、屋面板和内部装修等工作的依据。

建筑详图是为满足建筑细部施工的需要，将建筑平、立、剖面图中某些细部构造、尺寸、材料和做法等内容用较大比例绘制成详细的图样，使图示内容表达更清楚。是建筑构配件制作、施工放样和编制预算的重要依据。查阅时，一般要依据建筑施工图上细部构造位置所绘制的索引符号、标准设计图集名称、代号、编号等找到相应的标准设计图集来使用。

通过学习，学生应了解建筑施工图形成方法，熟记"国标"规定的各种常用图例，掌握建筑施工图的识读内容和方法。在此基础上，反复练习，才能实现应用自如的目标。

复 习 思 考 题

1. 什么是建筑施工图？其用途是什么？
2. 建筑施工图的图样由哪些内容组成？如何来合理排序？
3. 熟悉建筑施工图中的各种常用图例。
4. 首页图主要图示哪些内容？
5. 什么是总平面图？其用途有哪些？
6. 总平面图图示哪些内容？识读方法和步骤是什么？
7. 什么是建筑平面图？其用途有哪些？
8. 建筑平面图的图示内容有哪些？识读方法和步骤是什么？
9. 何谓标准层平面图？
10. 建筑平面图中的三道尺寸如何标注？房间的开间和进深指的是哪个尺寸？
11. 什么是建筑立面图？其用途有哪些？
12. 建筑立面图的图示内容有哪些？识读方法和步骤是什么？
13. 建筑立面图的命名方法通常有哪几种？
14. 什么是建筑剖面图？其用途有哪些？
15. 建筑剖面图的图示内容有哪些？识读方法和步骤是什么？
16. 建筑剖面图的剖切位置应如何选择？一般应标注哪些标高和尺寸？
17. 常用的建筑详图有哪些？主要表达哪些内容？其用途是什么？

实 训 练 习 题

1. 识读第 8 章实例导读中的建筑施工图。

第6章 识读结构施工图

【知识目标】 了解结构施工图的图样形成方法；熟悉结构施工图的各种图例；掌握结构施工图的用途、图样组成、主要读图内容和方法。

【能力目标】 能正确识读结构施工图。

6.1 概　　述

6.1.1 结构施工图的组成、用途

结构施工图是关于承重结构构件（如基础、墙体、柱、梁、板等）的布置、使用的材料、形状、大小及内部构造的工程图样。通常用"结施"表示。

结构施工图通常由下列部分组成。

1. 结构设计说明

对结构施工图通常用文字辅以图表来进行说明，如工程概况、自然条件、主要设计依据、本专业设计所执行的主要法规和所采用的主要标准（包括标准的名称、编号、年号和版本号）、对建筑材料的要求、施工注意事项等。可根据工程的复杂程度编写结构设计说明内容。

2. 结构构件平面布置图

结构构件平面布置图也称结构平面图，与建筑平面图一样是全局性的图纸，主要包括以下内容：

（1）基础平面布置图（含基础截面详图）。

（2）楼层结构构件平面布置图。

（3）屋顶结构构件平面布置图。

3. 结构构件详图

结构构件详图是局部性图纸，主要有：

（1）梁、板、柱及基础结构详图。

（2）楼梯结构详图。

（3）屋架结构详图。

（4）其他结构构件详图，如支撑详图等。

结构施工图主要用于表示建筑结构系统的结构类型、结构布置、构件种类、数量、构件的内部构造、外部形状大小及构件间的连接构造等内容，它是承重构件以及其他受力构件施工放线、挖基槽、支模板、绑扎钢筋、设置预埋件、浇注混凝土、安装预制构件、计算工程量、编制预算和施工进度计划等的重要依据。

6.1.2 常用建筑结构的基本知识介绍

6.1.2.1 建筑结构类型

建筑结构按照主要承重构件所采用的材料不同，一般可分为砖木结构、砖混结构、钢筋

混凝土结构和钢结构四大类。

（1）砖木结构。用砖墙、砖柱、木屋架作为主要承重结构的建筑，像大多数农村的屋舍、庙宇等。这种结构建造简单，材料容易准备，费用较低。

（2）砖混结构。砖墙或砖柱、钢筋混凝土楼板和屋顶承重构件作为主要承重结构的建筑，这是目前在住宅建设中建造量最大、采用最普遍的结构类型。

（3）钢筋混凝土结构（图 6.1）。即梁、板、柱等主要承重构件全部采用钢筋混凝土结构，这种结构类型主要用于大型公共建筑、工业建筑和高层住宅，应用非常广泛。

钢筋混凝土建筑里又分框架结构、框架—剪力墙结构、框—筒结构等。目前 25～30 层的高层住宅通常采用框架—剪力墙结构。

（4）钢结构。主要承重构件全部采用钢材制作，它自重轻，能建超高摩天大楼；又能制成大跨度、高净高的空间，特别适合大型公共建筑。

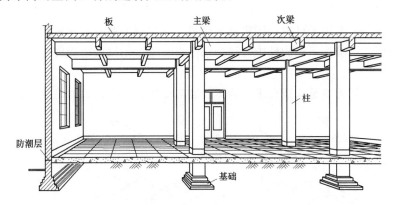

图 6.1 钢筋混凝土结构示意图

6.1.2.2 钢筋混凝土构件

用钢筋和混凝土两种材料制成的梁、板、柱、基础等构件，称为钢筋混凝土构件。因混凝土是由水泥、砂子、石子、水按一定的配合比拌而成，具有较低的抗拉强度和较高的抗压强度（分 C15、C20、C25、C30、C35、C40、C45、C50、C55、C60、C65、C70、C75、C80 14 个等级，数字越大表示抗压强度越高）。而钢筋具有良好的抗拉强度，且与混凝土有良好的黏结力，其热膨胀系数与混凝土接近。故在混凝土中配置一定数量的钢筋组合成钢筋混凝土，两种材料形成一体，共同承担外力。

钢筋混凝土构件按施工方式不同分现浇和预制两种。现浇钢筋混凝土构件是在工地现场直接浇筑而成；预制钢筋混凝土构件是在加工厂或工地预制完成后吊装就位的。有些构件制作时先张拉钢筋，对混凝土预先施加应力，以提高构件的抗拉和抗裂性能，这种构件称为预应力钢筋混凝土构件。

6.1.2.3 钢筋

1. 常用钢筋种类及对应符号

钢筋按其强度和品种有不同的等级。每一类钢筋都有一个对应的表示符号，见表 6.1。

2. 钢筋的分类和作用

按钢筋在构件中的作用和受力情况可分为以下几种（图 6.2）：

（1）受力筋。承受拉、压等应力的钢筋，是构件中的主要受力钢筋。

（2）箍筋。是构件中承受剪力和扭力的钢筋，并用以固定纵向受力钢筋位置，一般用于梁和柱中。

表 6.1　　　　　　　　　　　　　常用钢筋种类及对应符号

钢 筋 种 类	符 号	钢 筋 种 类	符 号
Ⅰ级钢筋 HPB235（Q235）	Φ	Ⅳ级钢筋 RRB400（K20MnSi 等）	Φ^R
Ⅱ级钢筋 HRB335（20MnSi）	Φ	冷拔低碳钢丝	Φ^b
Ⅲ级钢筋 HRB400 （20MnSiV、20MnSib、20MnTi）	Φ	冷拉Ⅰ级钢筋	Φ^L

注　1. HPB指热轧光圆钢筋，HRB 为热轧带肋钢筋，RRB指余热处理钢筋。

　　2.235、335、400 为强度值。

（3）架立筋。一般用于梁内，固定箍筋位置，并与受力筋一起构成钢筋骨架。

（4）分布筋。一般在板类构件中与受力筋垂直布置，用以固定受力钢筋位置，使整体均匀受力。

（5）构造筋。是为满足构造要求和施工安装需要配置的钢筋，如吊环、腰筋等。

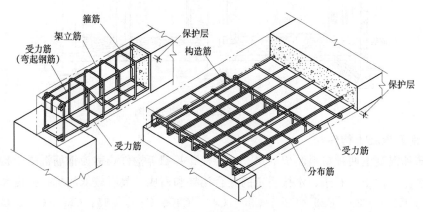

图 6.2　钢筋的分类

3. 钢筋的保护层和弯钩

为了防止钢筋锈蚀，提高耐火性以及加强钢筋与混凝土的黏结力，钢筋外边缘到构件表面应有一定厚度的混凝土，该混凝土层即为保护层。各种构件的混凝土保护层应按表 6.2 采用。

表 6.2　　　　　　　　　　　　　钢筋混凝土保护层厚度

环 境 条 件	构件类别	混 凝 土 强 度 等 级		
		≤C20	C25 及 C30	≥C35
室内正常环境	板、墙、壳	15		
	梁和柱	25		
露天或室内高温度环境	板、墙、壳	35	25	15
	梁和柱	45	35	25

为了增强钢筋在混凝土构件中的锚固能力，可以使用带有人字纹或螺纹的受力筋。如果受力筋为光圆钢筋，则在钢筋的两端要做成弯钩的形状。弯钩的形式一般有半圆弯钩、直钩，如图 6.3 所示。

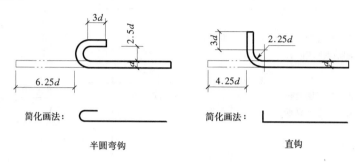

半圆弯钩 　　　　　　　　直钩

图 6.3　钢筋的弯钩

4. 钢筋的标注方法

对于不同等级、不同直径、不同形状的钢筋一般采用引出线的方式给予不同的编号和标注。编号采用阿拉伯数字，写在引出线端头的直径为 6mm 的细实线圆中。在编号引出线上部，应用代号写该号钢筋的等级品种、直径、根数或间距。

图 6.4 中，2Φ14 是梁、柱中纵筋常用的标注方法，表示钢筋根数为 2 根、钢筋类别 HRB335、钢筋直径 14mm；Φ8@100 是梁、柱中箍筋常用的标注方法，表示钢筋类别 HPB235、钢筋直径 8mm、相邻钢筋的中心距离为 100mm。

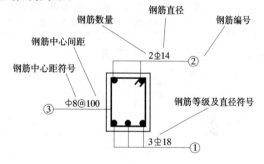

图 6.4　钢筋的标注形式

5. 常见钢筋的规定画法

（1）一般钢筋的表示方法见表 6.3。

表 6.3　　　　　　　　　　　　　　一般钢筋的表示方法

序号	名 称	图 例	说 明
1	钢筋横断面	●	
2	无弯钩的钢筋端部		下图表示长、短钢筋投影重叠时，短钢筋的端部用 45° 斜划线表示
3	带半圆形弯钩的钢筋端部		
4	带直钩的钢筋端部		
5	带丝扣的钢筋端部		
6	无弯钩的钢筋搭接		
7	带半圆弯钩的钢筋搭接		
8	带直钩的钢筋搭接		
9	花篮螺丝钢筋接头		
10	机械连接的钢筋接头		用文字说明机械连接的方式（或冷挤压或锥螺纹等）

（2）钢筋的画法应符合表 6.4 的规定。

表 6.4 钢 筋 的 画 法

序号	说 明	图 例
1	在结构平面图中配置双层钢筋时，底层钢筋弯钩应向上或向左，顶层钢筋的弯钩则向下或向右	（底层） （顶层）
2	钢筋混凝土墙体配双层钢筋时，在配筋立面图中，远面钢筋的弯钩应向上或向左，而近面钢筋的弯钩向下或向右（近面 JM；远面 YM）	
3	若在断面图中不能表达清楚的钢筋布置，应在断面图外增加钢筋大样图（如钢筋混凝土墙、楼梯等）	
4	图中表示的箍筋、环箍等布置复杂时，可加画钢筋大样及说明	或
5	每组相同钢筋、箍筋或环筋可用一根粗实线表示，同时用一两端带斜短划线的横穿细线，表示其余钢筋及起止范围	

6.1.3 常用构件的表示方法

在结构施工图中，构件种类繁多，布置复杂，为了便于阅读和绘制，常采用代号表示构件的名称。常用构件的代号见表 6.5。

表 6.5 常 用 构 件 代 号

序号	名 称	代号	序号	名 称	代号	序号	名 称	代号
1	板	B	19	圈梁	QL	37	承台	CT
2	屋面板	WB	20	过梁	GL	38	设备基础	SJ
3	空心板	KB	21	连系梁	LL	39	桩	ZH
4	槽形板	CB	22	基础梁	JL	40	挡土墙	DQ
5	折板	ZB	23	楼梯梁	TL	41	地沟	DG
6	密肋板	MB	24	框架梁	KL	42	柱间支撑	ZC
7	楼梯板	TB	25	框支梁	KZL	43	垂直支撑	CC
8	盖板或沟盖板	GB	26	屋面框架梁	WKL	44	水平支撑	SC
9	挡雨板或檐口板	YB	27	檩条	LT	45	梯	T
10	吊车安全走道板	DB	28	屋架	WJ	46	雨篷	YP
11	墙板	QB	29	托架	TJ	47	阳台	YT
12	天沟板	TGB	30	天窗架	CJ	48	梁垫	LD
13	梁	L	31	框架	KJ	49	预埋件	M
14	屋面梁	WL	32	刚架	GJ	50	天窗端壁	TD
15	吊车梁	DL	33	支架	ZJ	51	钢筋网	W
16	单轨吊车梁	DDL	34	柱	Z	52	钢筋骨架	G
17	轨道连接	DGL	35	框架柱	KZ	53	基础	J
18	车挡	CD	36	构造柱	GZ	54	暗柱	AZ

注 1. 预制钢筋混凝土构件、现浇钢筋混凝土构件、钢构件和木构件，一般可直接采用本附录中的构件代号。在绘图中，当需要区别上述构件的材料种类时，可在构件代号前加注材料代号，并在图纸中加以说明。

2. 预应力钢筋混凝土构件的代号，应在构件代号前加注"Y-"，如 Y-DL 表示预应力钢筋混凝土吊车梁。

6.2 基础平面图和基础详图

基础图是表示建筑物地面以下基础部分的平面布置和详细构造的图样，包括基础平面布置图与基础详图。它们是施工放线、确定基础结构位置、开挖基坑、砌筑或浇注基础的依据，也是进行施工组织和施工预算的依据。

6.2.1 基础平面图

假想用一个水平面沿建筑物室内地面以下剖切后，移去建筑物上部和基坑回填土后，向下投影所作的水平剖面图称为基础平面图，如图 6.5、图 6.6 所示。

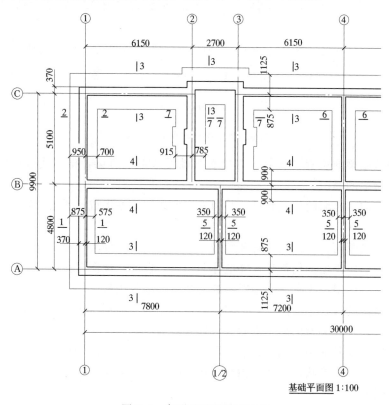

基础平面图 1:100

图 6.5 条形基础平面图示例

基础的平面图中主要表示基础的平面位置、基础与墙和柱的定位轴线的关系、基础底部的宽度、基础上预留的孔洞、管沟等。识读内容和读图方法如下：

（1）阅读图名和比例。基础平面图中的比例应与建筑平面图相同，常用比例为 1:150、1:200。

（2）阅读基础与定位轴线的平面位置、相互关系以及轴线间的尺寸。基础平面图中的定位轴线、编号及轴线之间的尺寸应与建筑平面图的标注相一致。基础平面图的外部尺寸一般只注两道，即开间、进深等各轴线间的尺寸和首尾轴线间的总尺寸。

（3）阅读基础墙（或柱）的平面布置、形状、尺寸等内容。基础平面图中只画出基础墙（或柱）及基础底面的轮廓线，其他细部轮廓线均省略不画。每一条基础最外边的两条中实线是基础底面的轮廓线，而最里边两条粗实线是基础与上部墙体（或柱）交接处的轮廓线。

233

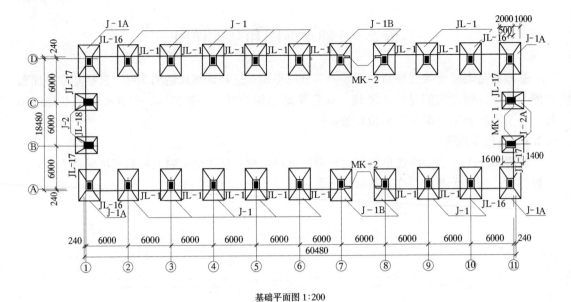

基础平面图 1:200

图 6.6　独立基础平面图示例

（4）查阅基础梁的位置和代号。主要看基础哪些部位有梁，根据代号可以清楚梁的种类、数量并查阅梁的详图。

（5）查看地沟、孔洞的位置和尺寸。通常用虚线表示地沟或孔洞的位置，并注明大小及洞底的标高。

（6）阅读基础断面图的剖切位置及编号。在需要画出断面图（基础详图）来反映基础的详细情况的位置，应画出剖切符号，并应注明编号，以便识读图时按编号查阅基础详图。

（7）阅读文字说明，了解基础用料、施工注意事项等内容。

阅读独立基础的基础平面图时，不但要查看基础的平面形状等，还要查看各独立基础的相对位置和编号，不同类型的单独基础会分别编号的。

注意读图时应与其他相关图纸配合使用，特别是底层平面图和楼梯详图，因为基础平面图中的某些尺寸、平面形状、构造等内容已在这些图中表明了。

6.2.2　基础详图

基础详图主要表明基础各部分的构造和详细尺寸，通常用垂直剖面图表示。

条形基础的详图一般用剖面图表达（图 6.7）。对于比较复杂的独立基础，有时还要增加平面图才能表示清楚（图 6.8）。基础详图尽可能与基础平面图画在同一张图纸上。比例一般采用 1:20、1:25、1:30 等较大比例绘制。若详图为通用图，轴线圆圈内可不编号。

主要识读内容和方法如下：

（1）根据基础平面图中的详图剖切符号或基础代号，查阅基础详图。

（2）了解基础断面形状、材料及配筋等。

（3）了解基础断面的详细尺寸和室内外地面的标高等。

（4）了解基础防潮层的设置、位置及材料要求。

（5）了解基础梁的尺寸及配筋等内容。

（6）看文字说明，了解有关构造要求和注意事项等。

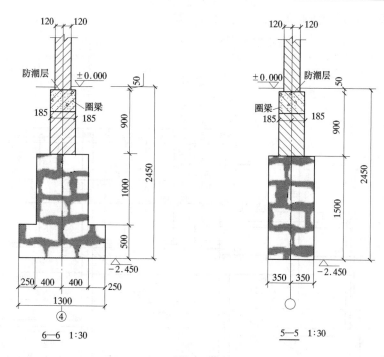

6—6 1:30   5—5 1:30

图 6.7 条形基础详图示例

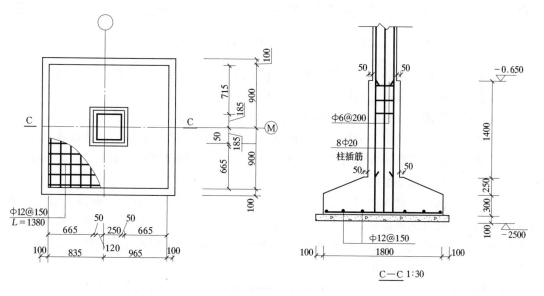

C—C 1:30

图 6.8 独立基础详图示例

6.3 楼层及屋顶结构平面图

6.3.1 结构平面图的形成、用途

结构平面图是表示建筑物各承重构件（如梁、板、柱等）平面布置、构造、配筋（现浇楼板）及构件之间的结构关系的图样（图 6.9）。它是施工时布置和安放各层承重构件的依

据。结构平面图的定位轴线必须与建筑平面图一致。

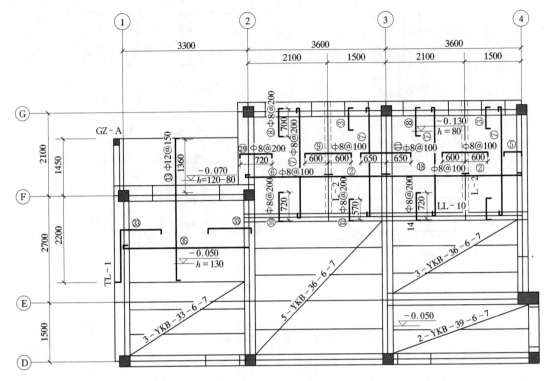

图 6.9　预制、现浇板结构平面图示例

除基础结构平面图以外，一般还有楼层结构平面图和屋顶结构平面图。一般民用建筑的楼层和屋顶均采用钢筋混凝土结构，它们的结构布置和图示方法基本一样。

楼层结构平面图是假想将建筑物沿楼板面水平剖开后向下作正投影所得的水平剖面图，为施工中安装梁、板、柱等各种构件提供依据，同时为现浇构件立模板、绑扎钢筋、浇筑混凝土提供依据。对于承重构件布置相同的楼层，可只画一个楼层结构平面图，即为标准层结构平面图，但应将合用楼层的层数注写清楚。

楼层结构平面图中被剖切到或可见的构件轮廓线一般用中实线表示，被楼板挡住的墙、柱轮廓线用中虚线（或细虚线）表示，预制楼板的平面布置情况一般用细实线表示，梁用粗单点长划线（或细虚线）表示，钢筋用粗实线表示。楼梯间的结构布置，一般在结构平面图中不表示，只用双对角线表示。

屋顶结构平面图是表示屋顶承重构件平面布置的图样。它与楼层结构平面图基本相同，所不同的是要将上人孔、通风道等预留孔洞位置表示出来。由于屋顶排水的需要，屋顶承重构件可根据需要按一定的坡度布置，有时需设置挑檐板，故还要在图中表明挑檐板的范围及节点详图的剖切符号。

6.3.2　预制楼板的表达方式

对于预制楼板，用粗实线表示楼层平面轮廓，用细实线表示预制板的铺设，习惯上把楼板下不可见墙体的实线改画为虚线。

预制板的布置有以下两种表达方式（图 6.10）：

（1）在各结构单元（每一开间）范围内，按实际投影分块画出楼板，并注写数量、规格及型号。对于预制板的铺设方式相同的单元，用相同的编号，如甲、乙等表示，而不用将每个单元楼板的布置画出来。

（2）在各结构单元范围内，画一条对角线，并沿着对角线方向注明预制板数量、规格及型号。

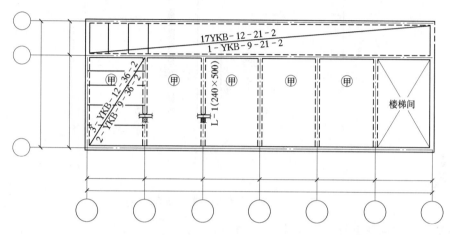

图 6.10　预制板的布置表达方式

6.3.3　预制构件的代号及标注方法

预制构件是在预制厂按通用图集生产的定型产品，预制构件不需要绘制构件详图，只需标注定型产品的型号和代号即可，如图 6.11 所示。

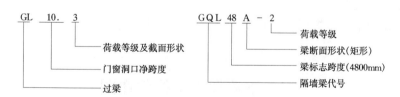

图 6.11　预制构件的代号及标注方法

6.3.4　现浇楼板的表达方式

对于现浇楼板，用粗实线画出板中的钢筋，每一种钢筋只画一根，同时画出一个重合断面，表示板的形状、厚度和标高（图 6.12）。

6.3.5　主要识读内容和方法

认真阅读图纸，基本按以下顺序了解图纸内容。

（1）了解图名和比例。常用比例为 1:100，与建筑平面图一致。

（2）了解定位轴线的布置和轴线间的尺寸。一般标注两道尺寸，即轴线间尺寸和建筑的

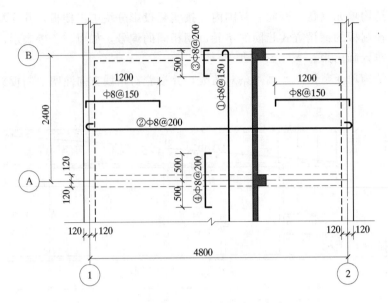

图 6.12 现浇楼板的布置表达方式

总长、总宽，同建筑平面图。

（3）了解梁的平面布置、编号和截面尺寸等情况。

（4）了解结构层中楼板的平面位置和组合情况。

（5）了解现浇板的厚度、标高及支承在墙上的长度。

（6）了解现浇板中钢筋的布置情况。如图 6.12 所示，在图中各类钢筋一般只画一根示意，其他钢筋可从节点详图中查阅。配置双层钢筋时钢筋的弯钩向下、向右表示顶层钢筋；钢筋的弯钩向上、向左表示底层钢筋。

（7）了解各节点详图的剖切位置。凡墙、板、圈梁等构造不同时，均应标注不同的剖切符号和编号，依编号查阅节点详图。

（8）了解梁、板高低变化等情况。

（9）了解文字说明部分内容。

阅读屋顶结构平面布置图时，还要注意屋顶上人孔、通风道等处的预留孔洞的位置和大小。

6.4 钢筋混凝土构件详图

钢筋混凝土构件可分为两种：一是定型的预制或现浇构件，可直接引用标准图或通用图；二是非定型构件，必须绘制构件详图。

钢筋混凝土构件详图一般包括模板图、配筋图、预埋件详图及钢筋表。一般情况主要绘制配筋图，对较复杂的构件才画出模板图和预埋件详图。

（1）配筋图用来表示构件内部的钢筋配置、规格、形状、数量等，一般又分平面图、立面图、断面图和钢筋详图几种。图中钢筋用粗实线和黑圆点（断面图中）画出，箍筋用中实线绘制，对钢筋应进行标注说明；构件轮廓线用细实线表示，图内不画材料图例。

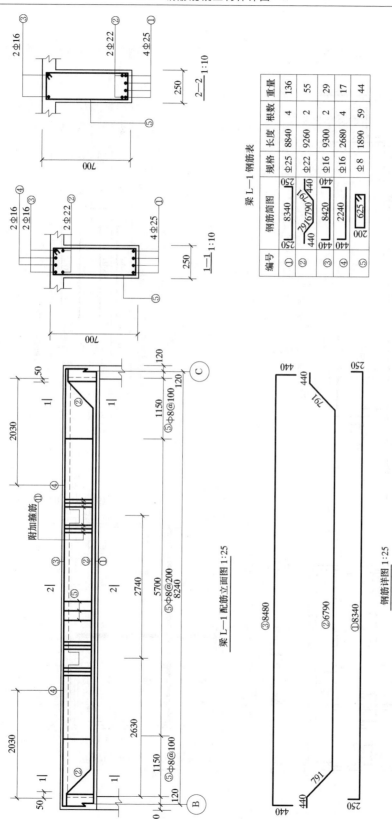

梁 L—1 钢筋表

编号	钢筋简图	规格	长度	根数	重量
①		Φ25	8840	4	136
②		Φ22	9260	2	55
③		Φ16	9300	2	29
④		Φ16	2680	4	17
⑤		Φ8	1890	59	44

梁 L—1 配筋立面图 1:25

钢筋详图 1:25

图 6.13 钢筋混凝土简支梁结构详图示例

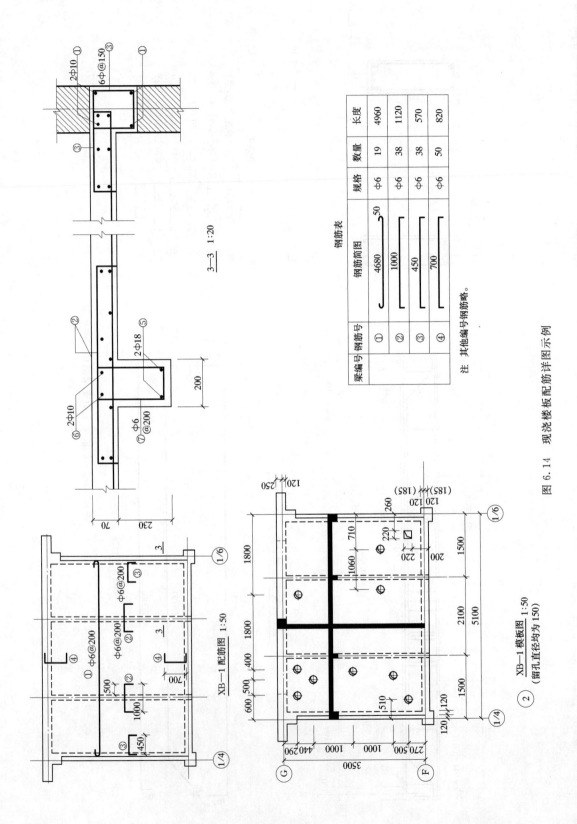

钢筋表

梁编号	钢筋号	钢筋简图	规格	数量	长度
	①	4680 $\overset{50}{\underset{50}{}}$	Φ6	19	4960
	②	1000	Φ6	38	1120
	③	450	Φ6	38	570
	④	700	Φ6	50	820

注：其他编号钢筋略。

图 6.14 现浇楼板配筋详图图示例

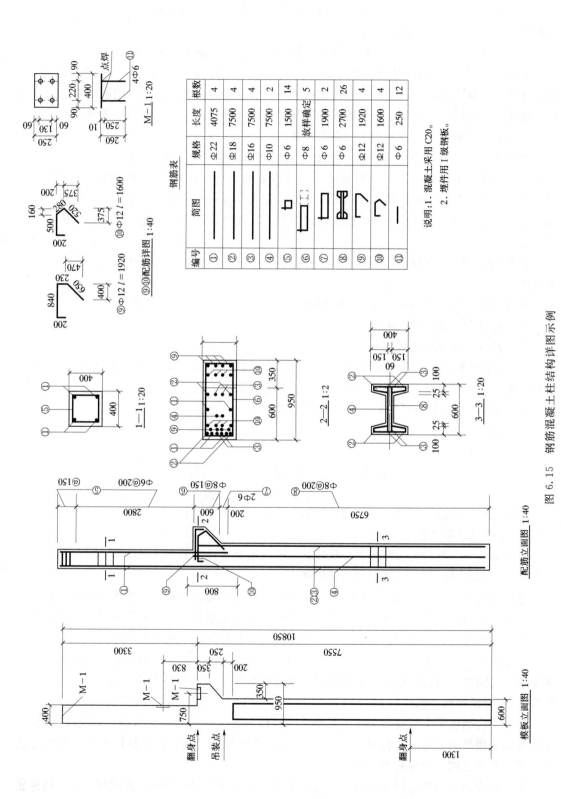

图 6.15　钢筋混凝土柱结构详图示例

钢筋表

编号	简图	规格	长度	根数
①		Φ22	4075	4
②		Φ18	7500	4
③		Φ16	7500	4
④		Φ10	7500	2
⑤		Φ6	1500	14
⑥		Φ8	放样确定	5
⑦		Φ6	1900	2
⑧		Φ6	2700	26
⑨		Φ12	1920	4
⑩		Φ12	1600	4
⑪		Φ6	250	12

说明:1. 混凝土采用 C20。
　　　2. 埋件用 I 级钢板。

（2）模板图和预埋件详图主要表示构件的外部形状、尺寸和预埋件代号及位置等。若构件形状简单，可与配筋图画在一起。

（3）钢筋表是为方便钢筋放样、加工、编制施工预算及便于识图而设置的。

如图 6.13 所示，钢筋混凝土梁的结构详图以配筋图为主，一般由梁的立面图、断面图、钢筋详图和钢筋表组成。钢筋的形状在配筋图中一般已表达清楚。如果在配筋比较复杂、钢筋重叠无法看清时，应增加钢筋详图。钢筋详图应按照钢筋在立面图中的位置由上而下，用同一比例排列在梁下方，并与相应的钢筋对齐。

如图 6.14 所示，钢筋混凝土板结构详图通常采用结构平面图或结构剖视图表示。在钢筋混凝土板结构平面图中能表示出轴线网、承重墙或承重梁的布置情况，表示出板支承在墙、梁上的长度及板内配筋情况。当板的断面变化大或板内配筋较复杂时，常采用板的结构剖视图表示。在结构剖视图中，除能反映板内配筋情况外，板的厚度变化及板底标高也能反映清楚。

如图 6.15 所示，钢筋混凝土柱结构详图一般由柱的立面图、断面图、钢筋详图和钢筋表等组成。

钢筋混凝土构件详图的主要识读内容有：

（1）构件名称或代号、比例。

（2）构件定位轴线及其编号。

（3）构件的形状、尺寸和预埋件代号及布置（模板图），构件的配筋（配筋图）。当构件外形简单又无预埋件时，一般用配筋图来表示构件的形状和配筋。

（4）钢筋尺寸和构造尺寸，构件底面的结构标高。

（5）施工说明等。

6.5　楼梯结构详图

楼梯结构详图由楼梯结构平面图和楼梯结构剖视图组成。

6.5.1　楼梯结构平面图

楼梯结构平面图是表明楼梯梁、梯段板、平台板及楼梯间的门窗过梁等各构件的平面布置代号、大小、定位尺寸及结构标高的图样。

楼梯结构平面图通常采用 1：50 的比例绘制，其图示要求与楼层结构平面布置图基本相同，它是用剖切在楼层间楼梯平台上方的一个水平剖视图来表示的。楼梯可见轮廓线用细实线表示，不可见轮廓线用细虚线表示，剖切到的砖墙轮廓线用中粗实线表示。

多层房屋应绘出底层、中间各层和顶层楼梯结构平面图。当中间几层的结构布置和构件类型完全相同时，则只要画出一个标准层楼梯结构平面图，如图 6.16 所示。

6.5.2　楼梯结构剖视图

楼梯结构剖视图主要表明楼梯承重构件的竖向布置、构造和连接情况，以及梯段尺寸、平台板底、楼梯梁底的结构标高。当楼梯结构剖视图不能详细表达楼梯板和楼梯梁的配筋时，可用较大比例另绘配筋图，如图 6.17 所示。

楼梯结构剖视图是运用剖视方法，剖切平面垂直于梯段的铅垂面，其剖切位置在楼梯底层平面图中标出。楼梯剖视图的绘图比例与楼梯结构平面图相同。

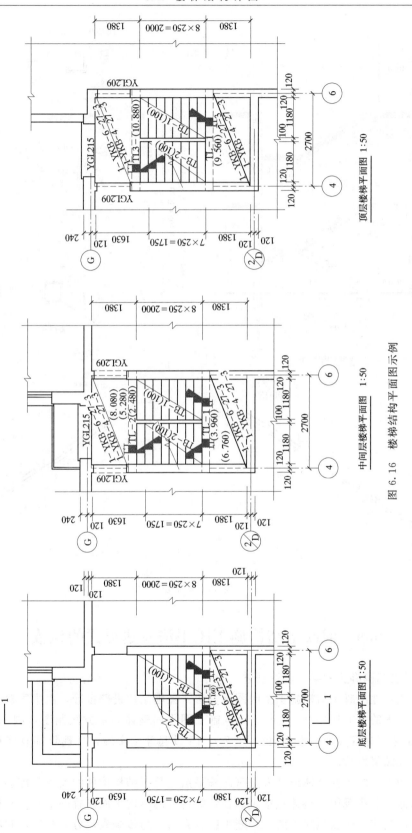

顶层楼梯平面图 1:50

中间层楼梯平面图 1:50

底层楼梯平面图 1:50

图 6.16 楼梯结构平面图示例

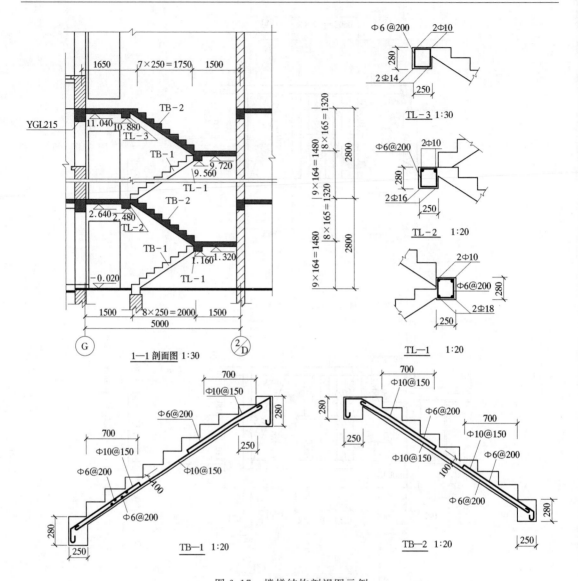

图 6.17 楼梯结构剖视图示例

6.6 混凝土结构施工图平法表达形式的识读

6.6.1 混凝土结构施工图平法表达概述

为了规范各地混凝土结构施工图的图示方法，经国家建设部批准，由中国建筑标准设计研究院牵头主编的 03G101-1《混凝土结构施工图平面整体表示方法制图规则和构造详图》等 30 项国家建筑标准设计图集于 2003 年 2 月 15 日起开始实施，且逐年都有修正、补充或新的标准设计图集发行。

建筑结构施工图平面整体设计方法（简称平法）是把结构构件的尺寸和配筋等，按照平面整体表示方法制图规则，整体直接表达在各类构件的结构平面布置图上，再与标准构造详图相配合，即构成一套新型完整的结构施工图的方法。与传统表示方式相比，它改变了传统的那种将构件从结构平面布置图中索引出来，再逐个绘制配筋详图的繁琐方法，是对我国目前混凝土结构施工图的设计表示方法的重大改革。

平法表达适用于各种现浇混凝土结构的柱、剪力墙、梁等构件的结构施工图。其制图规则和表达形式既是设计者完成柱、墙、梁平法施工图的依据，也是施工、监理人员准确理解和实施平法施工图的依据。

按平法设计绘制的施工图，一般是由各类结构构件的平法施工图和标准构造详图两大部分内容组成。绘制时按照各类构件的平法制图规则，在结构（标准）层的平面布置图上直接表示各构件的尺寸、配筋和所选用的标准构造详图。出图时，按基础、柱、剪力墙、梁、板、楼梯及其他构件的顺序排列。表示各构件的尺寸、配筋的方式有平面注写、列表注写和截面注写方式三种。

6.6.2 柱平法施工图识读

6.6.2.1 柱平法施工图表达规则和图示方法

柱平法施工图系在柱平面布置图上采用列表注写方式或截面注写方式表达柱构件的截面形状、几何尺寸、配筋等设计内容，并用表格或其他方式注明包括地下和地上各层的结构层楼（地）面标高、结构层高及相应的结构层号（与建筑楼层号一致）。

1. 列表注写方式

列表注写方式就是在柱平面布置图上，分别在不同编号的柱中各选择一个（有时需几个）截面，标注柱的几何参数代号，另在柱表中注写柱号、柱段起止标高、几何尺寸（包括柱截面对轴线的偏心情况）与配筋的具体数值，同时配以各种柱截面形状及其箍筋类型图的方式，来表达柱平法施工图。一般情况下一张图纸便可将本工程所有柱的设计内容（构造要求除外）一次性表达清楚。

列表注写方式绘制的柱平法施工图包括以下三部分具体内容（图 6.18）：

（1）结构层楼面标高、结构层高及相应结构层号。可以用表格或其他方法注明，用来表达所有柱沿高度方向的数据，方便设计和施工人员查找、修改。

（2）柱平面布置图。在柱平面布置图上，分别在不同编号的柱中各选择一个（或几个）截面，标注柱的几何参数代号：b_1、b_2、h_1、h_2，用以表示柱截面形状及与轴线关系。

（3）柱表。柱表内容包含以下 6 个部分：

1）柱编号：由柱类型代号和序号组成，应符合表 6.6 的规定。柱编号既可使设计和施工人员对柱种类、数量一目了然，也方便在配套使用的标准构造详图中查找对应构件。

2）各段柱的起止标高：自柱根部往上，以变截面位置或截面未变但配筋改变处为界分段注写。框架柱和框支柱的根部标高系指基础顶面标高；梁上柱的根部标高系指梁顶面标高；剪力墙上柱的根部标高分两种：当柱纵筋锚固在墙顶部时，其根部标高为墙顶面标高；当柱与剪力墙重叠一层时，其根部标高为墙顶面往下一层的结构层楼面标高。

3）柱截面尺寸 $b\times h$ 及与轴线关系的几何参数代号：b_1、b_2 和 h_1、h_2 的具体数值，须对应各段柱分别注写。其中 $b=b_1+b_2$，$h=h_1+h_2$。当截面的某一边收缩变化至与轴线重合或偏到轴线的另一侧时，b_1、b_2、h_1、h_2 中的某项为零或为负值。

4）柱纵筋：分角筋、截面 b 边中部筋和 h 边中部筋三项分别注写。当柱纵筋直径相同，各边根数也相同时，可将纵筋写在"全部纵筋"一栏中。采用对称配筋的矩形柱，可仅注写一侧中部。

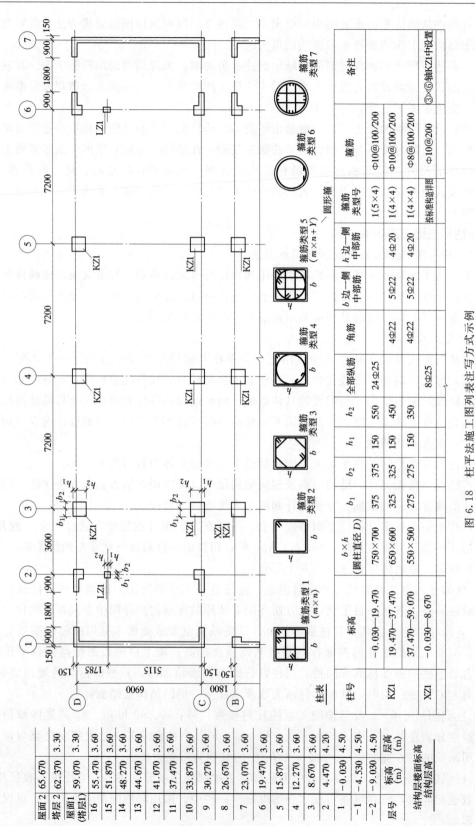

图 6.18 柱平法施工图列表注写方式示例

5）箍筋种类型号及箍筋肢数，在箍筋类型栏内注写。具体工程所设计的箍筋类型图及箍筋复合的具体方式，须画在表的上部或图中的适当位置，并在其上标注与表中相对应的 b、h 和类型号。

6）柱箍筋：包括钢筋级别、直径与间距。当为抗震设计时，用斜线"/"区分柱端箍筋加密区与柱身非加密区长度范围内箍筋的不同间距。例如：$\Phi\,10@100/200$，表示箍筋为HPB235 级钢筋，直径 10mm，加密区间距为 100mm，非加密区间距为 200mm。当柱纵筋采用搭接连接，且为抗震设计时，在柱纵筋搭接长度范围内（应避开柱端的箍筋加密区）的箍筋，均应按不大于 $5d$（d 为柱纵筋较小直径）及不大于 100mm 的间距加密。

表 6.6　　　　　　　　　　　　　　柱类型代号和序号表

柱 类 型	代 号	序 号	柱 类 型	代 号	序 号
框架柱	KZ	××	梁上柱	LZ	××
框支柱	KZZ	××	剪力墙上柱	QZ	××
芯柱	XZ	××			

注　编号时，当柱的总高、分段截面尺寸和配筋均对应相同，仅分段截面与轴线的关系不同时，仍可将其编为同一柱号。

2. 截面注写方式

截面注写方式是在分标准层绘制的柱平面布置图的柱截面上，分别在同一编号的柱中选择一个截面，以直接注写截面尺寸和配筋具体数值的方式来表达柱平法施工图。

如图 6.19 所示，截面注写方式的柱平法施工图图示内容也包括三部分，前两部分同列表注写法，第三部分是截面注写内容，即从相同编号的柱中选择一个截面，按另一种比例在原位放大绘制柱截面配筋图并在各配筋图上继编号再注写截面尺寸 $b\times h$、角筋或全部纵筋、箍筋的具体数值及柱截面与轴线关系 b_1、b_2、h_1、h_2 的具体数值。

截面注写方式绘制的柱平法施工图图纸数量一般与标准层数相同，但对不同标准层的不同截面和配筋也可根据具体情况在同一柱平面布置图上用加括号"（ ）"的方式来区分和表达。

6.6.2.2 柱平法施工图的识图要点

识图原则：先校对平面，后校对构件；先看各构件，再看节点与连接。

（1）看结构设计说明中的有关内容。

（2）检查各柱的平面布置和定位尺寸，根据相应的建筑结构平面图，查对各柱的平面布置与定位尺寸是否正确。特别应注意变截面处、上下截面与轴线的关系。

（3）从图中（截面注写方式）及表中（列表注写方式）逐一检查柱的编号、起止标高、截面尺寸、纵向钢筋、箍筋、混凝土强度等级。

（4）柱纵向钢筋的连接位置、连接方法、连接长度、连接范围内的箍筋要求。

（5）框架结构房屋外墙设窗时，窗洞口紧挨框架柱时，洞口区段无填充墙，而在窗口上下两端则设有刚性填充墙，刚性填充墙体的约束使框架柱中部形成了短柱。如果这种短柱的高度（即洞口高度）不大于 $4hc$，柱箍筋就要全高加密；如果这种短柱的高度（即洞口高度）大于 $4hc$，柱箍筋就无须全高加密。

（6）注意柱与填充墙的拉接筋及其他二次结构预留筋；注意安装设备或装饰装修用的预埋铁件。

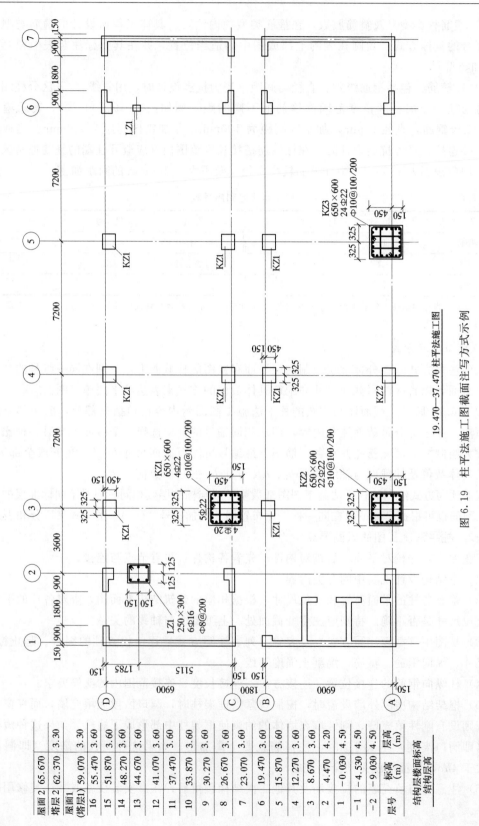

19.470—37.470柱平法施工图

图6.19 柱平法施工图截面注写方式示例

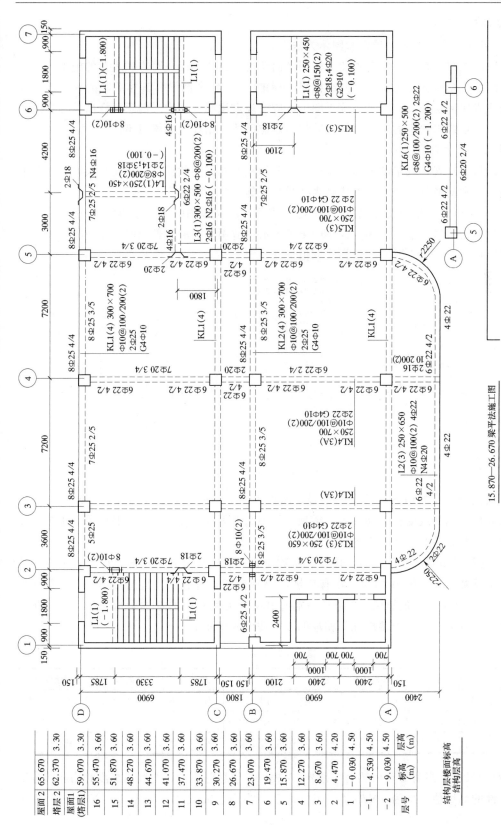

15.870～26.670 梁平法施工图

图 6.20 梁平法施工图平面注写方式示例

屋面2	65.670	3.30
塔层2	62.370	3.30
屋面1（塔层1）	59.070	3.60
16	55.470	3.60
15	51.870	3.60
14	48.270	3.60
13	44.670	3.60
12	41.070	3.60
11	37.470	3.60
10	33.870	3.60
9	30.270	3.60
8	26.670	3.60
7	23.070	3.60
6	19.470	3.60
5	15.870	3.60
4	12.270	4.20
3	8.670	4.50
2	4.470	4.50
1	-0.030	4.50
-1	-4.530	4.50
-2	-9.030	
层号	标高 (m)	层高 (m)

结构层楼面标高
结构层高

249

6.6.3　梁平法施工图识读

6.6.3.1　梁平法施工图表达规则和图示方法

梁平法施工图是在梁平面布置图上采用平面注写方式或截面注写方式表达的施工图。

梁平面布置图应分别按梁的不同结构层（标准层），将全部梁和其相关联的柱、墙、板一起采用适当比例绘制。在梁平法施工图中，应按规定注明各结构层的顶面标高及相应的结构层号。对于轴线未居中的梁，应标注其偏心定位尺寸（贴柱边的梁可不注）。

1. 平面注写方式

平面注写方式就是在梁的平面布置图上，分别在不同编号的梁中各选出一根梁，在其上注写截面尺寸和配筋具体数值的方式来表达梁平法施工图，如图 6.20 所示。

如图 6.21 所示，平面注写包括集中标注与原位标注，集中标注表达梁的通用数值，原位标注表达梁的特殊数值。当集中标注中某项数值不适用于梁的某部位时，则应将该项数值在该部位原位标注，施工时，原位标注取值优选。

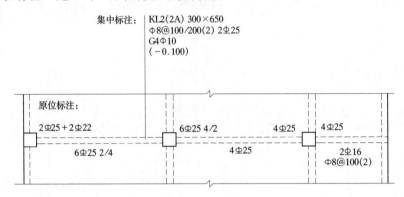

图 6.21　集中标注与原位标注方式示例

（1）梁集中标注的内容，按梁的编号、断面尺寸、箍筋、梁上部通长筋（或架立筋）、梁侧面纵向构造钢筋或受扭钢筋配置、梁顶面标高高差等内容依次标注。其中前 5 项为必注值，最后一项有高差时标注，无高差时不注。

1）梁的编号由梁的类型代号、序号、跨数及有无悬挑代号几项组成，应符合表 6.7 的规定。表中跨数代号中带 A 的为一端有悬挑，带 B 为两端有悬挑，且悬挑不计入跨数。例如 KL1（2A）表示 1 号框架梁，2 跨且一端有悬挑。类型栏中的悬挑梁指纯悬臂梁。非框架梁指没有与框架柱或剪力墙端柱等相连的一般楼面或屋面梁。

表 6.7　　　　　　　　　　　　　　梁　编　号

梁类型	代号	序号	跨数及是否带有悬臂	梁类型	代号	序号	跨数及是否带有悬臂
楼层框架梁	KL	××	(××)、(××A) 或 (××B)	非框架梁	L	××	(××)、(××A) 或 (××B)
屋面框架梁	WKL	××	(××)、(××A) 或 (××B)	悬挑梁	XL	××	
框支梁	KZL	××	(××)、(××A) 或 (××B)	井字梁	JZL	××	(××)、(××A) 或 (××B)

2）断面尺寸。当为等截面梁时，用 $b \times h$ 表示；当悬臂梁采用变截面高度时用斜线分隔根部与端部的高度值，即为 $b \times h_1/h_2$（图 6.22）；当为加腋梁时，用 $b \times h$　$YC_1 \times C_2$ 表示（图 6.23）。

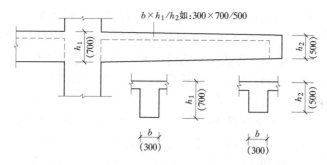

图 6.22 悬挑梁不等高截面尺寸注写示意图

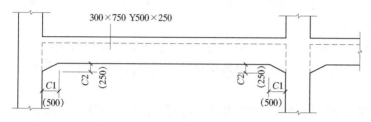

图 6.23 加腋梁截面尺寸注写示意图

3）梁的箍筋。包括箍筋的钢筋级别、直径、加密区与非加密区间距及肢数。如：

Φ8@100/200（2）表示箍筋采用 HPB235 级钢筋，直径为 8mm，加密区间距为 100mm；非加密区间距为 200mm，均为双肢箍。

Φ8@100（4）/150（2）表示箍筋采用 HPB235 级钢筋，直径为 8mm，加密区间距为 100mm，四肢箍，非加密区为间距 150mm，双肢箍。

10Φ8@100（4）/200（2）表示直径为 8mm 的箍筋，梁支座两端各有 10 个四肢箍，间距为 100mm；梁跨中部分箍筋为双肢，间距 200mm。

4）梁的上部通长筋或架立筋。当同排纵筋中既有通长筋又有架立筋时，应采用加号"＋"将两者相联，如 2Φ20＋（2Φ12）常用于四肢箍时，2Φ20 为梁角部通长筋，2Φ12 为架立钢筋。单跨非框架梁时的架立筋不必加括号。当梁上部纵筋和下部纵筋均为通长筋，且多数跨相同时，可同时标注上部与下部通长筋的配筋值，用分号"；"将上部与下部通长筋隔开来，少数跨不同时，采用原位标注。如 2Φ18；2Φ20 表示上部配置 2Φ18 通长筋，下部配置 2Φ20 通长筋。

5）梁侧面纵向构造钢筋或受扭钢筋配置。纵向构造钢筋注写以大写字母 G 打头，紧跟注写设置在梁两个侧面的总配筋值，且对称配置，如 G4Φ12 表示梁每侧各配置 2Φ12 纵向构造钢筋。受扭纵向钢筋注写值以大写字母 N 打头，紧跟注写配置在梁两个侧面的总配筋值，且对称配置并同时满足梁侧面纵向构造钢筋的间距要求而不重复配置。如 N4Φ14 表示梁每侧各配置 2Φ14 受扭纵筋。

6）梁顶面标高相对于该结构楼面标高的高差值。有高差时，将其写入括号内。如（－0.100)表示梁面标高比该结构层标高低 0.1m。

（2）梁原位标注内容为梁支座上部纵筋、下部纵筋、附加箍筋或吊筋及对集中标注的原位修正信息等。

1）梁支座上部纵筋。指该部位含通长筋在内的所有纵筋，标注在梁上方该支座处。当上部纵筋多于一排时，用斜线"/"将各排纵筋自上而下分开。当同排纵筋有两种直径时，用加号"＋"将两种直径的纵筋相连，角部纵筋写在前面。如 6Φ22 4/2 表示上排为 4Φ22，下排为 2Φ22；2Φ22＋2Φ18 表示支座上部纵筋一排共 4 根，角筋为 2Φ22，2Φ18 置于中部。当梁中间支座两边的上部纵筋不同时，须在支座两边分别标注；当梁中间支座两边的纵筋相同时，可仅在支座的一边标注配筋值。当梁上部钢筋在某跨通长布置时，应在该跨梁的中间部位标注梁上部钢筋。

2) 梁的下部纵筋标注在梁下部跨中位置。当下部纵筋多于一排时，用斜线"/"将各排纵筋自上而下分开，当同排纵筋有两种直径时，用加号"＋"将两种直径的纵筋相连，角部纵筋写在前面。当下部纵筋均为通长筋，且集中标注中已注写时，则不需在梁下部重复做原位标注。如图 6.20 第一跨下部纵筋 6Φ25 2/4，则表示上一排纵筋为 2Φ25，下一排纵筋为 4Φ25，全部伸入支座锚固。

3) 附加箍筋或吊筋应直接画在平面图中的主梁上，在引出线上注明其总配筋值（箍筋肢数注在括号内）。当多数附加横向钢筋相同时，可在图纸上说明，仅对少数不同值在原位引注。

4) 当梁上集中标注的内容一项或几项不适用于某跨或某悬挑部分时，则将其不同数值原位标注在该跨或该悬臂部位，根据原位标注优先原则，施工时应按原位标注数值取用。

井字梁一般由非框架梁组成，井字梁编号时，无论几根同类梁与其相交，均应作为一跨处理，井字梁相交的交点处不作为支座，如需设置附加箍筋时，应在平面图上注明。柱上的框架梁作为井字梁的支座，此时井字梁可用单粗虚线表示（当井字梁高出板面时可用单粗实线表示）；作为其支座的框架柱上梁可采用双细虚线表示（当梁高出板面时可用双细实线表示）以便区分。

在梁平法施工图中，当局部梁布置过密无法注写时，可将过密区域用虚线框出，放大后再用平面注写方式表示。

2. 截面注写方式

截面注写方式就是在分标准层绘制的梁平面布置图上，分别在不同编号的梁中各选一根梁用剖面符号引出配筋图，并在其上注写截面尺寸和配筋具体数值的方式来表达梁平法施工图，如图 6.24 所示。

截面注写方式既可单独使用，也可与平面注写方式结合使用。实际工程设计中，常采用平面注写方式，仅对其中梁布置过密的局部或为表达异型断面梁的截面尺寸及配筋时采用截面注写方式表达。

对所有梁按表规定编号，从相同编号的梁中选一根梁，先将单边截面剖切符号及编号画在该梁上，再将截面配筋详图画在本图或其他图上。当某梁的顶面标高与结构层标高不同时，尚应在梁的编号后注写梁顶面标高的高差（注写规定同前）。在梁截面配筋详图上注写断面尺寸、上部筋、下部筋、侧面构造筋或受扭筋和箍筋的具体数值时，表达方式同前。

6.6.3.2 梁平法施工图的识读要点

识读重点：根据建施图门窗洞口尺寸、洞顶标高、节点详图等重点检查梁的截面尺寸及梁面相对标高等是否正确；逐一检查各梁跨数、配筋；对于平面复杂的结构，应特别注意正确区分主、次梁，并检查主梁的截面与标高是否满足次梁的支承要求。

识读要点：

(1) 看结构设计说明中的有关内容，如各构件抗震等级、混凝土强度等级等。

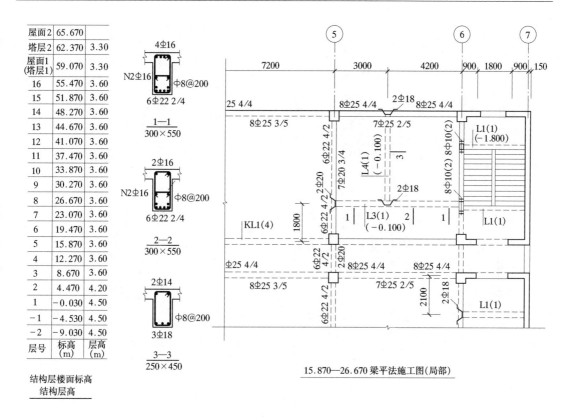

层号	标高 (m)	层高 (m)
屋面2	65.670	
塔层2	62.370	3.30
屋面1 (塔层1)	59.070	3.30
16	55.470	3.60
15	51.870	3.60
14	48.270	3.60
13	44.670	3.60
12	41.070	3.60
11	37.470	3.60
10	33.870	3.60
9	30.270	3.60
8	26.670	3.60
7	23.070	3.60
6	19.470	3.60
5	15.870	3.60
4	12.270	3.60
3	8.670	3.60
2	4.470	4.20
1	−0.030	4.50
−1	−4.530	4.50
−2	−9.030	4.50

结构层楼面标高
结构层高

15.870—26.670梁平法施工图(局部)

图 6.24 梁平法施工图截面注写方式示例
注：可在结构层楼面标高、结构层高表中加设混凝土标号等栏目。

（2）根据相应建施平面图，校对轴线网、轴线编号、轴线尺寸。

（3）根据相应建施平面图的房间分隔、墙柱布置，检查梁的平面布置是否合理，梁轴线定位尺寸是否齐全、正确。

（4）仔细检查每一根梁编号、跨数、截面尺寸、配筋、相对标高。首先根据梁的支承情况、跨数分清主梁或次梁，检查跨数注写是否正确；若为主梁时应检查附加横向钢筋有无遗漏、断面尺寸、梁的标高是否满足次梁的支承要求；检查梁的断面尺寸及梁面相对标高与建施图洞口尺寸、洞顶标高、节点详图等有无矛盾。检查集中标注的梁面通长钢筋与原位标注的钢筋有无矛盾；梁的标注有无遗漏；检查楼梯间平台梁、平台板是否设有支座。结合平法构造详图，确定箍筋加密区的长度、纵筋切断点的位置、锚固长度、附加横向钢筋及梁侧构造筋的设置要求等。异形截面梁还应结合截面详图看，且应与建施中的详图无矛盾。初学者可通过亲自翻样，画出梁的配筋立面图、剖面、模板图，甚至画出各种钢筋的形状，计算钢筋的下料长度，加深对梁施工图的理解。

（5）检查各设备工种的管道、设备安装与梁平法施工图有无矛盾，大型设备的基础下一般均应设置梁。若有管道穿梁，则应预留套管，并满足构造要求。

（6）根据结构设计（特别是节点设计），施工有无困难，是否能保证工程质量，并提出合理化建议。

（7）注意梁的预埋件是否有遗漏（如有设备或外墙有装修要求时）。

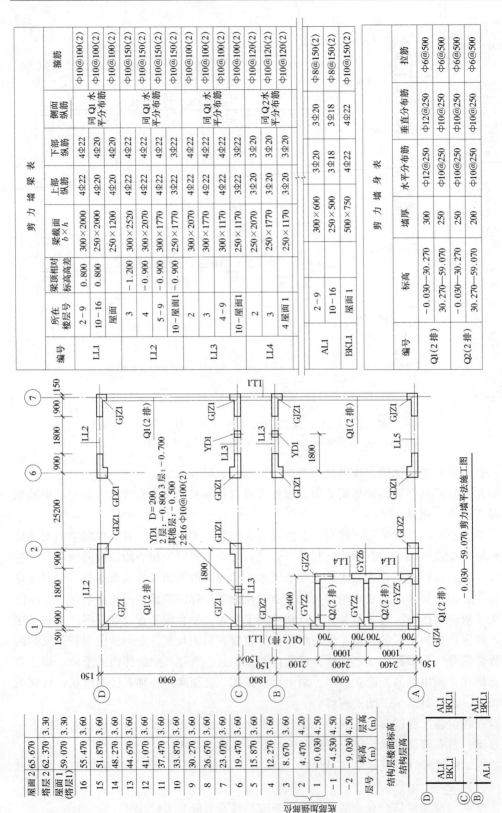

图 6.25（一）　剪力墙平法施工图列表注写方式示例

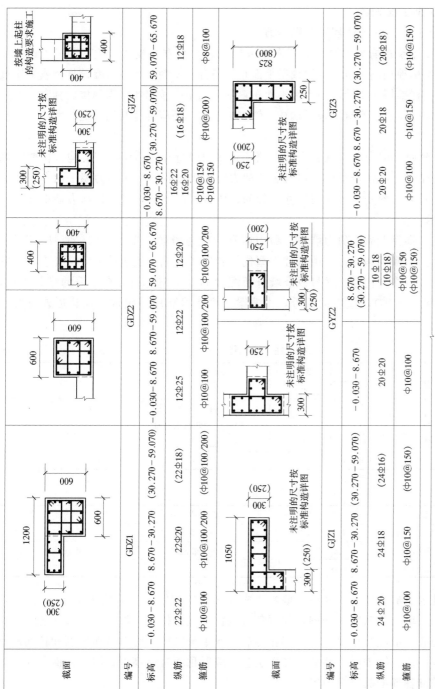

图 6.25（二）　剪力墙平法施工图列表注写方式示例

-0.030～65.670 剪力墙平法施工图（部分剪力墙柱表）

6.6.4 剪力墙平法施工图识读

6.6.4.1 剪力墙平法施工图表达规则和图示方法

剪力墙平法施工图是在剪力墙平面布置图上采用列表注写方式或截面注写方式表达的图样。可采用适当比例单独绘制，也可与柱或梁平面布置图合并绘制。当剪力墙较复杂或采用截面注写方式时，应按标准层分别绘制剪力墙平面布置图。图中应注明各结构的楼面标高、结构层高及相应的结构层号。若剪力墙（包括端柱）轴线未居中，还应标注其偏心定位尺寸。

1. 列表注写方式

为表达清楚、简便，剪力墙可视为由剪力墙柱、剪力墙身和剪力墙梁三类构件构成。列表注写方式是分别在剪力墙柱表、剪力墙身表和剪力墙梁表中，对应于剪力墙平面布置图上的编号，用绘制截面配筋图并注写几何尺寸与配筋具体数值的方式，来表达剪力墙平法施工图。如图 6.25 所示。

（1）编号规定。将剪力墙按剪力墙柱、剪力墙身、剪力墙梁（简称墙柱、墙身、墙梁）三类构件分别编号。①墙柱编号，是由墙柱类型代号和序号组成，表达形式应符合表 6.8 的规定；②墙身编号，由墙身代号、序号以及墙身所配置的水平与竖向分布钢筋的排数组成，表达形式为：Q××（×排）；③墙梁编号，由墙梁类型代号和序号组成，表达形式应符合表 6.9 的规定。

表 6.8　　　　　　　　　　　　墙　柱　编　号

墙柱类型	代号	序号	墙柱类型	代号	序号
约束边缘暗柱	YAZ	××	构造边缘暗柱	GAZ	××
约束边缘端柱	YDZ	××	构造边缘翼墙（柱）	GYZ	××
约束边缘翼墙（柱）	YYZ	××	构造边缘转角墙（柱）	GJZ	××
约束边缘转角墙（柱）	YJZ	××	非边缘暗柱	AZ	××
构造边缘端柱	GDZ	××	扶壁柱	FBZ	××

表 6.9　　　　　　　　　　　　墙　梁　编　号

墙梁类型	代号	序号	墙梁类型	代号	序号
连梁（无交叉暗撑及无交叉钢筋）	LL	××	暗梁	AL	××
连梁（有交叉暗撑）	LL（JC）	××	边框梁	BKL	××
连梁（有交叉钢筋）	LL（JG）	××			

（2）剪力墙柱表、剪力墙身表和剪力墙梁表中表达内容规定。①墙柱表中应注写编号、几何尺寸，并绘制该墙柱的截面配筋图，注写各段墙柱的起止标高，注写各段墙柱的纵向钢筋和箍筋；②墙身表中应注写编号、各段起止标高、水平分布筋、竖向分布钢筋和拉筋的具体数值；③墙梁表中应注写编号、墙梁所在楼层号、墙梁顶面标高高差、墙梁截面尺寸及上部纵筋、下部纵筋和箍筋的具体数值等。

2. 截面注写方式

原位注写方式，是在分标准层绘制的剪力墙平面布置图上，以直接在墙柱、墙身、墙梁上注写截面尺寸和配筋具体数值的方式来表达剪力墙平法施工图。

选用适当比例原位放大绘制剪力墙平面布置图，其中对墙柱绘制配筋图；对所有墙柱、墙身、墙梁分别进行编号，并分别在相同编号的墙柱、墙身、墙梁中选择一根墙柱、一道墙身、一根墙梁进行注写。如图 6.26 所示。

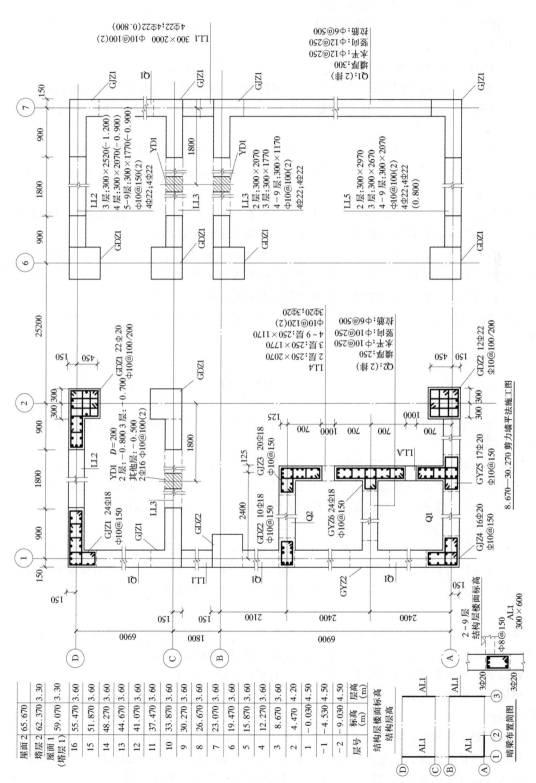

图 6.26　剪力墙平法施工图截面注写方式示例

6.6.4.2 剪力墙平法施工图的识读要点

读图原则：先校对平面，后校对构件；根据构件类型，分类逐一细看；先看各构件，再看节点与连接。

（1）看结构设计说明中的有关内容。

（2）检查各构件的平面布置与定位尺寸。根据相应的建筑平面图墙柱及洞口布置，核对剪力墙各构件的平面布置与定位尺寸是否正确。特别应注意变截面处上下截面与轴线的关系。

（3）从图中（截面注写方式）及表中（列表注写方式）检查剪力墙身、剪力墙柱、剪力墙梁的编号、起止标高、截面尺寸、配筋、箍筋。当采用列表注写方式时，应将表和结构平面图对应起来一起看。

（4）剪力墙柱的构造详图和剪力墙身水平、竖直分布筋构造详图，结合平面图中剪力墙柱的配筋，搞清从基础到屋顶整根柱或整片墙的截面尺寸和配筋构造。

（5）剪力墙梁的构造详图，结合平面图中剪力墙梁的配筋，全面理解梁的纵向钢筋、纵向钢筋锚固、箍筋设置要求、梁侧纵向构造钢筋的设置要求等。

（6）其余构件与剪力墙的连接，剪力墙与填充墙的拉接。

（7）全面理解剪力墙的配筋图，学生可以自己动手画出整片剪力墙各构件的配筋立面图。

本 章 小 结

本章主要介绍了钢筋混凝土结构的基本知识，结构施工图的形成、用途及各种结构施工图的图示内容和识读方法等。

结构施工图是表达组成房屋的结构构件的平面布置，构件形状、大小、材料、配筋的图样。它是施工放线、挖基槽、支模板、绑扎钢筋、设置预埋件、浇注混凝土、安装预制构件、计算工程量、编制预算和施工进度计划等的重要依据。通常包括结构设计说明、结构平面图、构件详图几部分。

结构平面图是表示房屋各承重构件的平面布置及相互关系的图样，它是施工时布置或安放各层承重构件的重要依据。结构平面图又包括基础平面图、楼层结构平面图和屋顶结构平面图。构件详图包括梁、板、柱、基础等构件详图。重点掌握各图的图示内容、特点及识读方法。

基础平面图是将剖切后裸露出的基础向水平投影面作投影而得到的剖面图。主要表达基础的平面布置，基础与墙、柱的定位轴线的关系，基础底部宽度等。

楼层结构平面图是主要表示板、梁、墙等的布置情况的图样。

屋顶结构平面图是表示屋顶面承重构件平面布置的图样，其内容和图示要求基本同楼层结构平面图。

钢筋混凝土结构构件图是表达钢筋混凝土构件的形状大小以及构件中钢筋的品种、直径、形状、位置、长度、数量及间距等的工程图样。一般包括模板图、配筋图、预埋件详图及钢筋表（或材料用量表）。其中，配筋图是钢筋混凝土结构图中最主要的图样，包括平面图、立面图、断面图及详图等。

基础详图是将基础垂直切开所得到的断面图，主要表达基础的形状、构造、材料、基础埋置深度和截面尺寸、室内外地面、防潮层位置等。

还要了解平法设计基本规定及平法表达式的符号含义，能识读柱平法施工图、梁平法施工图及剪力墙平法施工图。

复 习 思 考 题

1. 什么是结构施工图？其用途是什么？一般包括哪些内容？

2. 什么是钢筋混凝土构件？有哪几种？

3. 常用钢筋种类有哪些？其对应的表示符号如何？

4. 钢筋按其在构件中的作用和受力情况可分为哪几种？

5. 熟悉钢筋的标注方法和常见钢筋的规定画法。

6. 说出本书附图及例题中结构平面图内标注的各种构件代号的名称。

7. 画出钢筋搭接图例，并举例说明钢筋在图上规格、尺寸的标注方法。

8. 什么是基础平面图、基础详图？其作用是什么？

9. 基础平面图识读内容和读图方法如何？

10. 基础详图的识读内容和读图方法如何？

11. 楼层及屋顶结构平面图是如何形成的？其作用是什么？

12. 预制板的布置有哪几种表达方式？

13. 举例说明预制构件的标注方法。

14. 楼层及屋顶结构平面图的识读内容和读图方法如何？

15. 钢筋混凝土构件详图包括哪些？在施工中的作用是什么？它们主要反映哪些内容？

16. 什么是建筑结构施工图平面整体设计方法（简称平法）？适用于哪些构件的结构施工图？

17. 按平法设计绘制的施工图，一般由哪些部分内容组成？

18. 柱平法施工图表达规则和图示方法是什么？识读要点有哪些？

19. 梁平法施工图表达规则和图示方法是什么？识读要点有哪些？

20. 剪力墙平法施工图表达规则和图示方法是什么？识读要点有哪些？

实 训 练 习 题

识读第 8 章实例导读中的结构施工图。

第7章 识读室内设备施工图

【知识目标】 了解室内设备施工图的组成和特点；熟悉室内设备施工图的图示方法；掌握室内给水排水、采暖、电气及燃气施工图的识读内容和方法。

【能力目标】 能正确识读室内给水排水、采暖、电气及燃气施工图。

7.1 概 述

7.1.1 设备施工图的种类、图样组成和主要用途

一幢房屋的建筑设备工程主要有给排水设备、采暖设备、电气设备、燃气设备等。故建筑设备施工图也分给排水设备施工图、采暖设备施工图、电气设备施工图、燃气设备施工图等，各种设备施工图一般由基本图和详图两部分组成。基本图包括管线平面图、系统图、原理图和设计说明，并有室内和室外之分。详图包括各局部或部分的加工和施工安装的详细尺寸及要求。本章重点介绍建筑室内设备施工图的基本图识读。

设备施工图主要为建筑给水排水、采暖通风、电气照明、电话通信、有线电视、防雷、保安防盗等设备系统的制作、管线敷设与施工安装提供依据。

7.1.2 设备施工图的读图注意事项

（1）先总体后局部。

（2）各设备系统常常是纵横交错敷设的，一般应将平面图和系统轴测图反复对照读，并以平面图为主。

（3）图样中的管道、器材和设备一般采用不完全反映实物原形的国家有关制图标准规定的图例符号表示。识图前应充分熟悉各种建筑设备的常用图例符号。

（4）各设备系统都有自己的走向，应按一定流程顺序阅读。如给水系统图识读顺序是：进户管→水表→干管→支管→用水设备等。

（5）各设备系统的施工安装、管线敷设要与土建施工相互配合进行。读图时，应注意不同设备系统的特点及其对土建施工的不同要求，如留洞、管沟、埋件等，注意查阅相关的土建图样，掌握各工种图样间的相互关系。

7.2 室内给水排水施工图

7.2.1 给排水工程及室内给排水管网组成

1. 给排水工程

给排水工程是给水工程和排水工程的简称，是由各种管道及其配件、水的处理、储存设备等组成的。给排水工程分为室外给排水工程和室内给排水工程。室内给排水工程是指室内给水、室内排水、热水供应、消防用水及屋面排水等工程。

2. 室内给排水管网组成

(1) 室内给水管网组成如下：

1) 引入管。自室外（厂区、校区、住宅区）管网引入房屋内部的一段水平管。引入管应有不小于 0.003 的坡度斜向室外给水管网。

2) 水表节点。用以记录用水量。根据用水情况可在每户、每个单元、每幢建筑物或在一个住宅区内设置水表。

3) 室内配水管网。包括干管、立管、支管。

4) 配水器具与附件。包括各种配水龙头、闸阀等。

5) 升压及储水设备。当用水量大、水压不足时，需要设置水箱和水泵等设备。

6) 室内消防设备。按照建筑物的防火等级要求需要设置消防给水时，一般应设消防水池、消火栓等消防设备。

(2) 室内排水管网组成包括：

1) 排水横管。它是连接卫生器具和大便器的水平管段。连接大便器的水平横管管径不小于 100mm，且流向立管方向应有 2% 的坡度。当大便器多于一个或卫生器具多于两个时，排水横管应设清扫口。

2) 排水立管。其管径一般为 100mm，但不能小于 50mm 或小于所连接的横管管径。立管在首层和顶层应有检查口。多层建筑中则每隔一层应有一个检查口，检查口距地面高度为 1.000m。

3) 排出管。它是把室内排水立管的污水排入检查井的水平管段。其管径应不小于 100mm。向检查井方向应有 1% ~ 2% 的坡度（管径为 100mm 时坡度取 2%，管径为 150mm 时坡度取 1%）。

4) 排气管。它是顶层检查门以上的一段立管，用以排除臭气。排气管应高出屋面 0.3（平屋面）~0.7m（坡屋面）。在寒冷地区，排气管管径应比立管管径大 50mm 以备冬季时因管内结冰致使管内径减少。在南方地区，排气管管径与排水立管相同，最小不应小于 50mm。

3. 室内给排水系统的一般流程

室内给水系统：进户管→水表→干管→支管→用水设备。

室内排水系统：排水设备→支管→干管→室（楼）外排出管。

4. 室内给水系统布置方式

(1) 按照有无加压和流量调节设备分：直接供水方式、水泵水箱供水方式、气压给水装置供水方式等。有时还可采用建筑物的下面几层由室外给水管网直接供水，上面几层设水箱供水的方式，或采用"分区供水"方式，即设若干水箱（水泵）分别给相应楼层供水。

(2) 按水平干管敷设位置的不同分两种：①下行上给式，干管敷设在地下室或首层地面下，一般用于住宅、公共建筑及水压能满足要求的建筑物；②上行下给式，干管敷设在顶层的顶棚上或阁楼中，由于室外管网给水压力不足，建筑物上需设置蓄水箱或高压水箱和水泵，一般用在多层民用建筑、公共建筑（澡堂、洗衣房）或生产流程不允许在底层地面下敷设管道，及地下水位高、敷设管道有困难的地方。

7.2.2 室内给排水施工图的组成及一般规定

7.2.2.1 室内给排水施工图的组成

室内给排水施工图是表示房屋内部的卫生设备或生产用水装置、管道及其附件的类型、大小、位置、安装方法的图样。主要包括：设计总说明（说明设计依据、给排水系统概况、施工要求及注意事项、设备和主要器材表、选用的标准图集和目录等）、管道平面布置图、管网系统轴测图、卫生设备或用水设备安装详图等。

7.2.2.2 一般规定

1. 图线

新设计的各种给水、排水管线分别采用粗实线、粗虚线表示。独立画出的排水系统图，排水管线也可以采用粗实线。

2. 比例

给排水专业制图常用的比例与建筑专业图一致，必要时可采用较大的比例。在系统图中，如局部表达有困难时，该处可不按比例绘制。

3. 管道标高

压力管道应标注管中心标高；沟渠和重力流管道宜标注沟（管）内底标高。一般室内给水管道标高标注的是管道中心线标高，排水管道标高标注的是管内底标高。一般管道标高的标注方法应符合图 7.1 的规定。

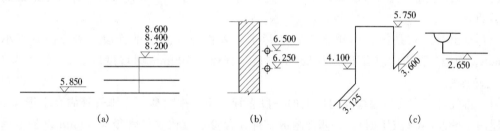

图 7.1　管道标高的标注方法
(a) 在平面图中的注法；(b) 在剖面图中的注法；(c) 在轴测图中的注法

4. 管径标注

（1）管径应以 mm 为单位。

（2）不同管材的管径表示方式不同：①镀锌或不镀锌钢管、铸铁管等管材，管径宜以公称直径 DN 表示，如 $DN20$、$DN50$，此时应有公称直径 DN 与相应产品规格对照表；②无缝钢管、焊接钢管（直缝或螺旋缝）、铜管、不锈钢管等管材，管径宜以外径 $D \times$ 壁厚表示，如 $D100 \times 4$、$D159 \times 4.5$ 等；③钢筋混凝土（或混凝土）管、陶土管、耐酸陶瓷管、缸瓦管等管材，管径宜以内径 d 表示，如 $d250$、$d360$ 等；④塑料管材的管径宜按产品标准的方法表示。一般管径的标注方法应符合图 7.2 的规定。

5. 管道编号

当建筑物的给水引入管或排水排出管的数量多于一根时，要进行编号以方便索引，编号宜按图 7.3 所示方法表示。

6. 常见图例和符号

在给排水施工图中，一般都采用规定的图形符号来表示，表 7.1 列出了一些常用管道、管道附件、管道连接、管道配件、管件、消防设施、卫生设备等的图例符号。详见《给水排

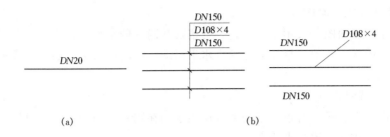

图 7.2　管道管径的标注方法

（a）单管管径表示法；（b）多管管径表示法

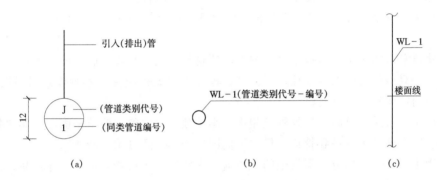

图 7.3　管道编号表示方法

（a）引入（排出）管；（b）平面图；（c）剖面图、系统原理图、轴测图等

水制图标准》（GB/T 50106—2001）。

表 7.1　　　　　　　　　　　　　　给排水施工图常用图例

序号	名　称	图　例	序号	名　称	图　例
1	生活给水管	——J——	11	污水池	
2	废水管	——F——	12	清扫门	平面　　系统
3	污水管	——W——	13	圆形地漏	
4	立式洗脸盆		14	放水龙头	平面　　系统
5	浴盆		15	水泵	平面　　系统
6	盥洗槽		16	水表	
7	壁挂式小便器		17	水表井	
8	蹲式大便器		18	阀门井 检查井	
9	坐式大便器		19	浮球阀	平面　　系统
10	小便槽		20	立管检查口	

7.2.3　室内给水排水平面图

室内给水排水平面图是表示卫生设备、管道及其附件的类型、大小及其在房屋中平面位置及布置情况的图样。一般包括：底层给排水平面图、中间层（标准层）给排水平面图、屋顶给排水平面图。

7.2.3.1　图样形成特点

一般把室内给水、排水管道用不同的线型表示画在同一张图上，当管道较为复杂时，也可分别画出给水和排水管道的平面图。

（1）数量。给排水平面图的数量原则上同楼层数。对于管道等的平面布置相同的楼层，可画一个标准层平面图，但在图中须注明各楼层的层次和标高。

（2）比例。一般采用与建筑平面图相同的比例，常用 1：100，也可采用 1：50、1：150、1：200 等。

（3）建筑平面图画法。给排水平面图上的建筑轮廓线应与建筑施工图一致，均采用细实线绘制。一般只抄绘房屋的墙、柱、门窗洞、楼梯等主要构配件（不画建筑材料图例），房屋的细部、门窗代号等均可省略。

底层图中的室内管道需与户外管道相连，须单独画出完整的建筑平面图。其他各个楼层只须画出布置有给排水设备和管道的局部平面图，相邻房间可用折断线断开。

（4）用水设备。房屋卫生器具中的洗脸盆、大便器、小便器等都是工业产品，只须表示它们的类型和位置，并用规定的图例画出；对盥洗台、便槽等土建设施在平面图中只须用细实线画出其主要轮廓，其详图由建筑设计人员绘制。

（5）管道布置。它是室内管网平面图的主要内容。

给水管通常以单线条的粗实线表示水平管道（包括引入管和水平横管），并标注管径。以小圆圈表示立管，底层平面图中应画出给水引入管，并对其进行系统编号，一般给水管以每一引入管作为一个系统。

排水管道一般用单线条粗虚线表示。以小圆圈表示排水立管。底层平面图中应画出室外第一个检查井、排出管、横干管、立管、支管及卫生器具、排水泄水口。按系统对各种管道分别予以标志和编号。排水管以第一个检查井承接的每一排出管为一系统。

（6）图例及文字说明。为使施工人员便于阅读图纸，无论是否采用标准图例，最好都能附上各种管道及卫生设备的图例，并对施工要求和有关材料等用文字加以说明。

7.2.3.2　识读内容和方法

读图时应注意以下内容和方法：

（1）查明卫生器具、用水设备和升压设备的类型、数量、安装位置、定位尺寸。

（2）弄清给水引入管和污水排出管的平面位置、走向、定位尺寸、与室外给排水管网的连接形式、管径及坡度等。

（3）查明给排水干管、立管、支管的平面位置与走向、管径尺寸及立管编号。

（4）消防给水管道要查明消火栓的布置、口径大小及消防箱的形式与位置。

（5）在给水管道上设置水表时，必须查明水表的型号、安装位置以及水表前后阀门的设置情况。

（6）对于室内排水管道，还要查明清通设备的布置情况，清扫口和检查口的型号和位置。

7.2.4 室内给水排水系统图

室内给水排水系统图是给排水管道系统轴测图的简称，一般采用正面斜等测投影法绘制。能直观地表示出给排水管的空间布置情况，可清晰地标注出管道的空间走向、尺寸和位置，用水设备及其型号、位置。其立体感强，易于识别。

7.2.4.1 图样形成特点

(1) 系统图是按给水排水平面图中的管道进出口编号划分系统并分别绘出的。

(2) 系统图中通常将房屋的高度方向作为 OZ 轴，房屋的横向作为 OX 轴，房屋的纵向作为 OY 轴的。

(3) 给排水布置相同的楼层，只须完整画出一个楼层的系统图，其余相同楼层在立管分支处画一折断线表示。

(4) 给排水管都统一用粗实线表示。

(5) 系统图一般与给排水平面图采用相同的比例，如果配水设备较为密集和复杂时，也可将轴测图比例放大绘制；反之，可将比例缩小。

(6) 系统图中水平方向的长度尺寸可直接在平面图中量取，高度方向的尺寸是根据建筑物的层高和卫生器具的安装高度确定的。

(7) 当系统图中出现管道交叉时，要判别可见性，将后面的管道线断开。

(8) 系统图中应标注下列尺寸：

1) 分段标注管道的管径，要标注"公称管径"，如 $DN40$，表示公称管径为 40mm。

2) 底层地面与各层楼面采用与建筑图一致的相对标高。对于给水管道，通常标注引入管、各分支横管及水平管段、阀门及水表、卫生器具的放水龙头及连接支管等部位的标高。所注标高数字是指该给水段的中心高程。

3) 对各种不同类型的卫生器具的存水弯及连接管，均须分别注出其公称管径。同一排水横支管上的各个相同类型卫生器具的连接管只须注出一个管径即可。不同管径的横支管、立管、排出管均须逐段分别标注。

4) 排水横管都应向立管方向具有一定坡度，坡度可标注在该管段相应管径的后面，也可在坡度数字的下边画箭头以示坡向。

5) 系统图中，一般不注排水横管标高，只标出排出管起点内底的标高，以及各层楼地面及屋面、立管上的通气帽及检查口的标高。

(9) 排水系统图只须绘制管路及存水弯，卫生器具及用水设备可不必画出。

(10) 排水横管上的坡度，因画图比例小，可忽略，按水平管道画出，立管与排出管之间用弧形弯管连接，为画图方便，可画成直角弯管。

7.2.4.2 识读内容和方法

识读系统图时，给水系统按照树状由干到枝的顺序，排水系统按照由枝到干的顺序逐层分析，也就是按照水流方向读图，再与平面图紧密结合，就可以清楚地了解到各层的给排水情况。识读系统图的内容和方法如下：

(1) 查明给水管道系统的具体走向，干管的布置方式，管径尺寸及其变化情况，阀门的设置，引入管、干管及各支管的标高。读图时，首先与一层给水平面图配合，从房屋引入管开始，沿水流方向，经干管、支管到用水设备。

(2) 查明排水管道的具体走向，管路分支情况，管径尺寸与横管坡度，管道各部分标高，存水弯的形式，清通设备的设置情况，弯头及三通的选用等。读图时，一般可由上而下，按卫生器具或排水设备的存水弯、器具排水管、横支管、立管、排出管的顺序进行。

（3）系统图上对各楼层标高都有注明，识读时可据此分清管路是属于哪一层的。

7.2.5　室内给水排水安装详图

给水排水详图是表示设备或管道节点详细构造及安装要求的图样。一般可直接在标准图集或室内给排水手册中查找。

7.3　室内采暖施工图

7.3.1　采暖系统工程及室内采暖系统的组成、分类和主要设备

1. 采暖系统工程

采暖系统工程包括热源、热网和热用户。热源制备热水或蒸汽，由热网输配到各热用户使用。目前应用较多的热源是锅炉房和热电厂，也可用核能、地热、太阳能、电能、工业余热作为采暖系统的热源。热网是由热源向热用户输送和分配供热介质的管道系统。热用户指从采暖系统获得热能的用热装置，即为室内采暖系统。

2. 室内采暖系统的组成

以热水采暖系统为例，室内采暖系统一般由主立管、水平干管、支立管、散热器横支管、散热器、排气装置、阀门等组成。热水由入口经总立管、供水干管，各支立管、散热器供水支管进入散热器，放出热量后经散热器回水支管、立管、回水干管流出系统。排气装置用于排除系统内的空气，阀门起调节和启闭作用。

3. 室内采暖系统的分类

（1）按供热范围分类。一般可分为局部采暖系统、集中采暖系统。

（2）按热媒类分类。采暖系统分为热水采暖系统、蒸汽采暖系统、热风采暖系统。

（3）按散热设备的散热方式分类。采暖系统分为对流采暖系统和辐射采暖系统。

（4）按供回水的方式分类。可分为上供下回式、上供上回式、下供下回式、下供上回式和中供式系统。

（5）按散热器的连接方式分类。热水采暖系统可分为垂直式与水平式系统。

（6）按连接散热器的管道数量分类。热水采暖系统可分为单管系统与双管系统。

（7）按并联环路水的流程分类。采暖系统划分为同程式系统与异程式系统。

4. 室内采暖系统的主要设备和部件

（1）散热器。安装在采暖房间的散热设备。制造散热器的材质有铸铁、钢、铝、铜以及塑料、陶土、混凝土、复合材料等，其中常用的为铸铁和钢。铸铁散热器造价低廉，耐腐蚀性好，水容量大，热稳定性好；钢制散热器美观，结构尺寸小，耐压强度高。散热器的结构形式有翼型、柱型、柱翼型、管型、板型、串片型等，常用的为柱型和翼型散热器，柱型散热器传热性能好，表面不易积灰，但组对费时费工。

（2）排气装置。由于水中溶有空气，水被加热后，空气从水中析出，再加上补水带入空气，如不及时排除，易在系统中形成气塞，阻碍水的通行。因此在系统中需安装排气装置，收集和排除空气。

（3）膨胀水箱。膨胀水箱用于容纳系统中水因温度变化而引起的膨胀水量、恒定系统的

压力和补水,在重力循环上供下回系统和机械下供上回系统中它还起着排气作用。膨胀水箱分两种,一般常用的为开式高位膨胀水箱。膨胀水箱安装高度应高出系统最高点,并有一定的安全量。闭式低位膨胀水箱为气压罐。这种方式不但能解决系统中水的膨胀问题,而且可与锅炉自动补水和系统稳压结合起来,气压罐宜安装在锅炉房内。

(4)除污器和过滤器。除污器(或过滤器)安装在用户入口供水总管、热源(冷源)、用热(冷)设备、水泵、调节阀等入口处,用于阻留杂物和污垢,防止堵塞管道与设备。

(5)补偿器。又称伸缩器,设置在固定支架之间,用以补偿管道的热伸长,从而减小管壁的应力和作用在阀件或支架结构上的作用力。供热管道上采用的补偿器主要有自然补偿器、方形补偿器、波纹管补偿器、套筒补偿器和球形补偿器等,前三种是利用补偿器材料的变形吸收热伸长,后两种是利用管道的位移来吸收热伸长。

(6)分水器、集水器、分汽缸。当需从总管接出两个以上分支环路时,考虑各环路之间的压力平衡和流量分配和调节,宜用分汽缸、分水器和集水器。分汽缸用于供汽管路上,分水器用于供水管路上,集水器用于回水管路上。分汽缸、分水器、集水器一般应安装压力表和温度计,并应保温。分汽缸上应安装安全阀,其下应设置疏水装置。分汽缸、分水器、集水器按工程具体情况选用墙上或落地安装,一般直径较大时宜采用落地安装。

(7)喷射器。

1)水喷射器。水喷射器无活动部件,构造简单,运行可靠,网路系统的水力稳定性好;但由于抽引回水需要消耗能量,热网供、回水之间需要足够的压差,才能保证水喷射器正常工作。通常只用在单幢建筑物的供暖系统上,需要分散管理。

2)蒸汽喷射器。采用蒸汽喷射器的热水供热系统可以替代表面式汽—水换热器和循环水泵,起着将水加热和循环流动的双重作用。

(8)水泵。常用有循环泵、补水泵、混水泵、凝结水泵、中继泵等。

7.3.2 采暖施工图的组成及一般规定

1.采暖施工图的组成

采暖施工图分为室内和室外两部分。室内采暖施工图主要表示一幢建筑物的采暖工程,施工图主要包括设计施工说明、采暖平面图、系统轴测图、详图或标准图及通用图等。

2.采暖施工图的一般规定

《暖通空调制图标准》(GB/T 50114—2001)中对图线、比例、各种管件代号、各种附件、设备的图例等都有详细规定,需要时可查阅。特别是对一些常用的规定、符号和图例应在识读施工图前熟练掌握。

(1)图线。采暖施工图中的图线应符合表7.2的规定。

表 7.2　　　　　　　　　　　采暖施工图采用的线型及其含义

名 称		线 型	线 宽	一 般 用 途
实线	粗	———————	b	单线表示的管道
	中	———————	$0.5b$	本专业设备轮廓、双线表示的管道轮廓
	细	———————	$0.25b$	建筑物轮廓;尺寸、标高、角度等标注线及引出线;非本专业设备轮廓
虚线	粗	--------	b	回水管线
	中	--------	$0.5b$	本专业设备及管道被遮挡的轮廓
	细	--------	$0.25b$	地下管沟、改造前风管的轮廓线;示意性连线

续表

名　称		线　型	线　宽	一　般　用　途
波浪线	中	～～～	0.5b	单线表示的软管
	细	～～～	0.25b	断开界线
单点长划线		—·—·—	0.25b	轴线、中心线
双点长划线		—··—··—	0.25b	假想或工艺设备轮廓线
折断线		—／—	0.25b	断开界线

（2）比例。总平面图、平面图的比例，宜与工程项目设计的主导专业一致，其余的可按表 7.3 选用。

表 7.3　　　采暖施工图选用比例

图　名	常　用　比　例	可　用　比　例
剖面图	1：50、1：100、1：150、1：200	1：300
局部放大图、管沟断面图	1：20、1：50、1：100	1：30、1：40、1：50、1：200
索引图、详图	1：1、1：2、1：5、1：10、1：20	1：3、1：4、1：15

（3）常用图例。水、汽管道代号宜按表 7.4 选用。常用管道阀门和附件、设备等图例见表 7.5。

表 7.4　　　水　汽　管　道　代　号

序号	代号	管　道　名　称	备　注
1	R	（供暖、生活、工艺用）热水管	1. 用粗实线、粗虚线区分供水、回水时，可省略代号； 2. 可附加阿拉伯数字 1、2 区分供水、回水； 3. 可附加阿拉伯数字 1、2、3、…表示一个代号、不同参数的多种管道
2	Z	蒸汽管	需要区分饱和、过热、自用蒸汽时，可在代号前分别附加 B、G、Z
3	N	凝结水管	
4	P	膨胀水管、排污管、排气管、旁通管	需要区分时，可在代号后附加一位小写拼音字母，即 Pz、Pw、Pq、Pt
5	G	补给水管	
6	X	泄水管	
7	XH	循环管、信号管	循环管为粗实线，信号管为细虚线。不致引起误解时，循环管也可为"X"
8	Y	溢排管	
9	L	空调冷水管	
10	LR	空调冷/热水管	
11	LQ	空调冷却水管	
12	n	空调冷凝水管	
13	RH	软化水管	
14	CY	除氧水管	
15	YS	盐液管	
16	FQ	氟汽管	
17	FY	氟液管	

表 7.5　　　　　　　　　　　　　　　　　采暖施工图常用图例

序号	名　称	图　例	附　注
1	阀门（通用）、截止阀	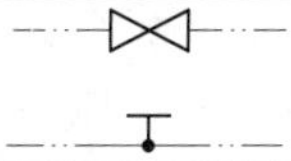	1. 没有说明时，表示螺纹连接 法兰连接时  焊接时  2. 轴测图画法 阀杆为垂直  阀杆为水平 
2	闸阀		
3	手动调节阀		
4	球阀、转心阀		
5	三通阀	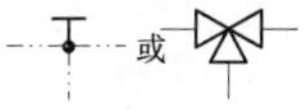 或	
6	膨胀阀	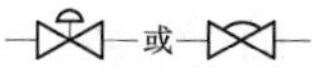 或	也称"隔膜阀"
7	止回阀	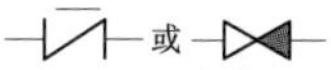 或	左图为通用，右图为升降式止回阀，流向同左。其余同阀门类推
8	减压阀	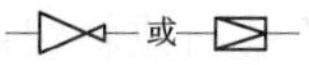 或	左图小三角为高压端，右图右侧为高压端。其余同阀门类推
9	安全阀		左图为通用，中为弹簧安全阀，右为重锤安全阀
10	集气罐、排气装置	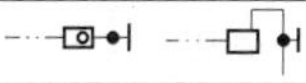	左图为平面图
11	自动排气阀		
12	补偿器	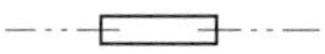	也称"伸缩器"
13	矩形补偿器	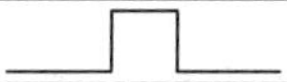	
14	套管补偿器	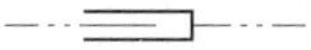	
15	波纹管补偿器	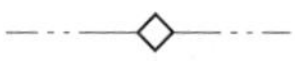	
16	绝热管		
17	保护套管	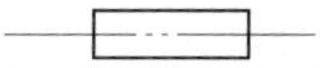	
18	伴热管		
19	固定支架	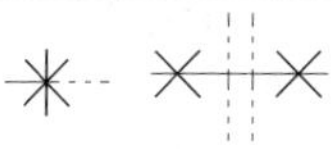	
20	介质流向	 或	在管道断开处时，流向符号宜标注在管道中心线上，其余可同管径标注位置
21	坡度及坡向	$i=0.003$ 或 $i=0.003$	坡度数值不宜与管道起、止点标高同时标注。标注位置同管径标注位置
22	散热器及手动放气阀	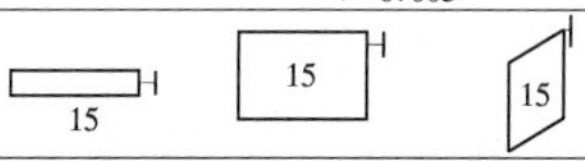 15　　15　　15	左为平面图画法，中为剖面图画法，右为系统图、Y轴侧图画法
23	散热器及控制阀	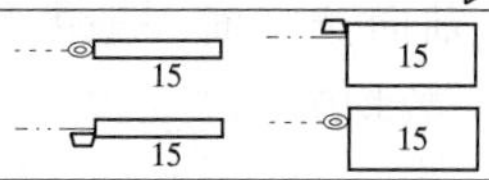 15　　15 15　　15	左为平面图画法，右为剖面图画法
24	水泵		左侧为进水，右侧为出水

269

7.3.3　采暖设计总说明

采暖施工图的设计总说明是整个采暖施工中的指导性文件，主要内容一般包括：采暖室内外计算温度；采暖建筑面积、采暖热负荷、建筑平面热指标；热媒种类、来源、入口装置形式及安装方式；建筑物供暖入口数、各入口的热负荷、压力损失；采用何种散热器、管道材质及连接方式；散热器组装后试压及系统试压的要求；采暖系统防腐、保温做法等。

7.3.4　采暖平面图

采暖平面图是表示采暖管道及设备布置的图纸。平面图的数量，原则上应分层绘制，管道系统布置相同的楼层平面可绘制一个平面图。

7.3.4.1　图样形成特点

（1）采暖平面图以直接正投影法绘制。一般应按假想除去上层板后俯视规则绘制，否则应在相应垂直剖面图中表示平剖面的剖切符号。

（2）建筑物轮廓应与建筑施工图一致，且应用细实线绘出建筑轮廓线和与采暖系统有关的墙、门、窗、梁、柱、平台、楼梯等建筑构配件。

（3）应标明定位轴线编号、轴线间尺寸、房间名称，标注室外地面的整平标高和各层地面标高。采暖入口的定位尺寸，应为管中心至所邻墙面或轴线的距离。

（4）水、汽管道可用单线绘制，风管不宜用单线绘制。采暖地沟、过门地沟的位置可用细虚线画出。

（5）散热器的位置（一般用小长方形表示）及安装方式（明装、半暗装或暗装）按规定标注规格及数量。

（6）干管、立管（平面图上为小圆圈）和支管的水平布置应同时注明干管管径和立管编号。

7.3.4.2　识读内容和方法

（1）查明采暖管道系统的干管、立管、支管的平面位置、走向、立管编号和管道安装方式。

（2）查明散热器平面位置、规格、数量及安装方式。

（3）了解采暖干管上的阀门、固定支架及与采暖系统有关的设备（如集气罐、膨胀水箱、疏水器等）平面位置、规格、型号等。

（4）了解热媒入口和入口地沟、热媒来源、流向及与室外热网的连接情况。

（5）了解管道及设备安装所需的留洞、预埋件、管沟等方面与土建施工的关系和要求。

7.3.5　采暖系统图

采暖系统图是根据各层采暖平面中管道及设备的平面位置和竖向标高，用正面斜轴测投影以单线绘制而成的图样。该图标注有管径、标高、坡度、立管编号、系统编号以及各种设备、部件在管道系统中的位置。

7.3.5.1　图样形成特点

1. 轴向选择

采暖系统图宜用正面斜轴测投影法绘制，轴向选择时一般 OX 轴为水平，OZ 轴竖直，OY 轴与水平成 $45°$ 或 $30°$。三根轴的轴向变形系数均为 1。

2. 线型、比例

采暖系统图宜用单线条绘制，采暖管道用粗实线，回水管道用粗虚线，设备及部件均用图例表示。比例与相应的平面图一致。

3. 管道系统

（1）采暖系统宜按管道系统分别绘制，以避免过多的管道重叠和交叉。

（2）管道系统的编号应与底层平面图中的系统索引符号的编号一致。

（3）当空间交叉管道在图中相交时，在相交处将被挡的管线断开。系统图中的重叠、密集处可断开引出绘制。相应的断开处宜用相同的小写拉丁字母注明。

4. 尺寸标注

（1）管径。管道系统中所有管段均需标注管径，当连续几段的管径都相同时，可仅注其两端管段的管径。

（2）标高。系统图中采用相对标高，底层室内地面为±0.000，除注明管道及设备的标高外，尚需标注室内、外地面、各层楼面的标高。

（3）坡度。凡水平干管均需注出其坡度。

7.3.5.2 识读内容和方法

主要查明采暖供水水平干管、立管、支管的布置、空间位置、标高、走向、管径、与散热器的连接、散热器的数量及三通阀、排气阀、膨胀阀等阀门、热表在管道中的位置。查明供暖系统的空间相互关系。

读图时，应与平面图对照，沿供热干管走向顺序读图，首先应分清供热干管和回水干管，并判断出管线的排布方法是上行式、下行式、单立式和双立式中的哪种形式；然后查清各散热器的位置、数量以及其他元件（如阀门等）的位置、型号；最后再按供热管网的走向顺次读图。

7.4 室内电气施工图

7.4.1 电气工程分类

建筑电气工程按用途分变配电工程、动力与照明工程、防雷接地工程及弱电工程4种。而弱电工程又分成6类：消防报警系统、保安系统、广播、电视、电话及数字信号。

7.4.2 电气施工图的组成及电气符号规定

1. 电气施工图的组成

电气施工图所涉及的内容往往根据建筑物不同的功能而有所不同，主要有建筑供配电、动力与照明、防雷与接地、建筑弱电等方面，用以表达不同的电气设计内容。具体一般由下列部分组成：

（1）电气设计总说明。电气设计总说明一般写在电气图的首页上，用文字说明电气设计的依据、要求、安装标准、安装方法、工程等级等内容。

（2）设备材料表。设备材料表主要列出电气工程所使用的设备和材料的名称、型号、规格及数量等内容。

（3）电气系统图。电气系统图是反映了供电、分配控制和设备运行的总体情况的图样。它又分为变配电系统图、动力系统图、照明系统图、弱电系统图。

（4）电气平面图。电气平面图是反映电气设备、装置与线路的布置及它们的安装位置、方式及导线的走向等关系的图样。

（5）设备布置图。设备布置图是反映电气设备、装置的平面与空间的具体位置和安装方式的图样。它由平面图、立面图、剖面图及详图组成。

（6）安装接线图。安装接线图是反映电气设备、元件之间的配线、接线关系的图样。它是电气设备、元件等安装、接线和查线的依据。

（7）电气原理图。电气原理图是表达电气设备或系统的工作原理的图样，是根据设备之间的动作原理而绘制的。它反映了电气系统各个部分的动作顺序，但不能反映各个部分的安装位置和具体接线情况。

（8）详图。详图是对设备的具体安装尺寸和做法的详细大样图。一般可选用统一的标准图册。

2. 电气符号规定

电气施工图中采用的符号通常有电气图形符号和电气文字符号两种，电气图形符号应符合《电气图用图形符号》（GB 4728）的规定要求，常用电气线路符号见表 7.6。电气文字符号应符合国家相关标准的规定，常用电气文字符号见表 7.7。

表 7.6　　　　　　　　　　　　常 用 电 气 线 路 符 号

序号	名　　称	图　　例	序号	名　　称	图　　例
1	线路一般符号		10	电源引入	
2	电杆架空线路		11	避雷线	
3	移动式电缆		12	接地	
4	接地接零线路		13	一根导线	
5	导线相交连接		14	两根导线	
6	导线相交不连接		15	三根导线	
7	导线引上和引下		16	四根导线	
8	导线由上引来或由下引来		17	n 根导线	
9	导线引上并引下		18	带拉线的电杆	

表 7.7　　　　　　　　　　　　常 用 电 气 文 字 符 号

名　　称	符　　号	说　　明
电源	$m-fu$	交流电，m—相数；f—频率；u—电压
相序	A B C N	第一相，涂黄色 第二相，涂绿色 第三相，涂红色 中性线，涂白色或黑色
用电设备	$\dfrac{b}{a}$或$\dfrac{a\ \|\ c}{d}$	a—设计编号；b—容量；c—电流，A；d—标高，m
电力或照明配电设备	$a\,\dfrac{b}{c}$	a—编号；b—型号；c—容量，kW

名　称	符　号	说　明
开关及熔断器	$a\dfrac{b}{c/d}$ 或 $a-b-c/I$	a—编号；b—型号；c—电流；d—线规格；I—熔断电流
变压器	$a/b-c$	a——次电压；b—二次电压；c—额定电压
配电线路	$a\,(b\times c)\,d-e$	a—导线型号；b—根数；c—线截面；d—敷设方式和穿管直径；e—敷设部位
灯具	$a-b\dfrac{c\times d}{e}f$	a—灯具数；b—型号；c—每盏灯泡数；d—灯泡容量；W；e—安装高度；f—安装方式
引入线	$a\,\dfrac{b-c}{d\,(e\times f)-g}$	a—设备编号；b—型号；c—容量；d—导线牌号；e—根数；f—导线截面；g—敷设方式
线路敷设	M，A	明敷设，暗敷设
明敷设	CP	瓷瓶或瓷柱敷设
	CJ	瓷夹板或瓷卡敷设
	CB	木槽板敷设
暗敷设	G	穿焊接管
	DG	穿电线管
	VG	穿硬塑料管
线路敷设部位	L	沿梁下、屋架下敷设
	Z	沿柱敷设
	Q	沿墙面敷设
	P	沿顶棚面敷设
	D	沿地板敷设
常用照明灯	T	圆筒形罩灯
	W	碗罩灯
	P	玻璃平盘罩灯
	S	搪瓷伞罩灯
灯具安装方式	G	吊杆灯
	L	链吊灯
	X	自在器吊线灯
	B	壁灯
	D	吸顶灯
导线型号	BV	铜芯塑料线
	BVR	铜芯塑料软线
	BX	铜芯橡胶线
	BXR	铜芯橡胶软线
	BXH	铜芯橡胶花线
	BXG	铜芯穿管橡胶线
	BLV	铝芯塑料线
	BLX	铝芯橡胶线
	BLXG	铝芯穿管橡胶线
	BXS	双芯橡胶线

7.4.3　电气施工图的图样形成特点

（1）电气施工图是采用统一的图形符号并加注文字符号绘制而成的。

（2）线路中的各种设备、元件都是通过导线连接成为一个整体的，且电气线路都必须构成闭合回路。

（3）电气施工图中的图形符号的大小和图线宽度可根据需要自由确定，并不反映它们的形状和实际外形尺寸。

（4）电气施工图中的图形符号的方位可根据需要自由确定，但文字和指示方向不能倒置。

（5）电气施工图中的电气文字符号一般标注在电气设备、装置或元件近旁，说明其名称、功能、状态及特征等。

7.4.4　识读内容和方法

1. 识读内容

通过识读系统图一般可明确下列内容：

（1）整个变、配电系统的连接方式，从主干线至各分支回路分几级控制，有多少个分支回路。

（2）主要变电设备、配电设备的名称、型号、规格及数量。

（3）主干线路的敷设方式、型号、规格。

通过识读电气平面图一般可明确下列内容：

（1）了解建筑物的平面布置、轴线分布、尺寸以及图样比例。

（2）了解各种变、配电设备的编号、名称，各种用电设备的名称、型号以及它们在平面图上的位置。

（3）弄清楚各种配电线路的起点和终点、敷设方式、型号、规格、根数，以及在建筑物中的走向、平面和垂直位置。

2. 识读方法

（1）熟悉电气施工图的常用图例与符号。

（2）了解土建工程概况，对照建筑施工图来识读电气施工图，以搞清相互间的配合关系。

（3）先按照设计说明、电气外线总平面图、配电系统图、各层电气平面图、施工详图的顺序对电气施工图总体通读一遍，对电气工程有一个总体概念。再对照系统图，对每个部分、每个局部进行细致的理解，深刻领会设计意图和安装要求。

（4）按照各种电气分项工程（照明、动力、电热、弱电、防雷等）进行分类，仔细阅读电气平面图，弄清各电气设备的位置、配电方式及线路走向，安装的位置、高度，导线的敷设方式、穿管管径及导线的规格等。

（5）电气施工图对于设备的安装方法、质量要求以及使用维修方面的技术要求等往往不能完全反映出来，所以在阅读图纸时有关安装方法、技术要求等问题，要参照相关图集和规范。

总之，识读电气施工图的方法可概括为"了解概况先浏览，重点内容看仔细；安装方法找大样，技术要求查规范"。

本　章　小　结

本章主要介绍了室内设备施工图的种类、图样组成、用途、图样形成特点、识读内容和方法。着重掌握室内给排水、采暖、电气施工图的识读内容和方法，熟悉相关的图例和符号，能结合土建施工图进行工程图纸的整体识读。

复 习 思 考 题

1. 设备施工图的种类、图样组成和主要用途是什么？

2. 设备施工图的读图注意事项有哪些？

3. 什么是室内给排水施工图、采暖施工图、电气施工图？其用途是什么？

4. 什么是给水排水工程？

5. 室内给水排水管网组成及流程是什么？

6. 室内给水系统布置方式如何？

7. 室内给水排水施工图的组成有哪些？

8. 室内给排水施工图中的管道标高和管径如何标注？

9. 室内给水排水平面图的识读内容和方法是什么？

10. 室内给水排水系统图的图样形成特点如何？

11. 室内采暖系统的组成、分类及主要设备和部件有哪些？

12. 采暖平面图的图样形成特点、识读内容和方法是什么？

13. 采暖系统图的图样形成特点、识读内容和方法是什么？

14. 建筑电气工程按用途分为哪几种类？

15. 电气施工图的组成包括哪些？

16. 电气施工图的图样形成特点、识读内容和方法是什么？

17. 熟悉室内给排水施工图、采暖施工图、电气施工图的常用图例符号。

18. 试比较室内采暖施工图与给水施工图的异同。

实 训 练 习 题

识读第 8 章实例导读中的室内设备施工图。

第8章 实例导读

【知识目标】 进一步熟悉和掌握建筑工程施工图的组成和特点、图示方法、识读内容和方法。

【能力目标】 通过实例导读训练，不断提高学生识读建筑、结构、水、暖、电施工图的能力。

本章结合工程实例进行分析，引导学生对建筑施工图、结构施工图及室内设备施工图进行识读训练，并对建筑工程施工图进行整体识读。同学们可结合第4章至第7章所学内容，反复进行读图练习。

8.1 建筑施工图导读

图纸目录表

设计号	008		工程总称		某工业园		项目			综合楼
专业	建筑		设计阶段	施工图	结构类别	框架	完成日期			2004年08月
序号	图别	图号	图纸名称			张数			图纸规格	备注
						新设计	旧图	标准图		
1	建施	建01	建筑设计说明及门窗表			1			2#	
2	建施	建02	总平面图			1			2#	
3	建施	建03	一层平面图			1			2#	
4	建施	建04	二层平面图			1			2#	
5	建施	建05	三层平面图			1			2#	
6	建施	建06	屋顶平面图			1			2#	
7	建施	建07	①-⑰立面图 ⑰-①立面图			1			2#	
8	建施	建08	1-1剖面图 2-2剖面图			1			2#	
9	建施	建09	详图			1			2#	
			选用标准图集							
			陕02J01	建筑用料及做法					1本	
			陕02J02	屋面					1本	
			陕02J03	外装修					1本	
			陕02J05-1	卫生间盥洗室及洗手池					1本	
			陕02J06-1	木门					1本	
			陕02J06-4	塑钢门窗					1本	
			陕02J08	楼梯					1本	
			陕02J09	室外工程					1本	
			陕02J12-2	外墙内保温构造图集					1本	
制表人						归档日期			年 月 日	

图 8.1 建筑图纸目录

建筑施工图设计说明

一、设计依据
1. 国家现有的现行有关设计规范、规程、标准和规定。
2. 设计合同。
3. 甲方单位及甲方所有关的设计要求。
4. 城市规划局批准的城建红线图和初步设计平面总图的审查意见。

二、主要指标
1. 耐用年限：50年
2. 耐火等级：二级
3. 屋面防水等级：Ⅲ级，防水层耐用年限为5年。（《屋面工程质量验收规范》(GB 50207—2002)）
4. 建筑结构类型：框架
5. 建筑面积：2860.00m²
6. 建筑层数：地上三层
7. 建设地点：陕西
8. 本工程平面位置见总平面布置图。

三、其他
1. 本设计图因使用文化需要及需视图所需要更要求变更设计，冷暖经经图需由出该图纸方可进行施工。
2. 在施工过程中各专业工种相应须密切配合，做好预留孔洞，不得私自打洞、凿洞。
3. 此设计只做一般装修设计，其未装修设计由甲方委托有关装修设计公司一次设计，色彩的确定，施工单位应做出样板经设计人员和甲方同意后方可大量施工。
4. 所有装修材料、色彩的确定须经设计人员和甲方确认后选用成品样品。
5. 所有受力构件尺寸及规格均见结构施工图，即中均以所注尺寸为准，不可度量。

四、附录
1. 墙体详见结构说明。
2. 凡墙体与楼板、穿楼板处，安装完毕后，管道孔洞周围需用同规格耐火板限防的不燃材料封堵严实，有防火要求的楼板和墙体均用1:2.5水泥砂浆（加5%水泥）封堵，楼面或基地地坪20mm。
3. 除注明者外，外门窗立樘均居中，内门与开启方向平墙平。
4. 隔墙中有管线者应当先布线，管线电线布线后砌墙。
5. 砖墙内有预埋木砖尺寸均为120×120×60，均涂沥青防腐，混凝土内预埋铁件尺寸均为60×60，埋设拉结L的∅20，L=100木砖。
6. 外墙内装修（包括阳台栏板侧）保温，采用ASA准装建筑砼板保温装料，墙体采用240 砖墙厚为30厚，构造均参见02.12—2施工。
7. 本混凝土尺寸，均应按第二次混凝土建筑工程质量。

门窗表

项目	设计编号	类别	洞口尺寸 宽	洞口尺寸 高	图集号	页次	型号	樘数 总数	备注
门	M1	木门	1800	2400				3	甲方自理
	M2	木门	1500	2100				17	甲方自理
	M3	夹板门	900	2100	陕02.06-4	14	M7-0921	49	
	M4	夹板门	800	2100	陕02.06-1	16	M9-0921	37	
	M5	木门	1200	2100				3	甲方自理
窗	C1	木窗	1800	6700	陕建12			22	
	C2	木窗	1800	1800	陕建12			15	
	C3	木窗	1500	1800				28	甲方自理
	C4	木窗	2100	1800				3	甲方自理
	C5	木窗	1000	1800				16	甲方自理

建筑用料说明

项目	适用范围	厚度	类别	页数	编号	附注
墙身砌体	砖墙砌体		KP1多孔空心砖		潮1	室内地坪以上 采用空心砖 室内地坪以下为实心砖见结构设计
墙身防潮	砖墙砌体	20	墙身砌体	20	散1	
散水	建筑物四周	200	细石混凝土散水	19	散4	宽度为1200
室内散步平台		410	水泥砂浆台阶	13	散2	
外墙面	全部	18	100X100面砖	28	外-21	外墙内掺加剂30刷保温砂浆
内墙面	卫生间厨房	21-24	彩色瓷砖	127	内38	浅色瓷砖300x200 顶棚下 颜色另定
内墙面	其余	16	平水内墙乳胶漆	120	内17	白色乳胶漆
踢脚线		19-23	磁砖踢脚	95	踢19	高度为150
地面	全部（卫生间除外）	150-152	防滑地砖	48	地29	规格300X300 颜色另定 防水层为1.5 厚聚氨酯类防水涂膜
地面	其余	230	水泥砂浆地面	39	地4	
楼面	卫生间厨房	90-92	陶瓷锦砖	73	楼41	颜色各样另定 规格300X300
楼面	楼梯	20	水泥砂浆楼面	61	楼3	防水层1.5厚聚氨酯类防水涂膜
顶棚	全部（混凝土板）	10	PVC条板吊顶	142	棚6	颜色同墙
	卫生间			151	棚29	颜色各样另定货
屋面	屋面		不上人屋面	176	星区(A9D)	1.5厚三元乙丙下苯橡胶防水卷材
油漆	楼梯扶手	161	调和漆		沿23	颜色各样订货
	木材面	157	调和漆		沿5	颜色各样订货

注：本表采用选用陕西02系列建筑标准设计图集 工程做法。

工程项目	综合楼
	建筑设计说明及门窗表
图号	建01
日期	

图8.2 建筑设计说明

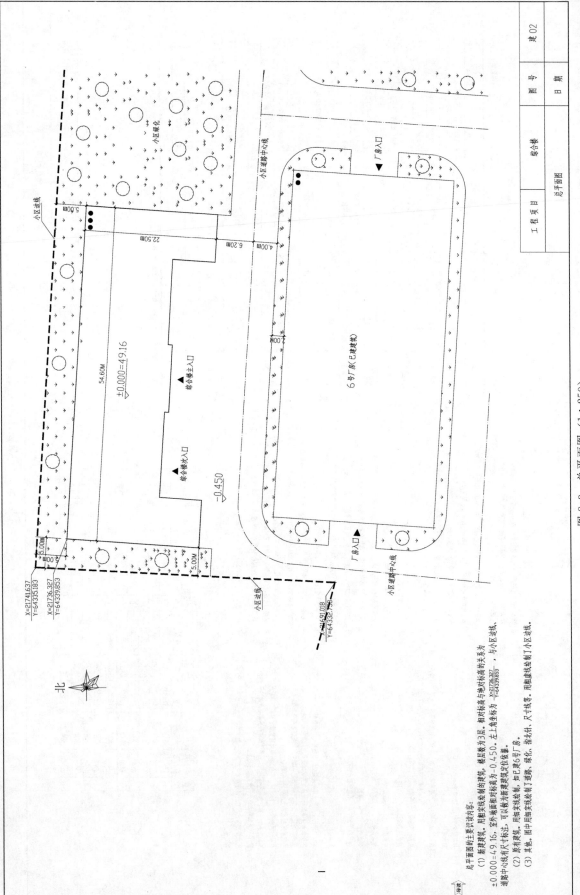

图 8.3 总平面图 (1 : 250)

北

X=21741.637
Y=64335.183
X=21736.327
Y=64339.853

小区道路中心线

小区道路中心线

小区红线

小区红线

Y=64691.018
Y=64332.757

5.00M

5.00M

5.00m

5.00M

22.50m

6.20m

4.00m

3.00M

54.6M

±0.000=49.16

综合楼主入口

综合楼入口

-0.450

6号厂房(已建筑)

厂房入口

厂房入口

小区绿化

工程项目 综合楼

图号 建02

日期

总平面图

图例

总平面图的主要诀决内容:

(1) 新建筑。用粗实线绘制的建筑。楼层数为3层。相对标高与绝对标高的关系为
±0.000=49.16。室外墙面相对标高为-0.450。左上角坐标为 X=21736.327 Y=64339.853、
道路中心线有尺寸标注。可以作为新建筑定位依据。

(2) 原有建筑。用细实线绘制。如已建6号厂房。

(3) 其他。图中用细实线绘制了道路、绿化、指北针、尺寸线等。用粗虚线绘制小区红线。
用粗实线绘制厂房入口。

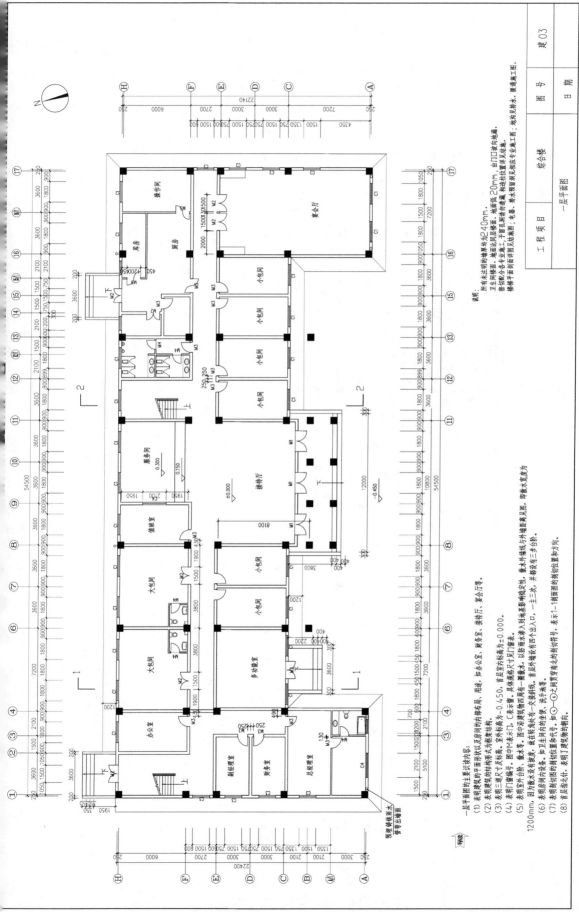

图 8.4 一层平面图 (1:100)

一层平面图的主要标识内容:
(1) 表明建筑的平面形状以及房间的布局。
(2) 表明建筑各部件构件的结构类型。
(3) 表明三道尺寸及标高。
(4) 表明门窗编号。图中M表示门，C表示窗。具体数据尺寸见门窗表。
(5) 表明室外台阶、散水等。图中涉及建筑物四周有一圈散水，以防雨水渗入到墙基影响稳定性。首层标高为±0.000。
(6) 表明房间内设备。如卫生间内卫生洁具等，洁净器材等。
(7) 表明剖切到的构配件符号及剖切符号，如①～⑥之间贯穿有光的剖切符号，表示1—1剖面图的剖切位置和方向。
(8) 首层指北针，表明了建筑物的朝向。

注：所有注明墙的墙厚均为240mm。
卫生间楼面、地面比同层楼面、地面低20mm，由门口坡向地漏。
凡切合各专业施工子母孔洞的布设置，构造柱位置等见相应各专业图。
楼梯平面详图见楼梯详图；电景、弱水等窗见相应专业图；电景、弱水等窗见专业图，暖通施工图。

工程项目　综合楼
一层平面图
图 号　建 03
日 期

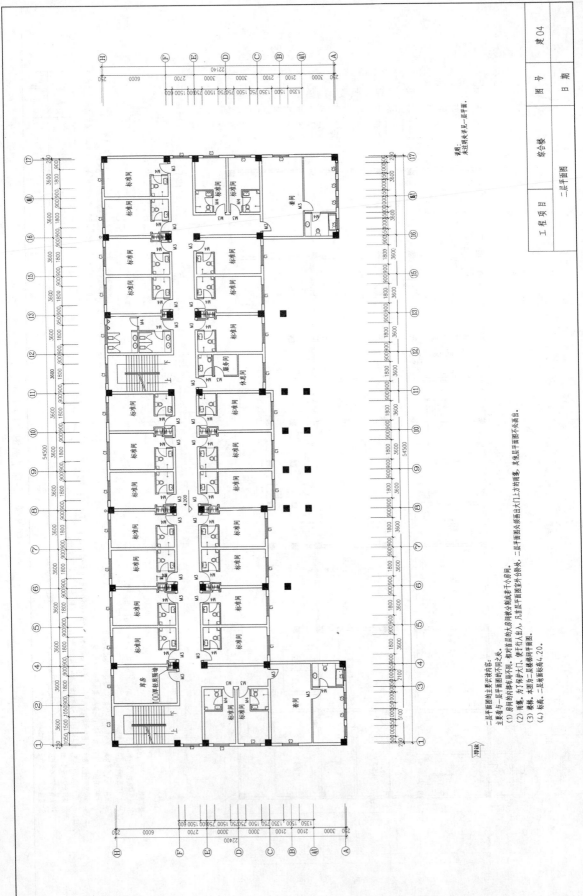

图 8.5 二层平面图 (1:100)

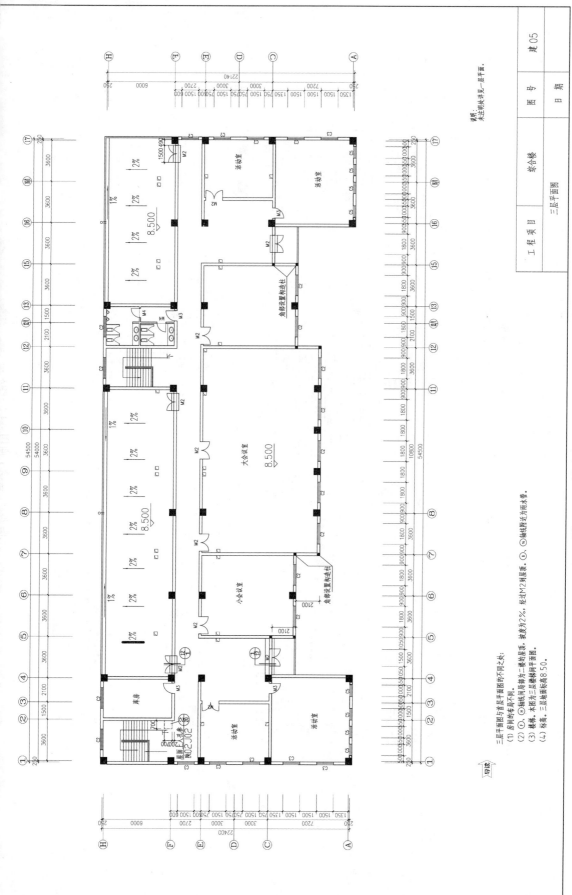

图 8.6 三层平面图（1∶100）

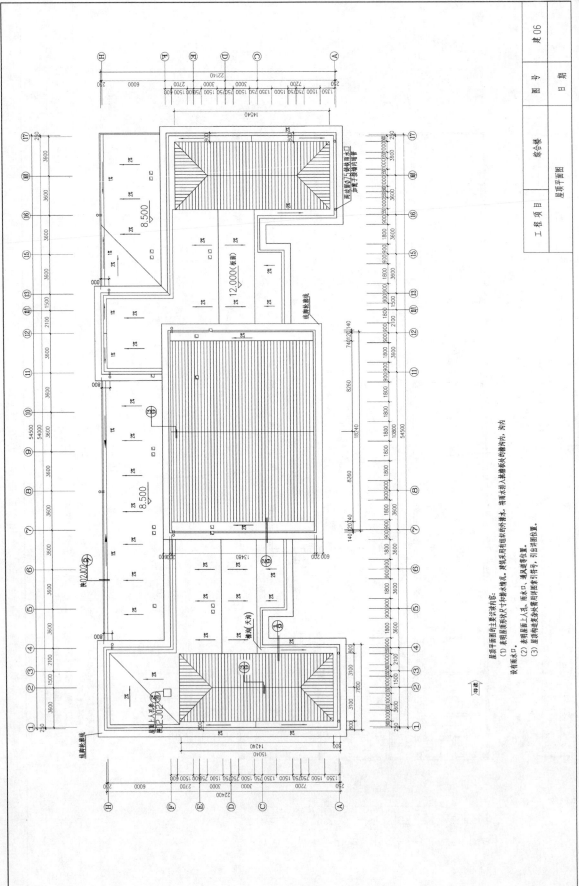

图 8.7 屋顶平面图 (1：100)

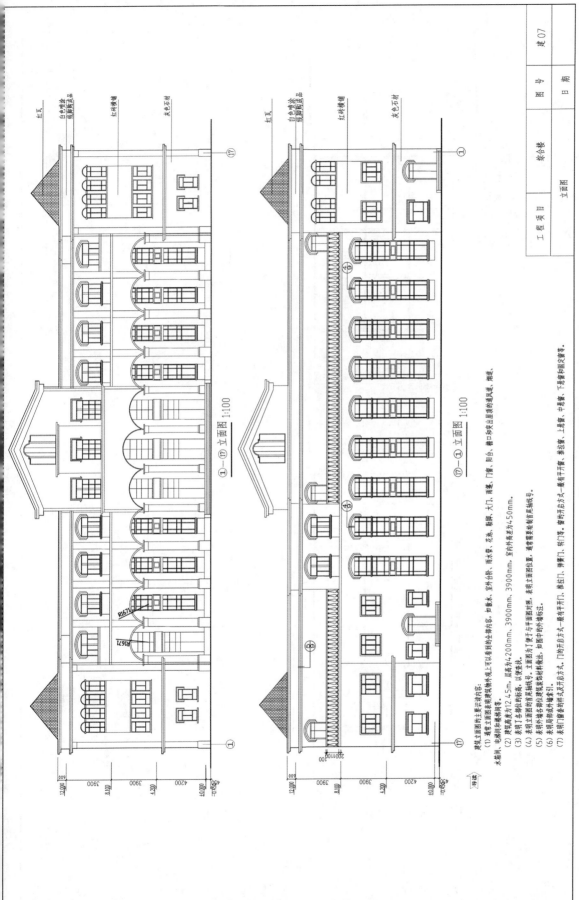

① — ⑰ 立面图 1:100

⑰ — ① 立面图 1:100

图 8.8 立面图

建筑立面图的主要标识内容:

(1) 通常立面图表示建筑物外观上可以看到的全部内容,如墙木、室外台阶、室外坡道、雨水管、花池、勒脚、大门、雨篷、门窗、阳台、檐口和突出屋顶的通风道、排道、木箱间、电梯间、电梯间和楼梯间等。

(2) 建筑高度为12.45m,层高为4200mm、3900mm、3900mm。室内外高差为450mm。

(3) 表明了各部位的标高,以便查找。

(4) 表明立面图的首层轴线号。立面图为了便于与平面图相对照,表明立面图的位置,通常要绘制首尾轴线号。

(5) 表明外墙各部位的建筑装饰材料做法,加图中的外墙标志。

(6) 表明局部或墙的细部索引。

(7) 表明门窗等构件的样式及开启方式。门的开启方式一般有手开门、推拉门、转门等。窗的开启方式一般有平开窗、推拉窗、上翻窗、中悬窗、下悬和固定窗等。

红瓦
白色喷涂
缓釉陶瓷制品
红砖横铺
灰色石材

红瓦
白色喷涂
缓釉陶瓷制品
红砖横铺
灰色石材

| 工 程 项 目 | 综合楼 | 图 号 | 建07 |
| 立面图 | | 日 期 | |

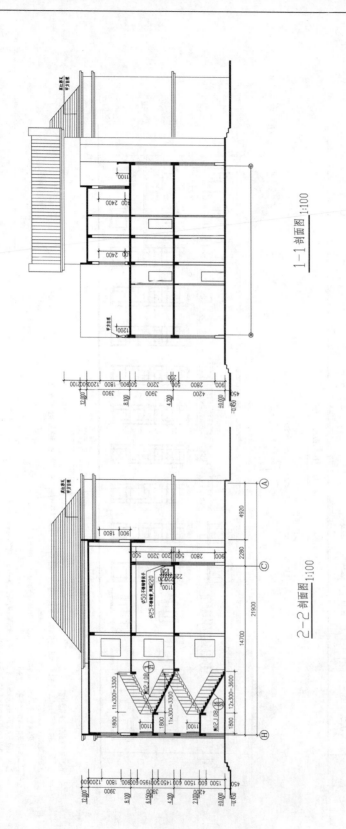

1-1 剖面图 1:100

2-2 剖面图 1:100

图 8.9 剖面图

工程项目	综合楼	图 号	建 08
剖面图		日 期	

导读

建筑剖面图的主要表示内容：

(1) 表明了被剖切到的建筑物内部的上下分层以及屋顶形式，反映了梁、板、柱、墙体之间的关系。本建筑为地上三层，有局部突出的平屋顶。

(2) 表明了南度方向的尺寸、标高，以及细部尺寸。

(3) 表明室内各部位的装修做法。

(4) 图中无法表达清楚的地方，可用详图索引符号表明。

(5) 利用首层平面图的剖切符号对照阅读该剖面图。

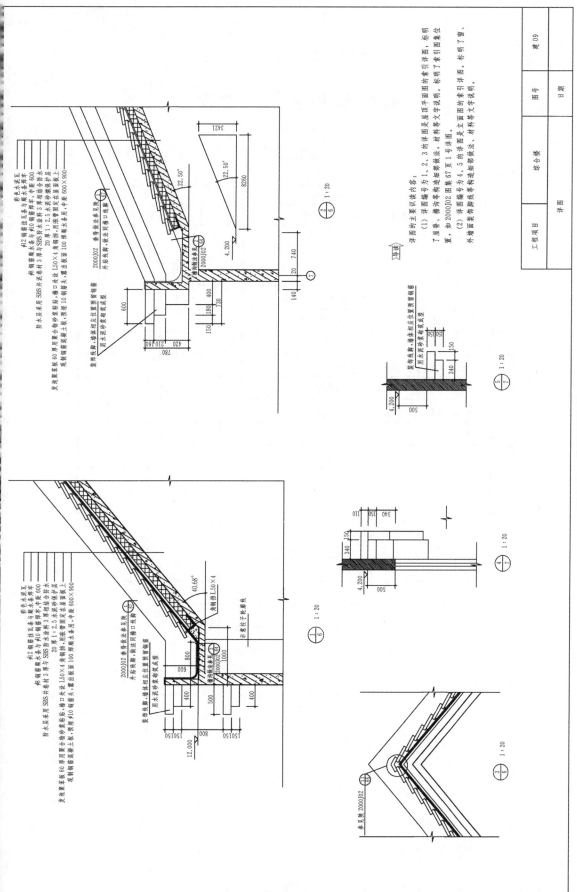

图 8.10　建筑详图

8.2 结构施工图导读

图纸目录表

设计号	008	工程总称		某工业园			项目		综合楼		
专业	结构	设计阶段	施工图	结构类别	框架		完成日期		2004 年 08 月		
序号	图别	图号	图纸名称				张数			图纸规格	备注
							新设计	旧图	标准图		
1	结施	结 01	结构施工图设计说明（一）、（二）				2			2#	
2	结施	结 02	基础平面图				1			2#	
3	结施	结 03	基础详图				1			2#	
4	结施	结 04	二层梁配筋图				1			2#	
5	结施	结 05	三层梁配筋图				1			2#	
6	结施	结 06	屋面梁配筋图				1			2#	
7	结施	结 07	二层板配筋图				1			2#	
8	结施	结 08	三层板配筋图				1			2#	
9	结施	结 09	屋面板配筋图				1			2#	
10	结施	结 10	底层柱配筋图				1			2#	
11	结施	结 11	二层柱配筋图				1			2#	
12	结施	结 12	三层柱配筋图				1			2#	
13	结施	结 13	楼梯及坡屋面(一)、（二）				2			2#	
制表人								归档日期		年 月 日	

图 8.11 结构目录

结构施工图设计说明（一）

一、概述

1. 设计依据：国家现行规范。
2. 本工程为住宅楼，其结构类型为框架结构。
   设计等级详见下表：

抗震设防分类	丙类	
结构安全等级	二级	
地基基础设计等级	乙级	

结构重要性系数	一级（室内正常环境）	结构使用年限
	二类b（室外环境）	设计使用年限
		混凝土结构分类

3. 本工程建筑抗震设防烈度为Ⅶ度（设计基本地震加速度值为0.05g）。

场地类别	Ⅲ类	抗震设防区划
框架抗震等级	三级	地震动参数

4. 有关本工程结构地理详细资料见上述2、3条相应抗震设防及烈度等级等有关规定。

5. 本工段以下未考虑各种工段措施，施工单位应根据有关工段工段及本段工段中应严格遵守国家现行有关的各项施工验收规范，并注意保障与工段安全。

6. 凡图中未注明之处应按相关规程执行，本说明与有关标准图集相应之标准规范。

7. 本工程凡未经本图审核或变动较大者应申报有关部门审查并办理相关手续。

二、地基与基础

1. 本工程开始土等详见有关地基资料。
2. ±0.000相当于绝对标高以建设单位所提供数据为准。
3. 本工段基础工段设计及与地基基础工段均应按《建筑地基基础工程施工规程》进行。
4. 当施工图设计与实际不符时，应及时通知设计单位。
5. 本工段采用天然地基，基础采用独立基础。

三、材料

1. 混凝土强度等级：基础垫层C15；独立基础采用C20至主要构件混凝土强度等级见表。
   除注明外，其余均采用C25。

结构施工图设计说明（二）

9.当墙、柱内现浇混凝土强度等级大于等于C5以上时：
出内现浇混凝土强度等级专项专领超过C5以下时：
办无充现浇度需宜做，柱及节点范围…，表图7A施工。
协接两侧内混凝土同时现浇时，按图7B施工，随着两侧混凝土的浇入，老墙表面与柱面范围并同柱混凝土集实密实。

（4）基础与地基

a.基础与现浇中钢筋的搭接未超过相邻的 0%且上部钢筋应在柱受力较中三分之一搭接区中搭接，下部钢筋应在柱受力较中三分之一搭接区内搭接…不得超过更多的搭接，在钢筋受力较大处且的搭接率不应大于接搭接率最小各日不大于100 mm。

b.钢筋中上端钢筋片应同现搭接。除材料多主要求本件受弯部面施工单位审定。

c.连基或或现浇时/4：在最少需重要在于护有支护内墙敷，第一方向支力方向置配置，另一方向可置，见图9。

d.钢管混凝土李李基础，当需氯氧化大于750mm时，其集箭管长度为 0.9(b~50mm)支锚装置，见图20。

e.基础墙内钢筋的焊连接等柱。墙柱四角箭焊接以保证防度要求。

f.柱主基础上墙接见图2，墙在柱基础上墙施工墙见图3，钢筋在柱墙墙上墙工器基不需筋角解焊接。

7.基础地件模板双架件需混凝土现达到100 %方可拆除。

8.结柱件现浇时设置后浇后浇条时，左后浇等内浇束，各集箭管可可拆卡。

9.钢筋混凝土结中件中须置钢筋安件现合建筑。步/配合建筑。

图内楼板扶杆、钢楼、平顶、门窗安装等置及件须置钢混凝及柱与墙面的扶浇的筋置件现筑工。步/配合建。

防置装置，接地与柱件内纵钢件辐接需求及建或某件等；水盘识造箭中的埋等及预盘识。

五、后砌墙的抗震构造措施

1.后砌墙与楼柱有抗震专专墙力墙件拉结筋图配置；施工时会需合建基图纸，按需墙墙位件在柱在剪力墙中有预置钢箭预留，墙置集筋置墙接箭。

2.后砌墙建，当墙度度>4m时，在墙高中段处门窗设置与柱连接墙长钢筋混凝土圈梁，置类素同墙厚，柬箍厚：6·7麦为4Φ8 Φ6@200，8度为4Φ10 Φ6@200，故图11施工。
9度为4Φ12 Φ6@150，当墙过度长时，墙门麦设置点计算。故图12A~12B施工。

3.后砌墙件与现浇拉结时，墙过麦预设，根据点麦数要求。双须故图13预置挂钢箭。

4.后墙砌置集时，墙三初数数，若有底方有集筋，若板底尾有集箭。

5.墙大置在层度尺时，宜置置敷墙墙土和置集，柱墙体具体位置见平面图。

6.后砌墙的置墙和墙接搭接见 03G329-1图集34页。

六、其他

1.后砌墙上钢门窗置墙件见图24。对于过过的窗过来，施工于钢出在第3确处完定麦束出由柱柱外项窗口线墙，见图纸1.

2.构件柱在主件工后箱工，必须先钢墙线浇，末过现墙柱截置为240x240在柱向竖向端置处注钢件外均为4Φ12及Φ6@200置集。柱向室向现浇线件长50构柱柱置与接集柱件结，钢置置法见图4。
构述混凝土强度：C20.

3.地件4Φ12及Φ6@200置墙件进出故15素工，且应置墙件下回填土实实实实，压实系系不得小于0.94.

4.所有件件均做二道。

图 8.13　结构说明（二）

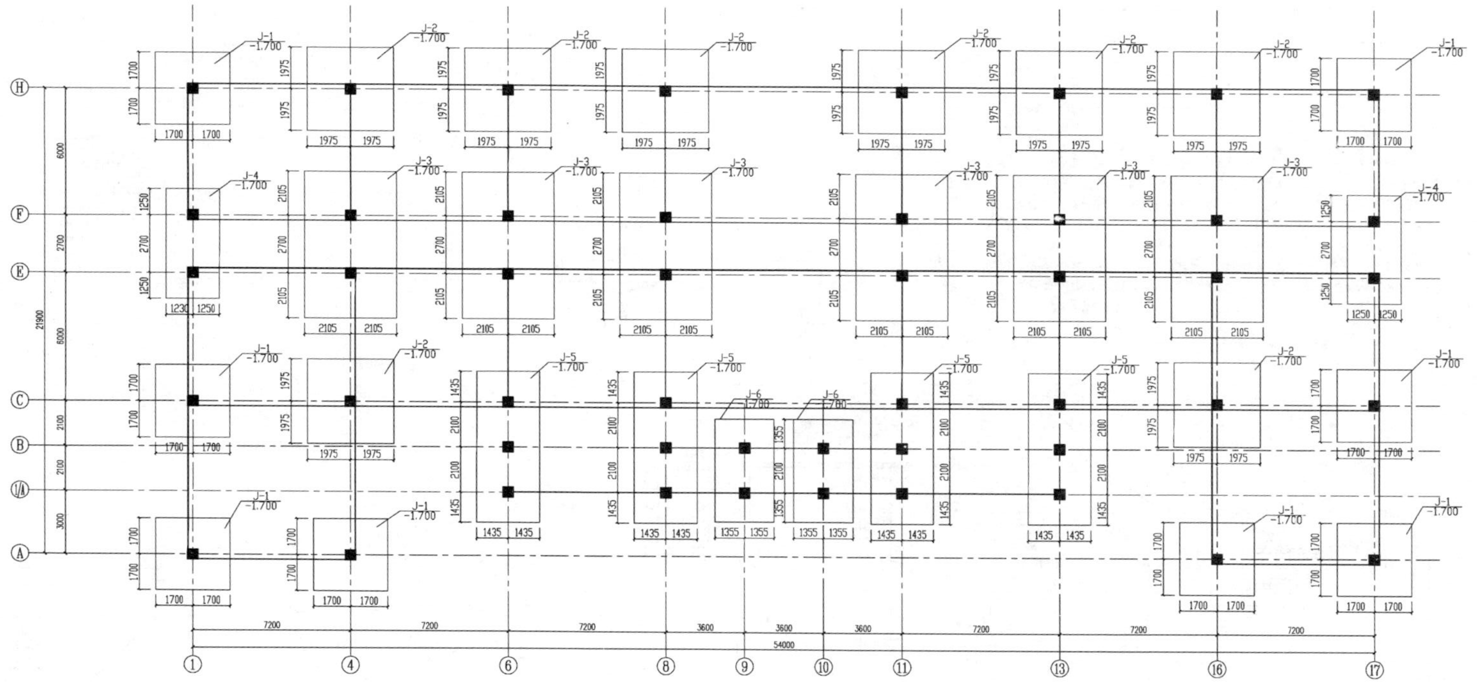

说明：未注明柱均居轴线中。

导读

基础平面图的主要识读内容：

（1）图中可以看出基础为钢筋混凝土独立基础。

（2）横向定位轴线编号①-⑰，纵向定位轴线编号Ⓐ-Ⓗ，应与建筑施工图轴线一致。

（3）图中表达了独立基础代号及基础底部标高。每个独立基础都有相应的代号，共有6种类型：J-1-J-6；基础底部标高为-1.700m。

（4）图中表达了独立基础和柱子等构件的外轮廓线、平面位置、尺寸等。如J-1基础尺寸为3400X3400mm。

（5）图中涂实的矩形是钢筋混凝土柱。

工程项目	综合楼	图号	结02
基础平面图		日期	

图 8.14　基础平面图 1：100

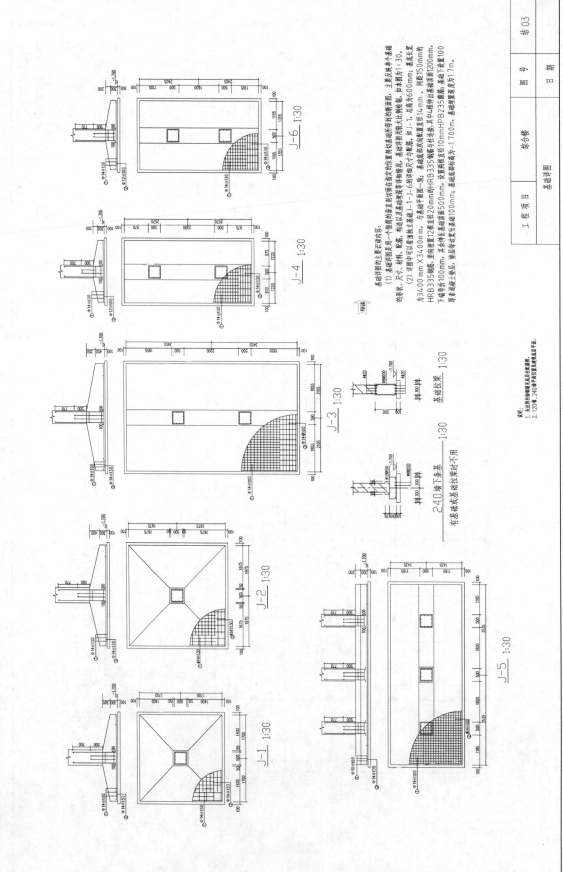

图 8.15 基础详图

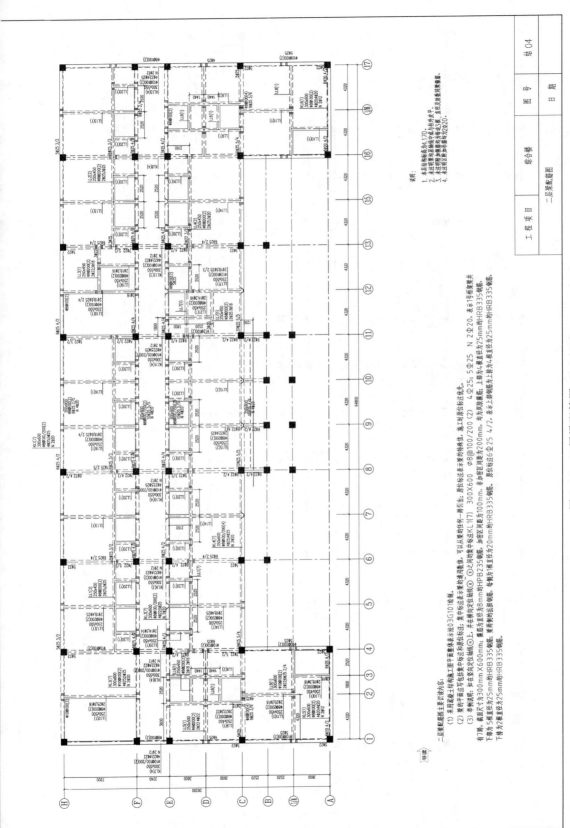

图 8.16 二层梁配筋图（1：100）

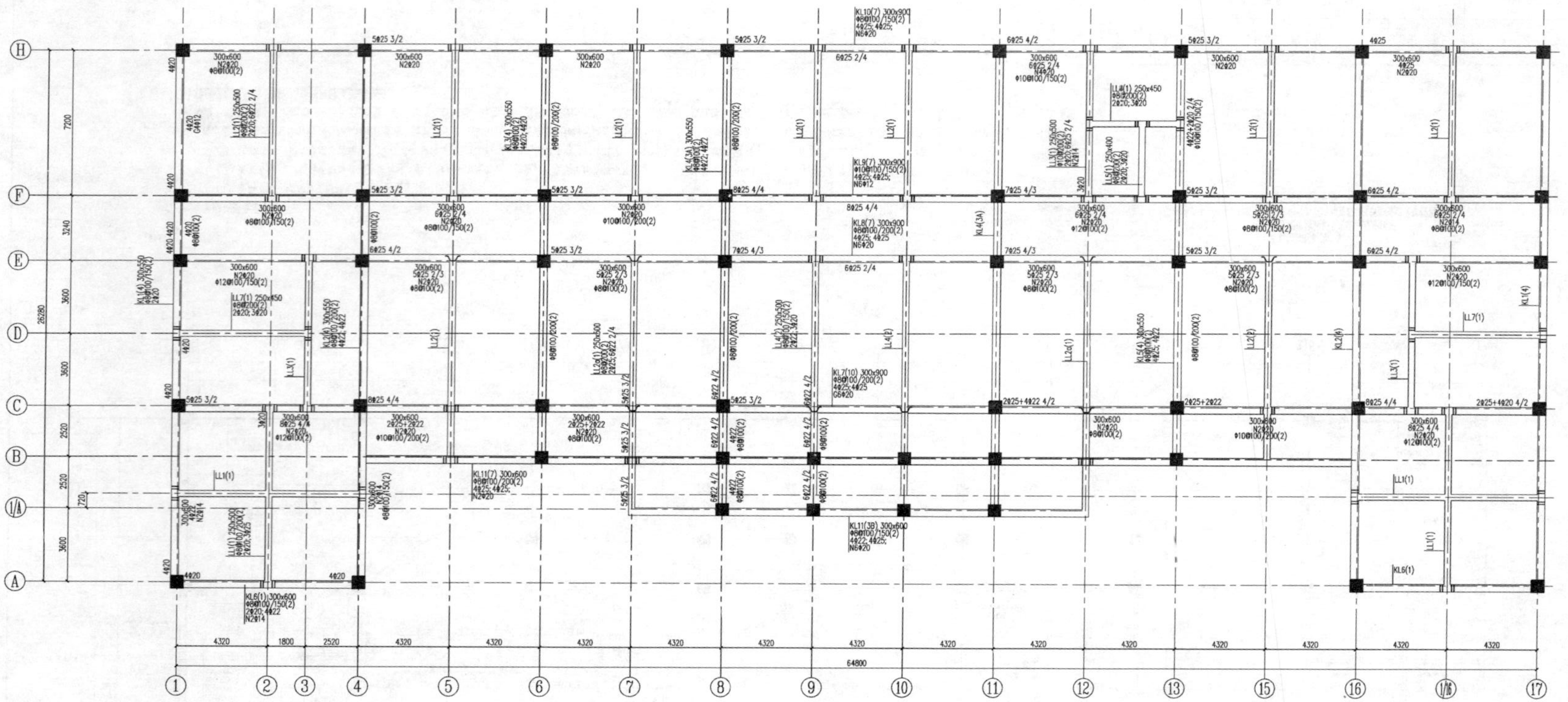

说明：
1. 本层结构标高为8.070。
2. 未注明梁均居轴线中或与柱外皮平。
3. 未注明附加箍筋均为每边3根，直径及肢数同梁箍筋。
4. 未注明区附加吊筋均为2Φ20。

导读

三层梁配筋图的主要识读内容和方法同二层梁配筋图。

工程项目	综合楼	图号	结05
三层梁配筋图		日期	

图 8.17　三层梁配筋图（1：100）

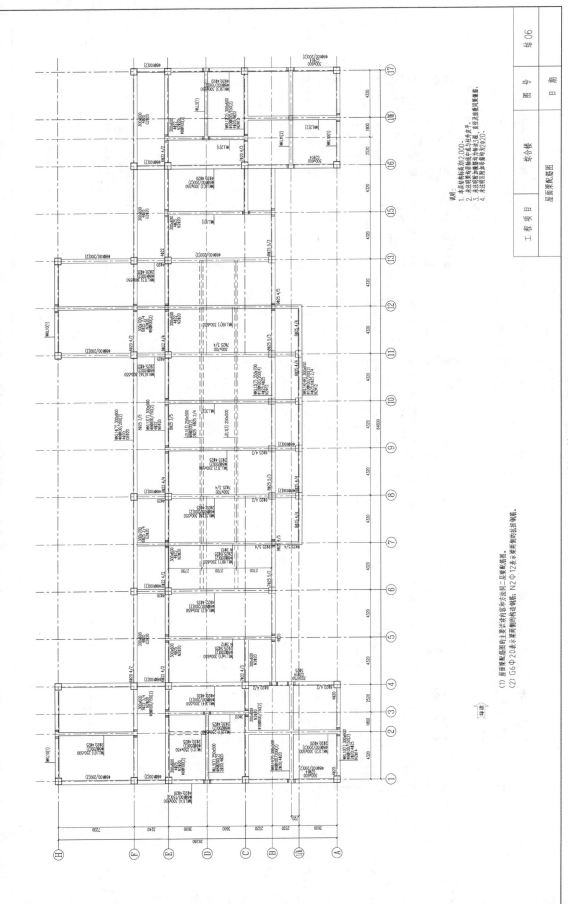

图 8.18 屋面梁配筋图 (1 : 100)

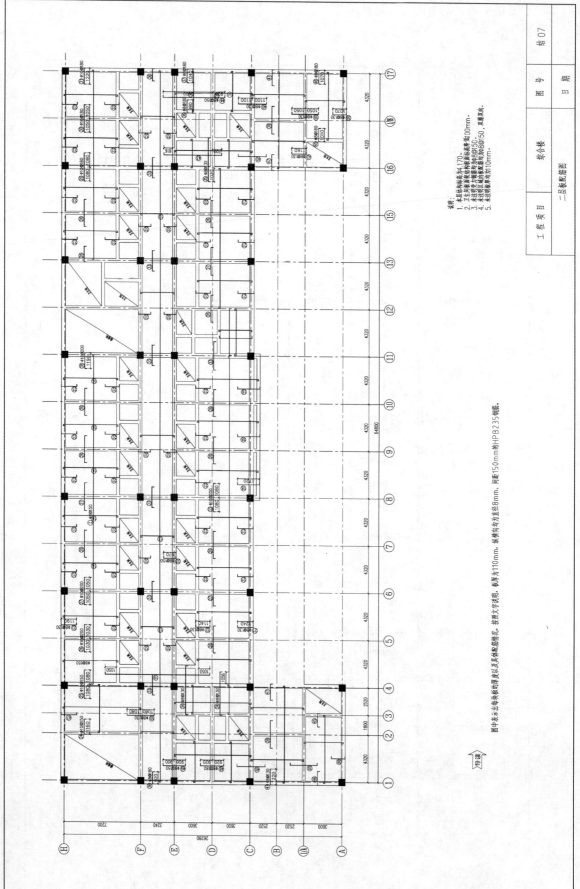

说明:
1. 本层结构标高为170.
2. 卫生间等注降板处板面标高降低100mm.
3. 未注明受力钢筋均为ø8@150.
4. 未注明轻质墙下板底配筋为2ø8@150, 双排双向.
5. 未注明板厚均为110mm.

图中未标示每块板的厚度板以及具体配筋情形, 请要文字说明, 板厚为110mm, 纵横向均为直径8mm, 间距150mm的HPB235钢筋.

| 工 程 项 目 | 综合楼 | 图 号 | 结 07 |
| 二层板配筋图 | | 日 期 | |

图 8.19 二层板配筋图 (1:100)

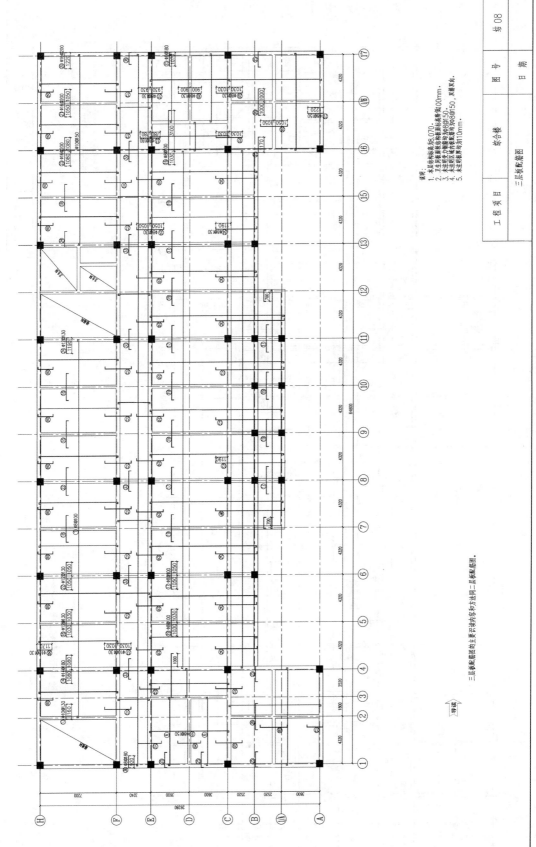

图 8.20 三层板配筋图 (1 : 100)

结 08

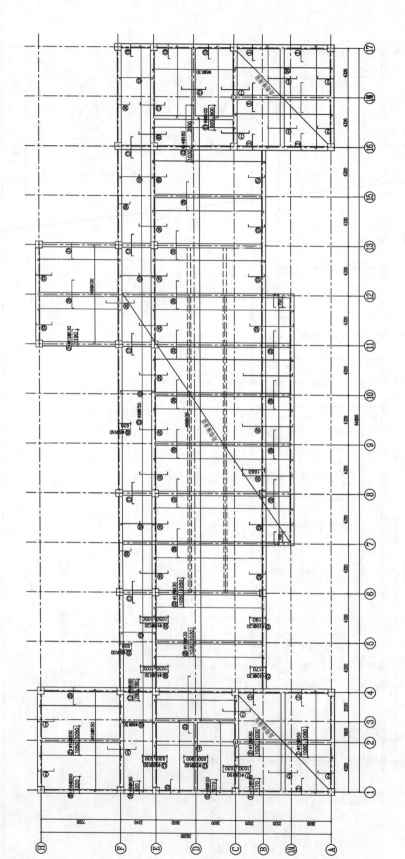

说明:
1. 本层结构标高为 2.000。
2. 卫生间板面较结构面标高降低 100mm。
3. 未注明受力钢筋均为Φ8@150。
4. 未注明区域内板配筋均为Φ8@150，双排双向。
5. 未注明板板厚均为 10mm。

注意 屋面板板筋的主要识读内容和方法基本同二层板板筋。

屋面板板筋的主要识读内容和方法基本同二层板板筋。

工程项目	综合楼	图 号	第 09
	屋面板配筋图	日 期	

图 8.21 屋面板配筋图 （1：100）

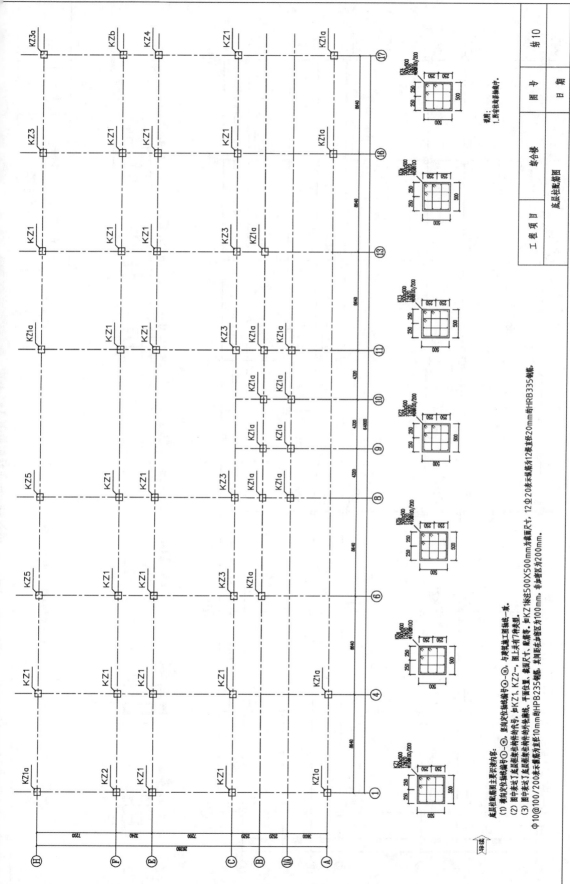

图 8.22 底层柱配筋图 (1:100)

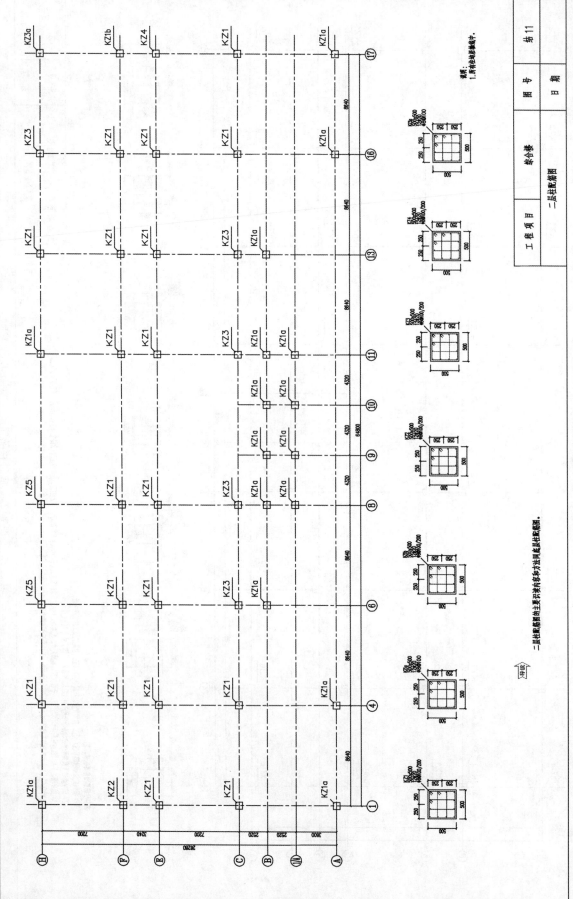

图 8.23 二层柱配筋图 (1：100)

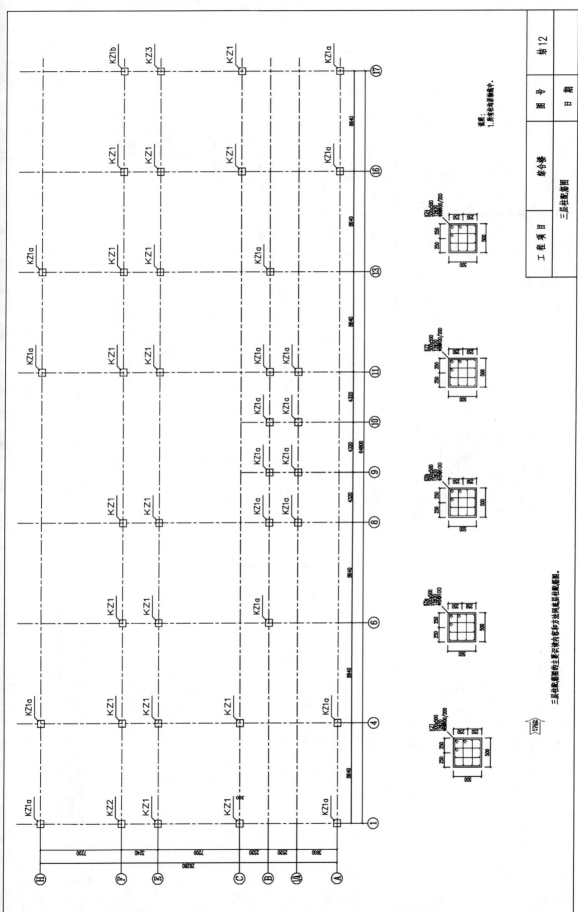

图 8.24　三层柱配筋图 (1:100)

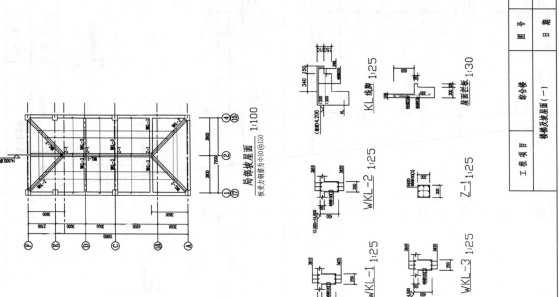

局部坡屋面 1:100

承受力钢筋为Φ10@150

KL 线脚 1:25

屋面挑檐 1:30

WKL-2 1:25

Z-1 1:25

WKL-1 1:25

WKL-3 1:25

二层楼梯结构平面图 1:50

一层楼梯结构平面图 1:50

三层楼梯结构平面图 1:50

A-A 1:50

图 8.25 楼梯及坡屋面（一）

楼梯详图由平面图和剖面图组成，平面图主要表示楼梯的各种位置、标高、踏步尺寸和配筋等情况。剖面图则表示出了楼梯踏步与楼梯的各段楼梯以及楼梯段的尺寸和配筋情况。

（1）楼梯结构平面图有一层、二层、三层结构平面图。楼梯主要有四段楼梯，相邻标为TB-1、TB-2、TB-3、TB-4，从底上可以量出楼梯宽度为1600mm，休息平台宽度为1800mm。

（2）楼梯结构剖面图表示了楼梯段的构件。标注了各锚固尺寸和配筋情况，如TB-1端步宽300mm，踏步高1615mm。

工程项目	综合楼
	楼梯及坡屋面（一）

图号	第13
日期	

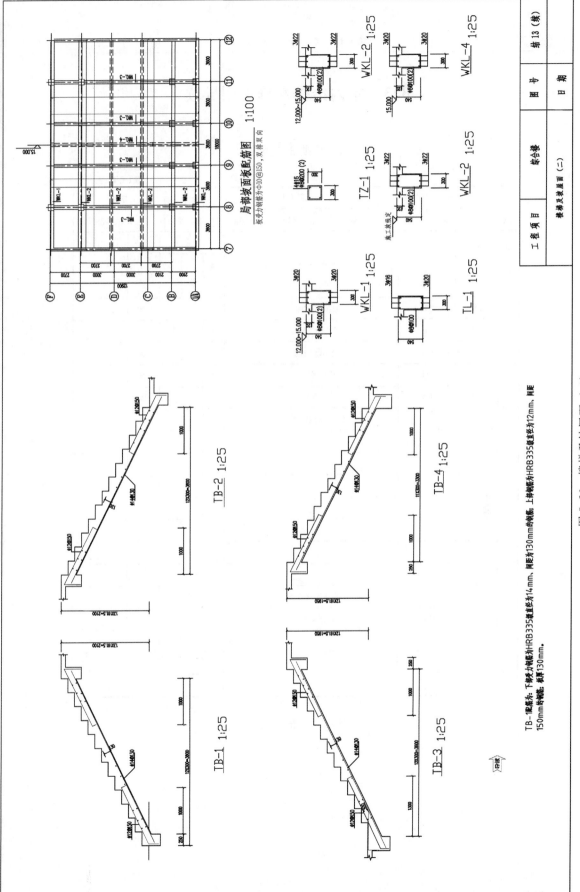

图 8.26 楼梯及坡屋面（二）

8.3 室内给排水施工图导读

图纸目录表

设计号	008	工程总称		某工业园				项目		综合楼	
专业	给排水	设计阶段	施工图	结构类别		框架		完成日期		2004 年08月	

序号	图别	图号	图纸名称	张数 新设计	旧图	标准图	图纸规格	备注
1	水施	水01	一层给排水平面图	1			2#	
2	水施	水02	二层给排水平面图	1			2#	
3	水施	水03	三层给排水平面图	1			2#	
4	水施	水04	给水系统图	1			2#	
5	水施	水05	排水系统图	1			2#	
6	水施	水06	消防系统图,材料及说明	1			2#	
			采用标准图集					
	国标	99S304	卫生设备安装					
	制 表 人				归档日期		年 月 日	

图 8.27 给排水目录

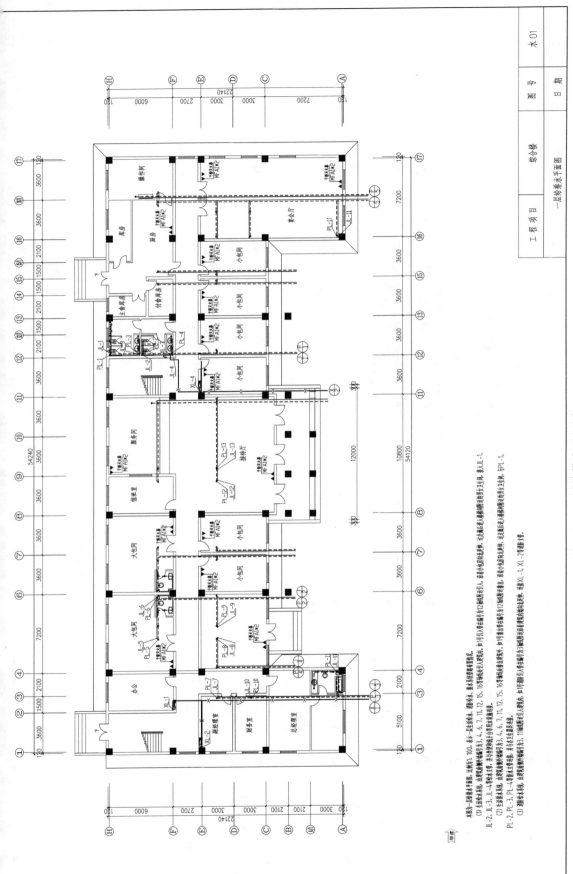

图 8.28　一层给排水平面图（1：100）

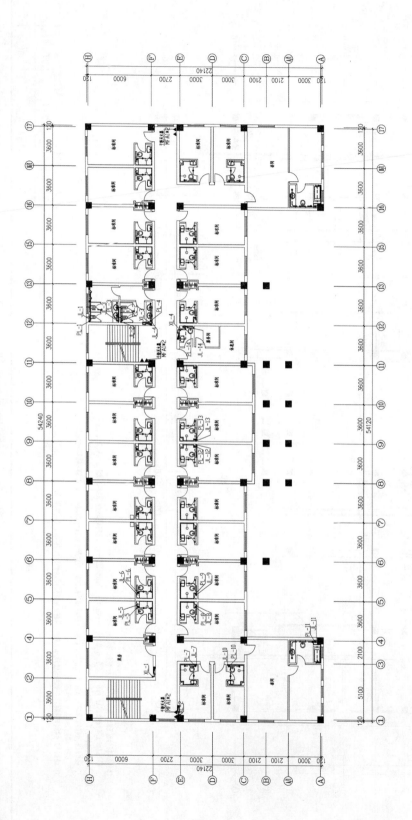

图 8-20 一层给排水平面图（1:100）

本图为二层给排水平面图，比例为 1:100，表示二层生活给水、消防给水、排水系统管网布置情况，各系统立管与一层给排水平面图中一一对应。

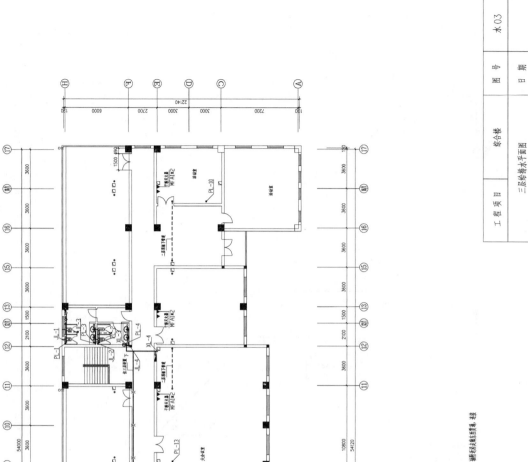

图 8.30 三层给排水平面图 (1：100)

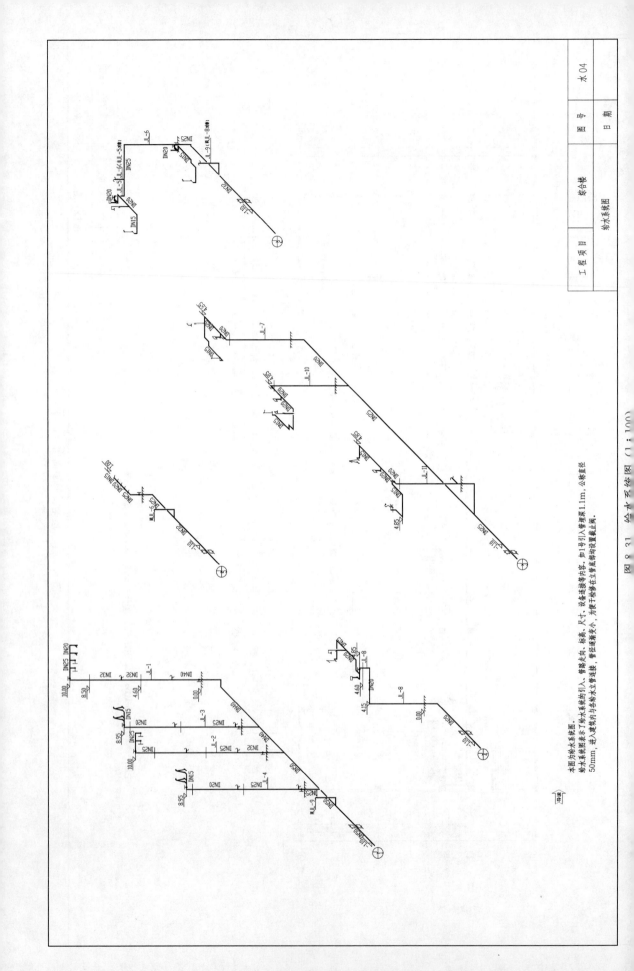

本图为给水系统图。

给水系统图表示了给水系统的引入、管道走向、标高、尺寸、设备连接等内容。如1号引入管埋深1.1m，公称直径50mm，进入建筑内与各给水立管连接，管径逐渐变小，为便于检修在立管底部均为置截止阀。

图 8-31　给水系统图（1:100）

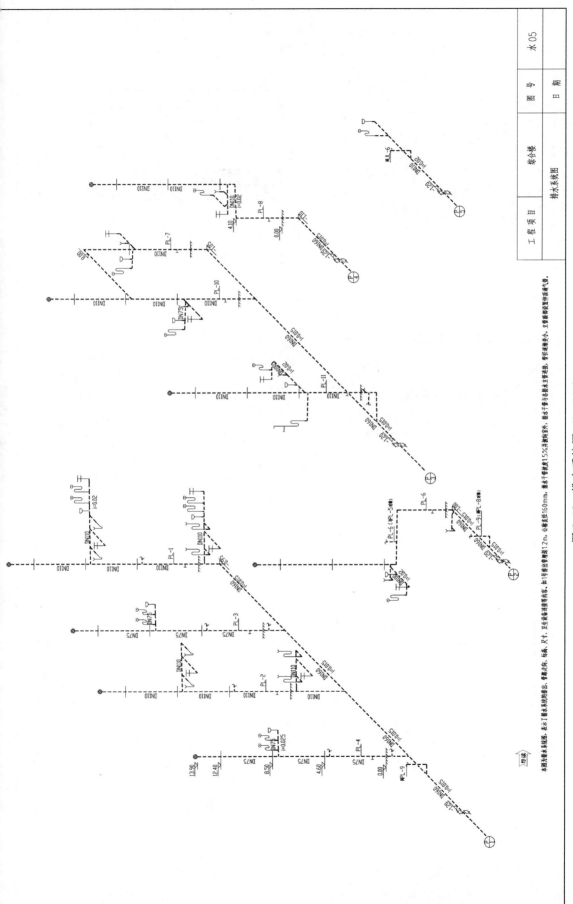

图 8.32 排水系统图 (1:100)

工程项目   综合楼

图 号   水 05

日 期

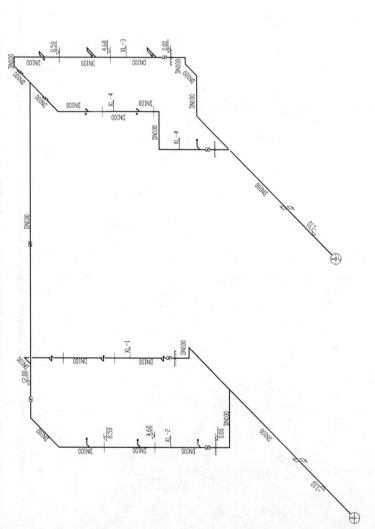

图 8.33 消防系统图 （1：100）

图 号 水 06

日 期

工程项目 综合楼

消防系统图、材料及说明

说 明

1. 本图以室内地坪为±0.00，标高以m计，尺寸以mm计。给水管为管中心标高，排水管为管内底标高。
2. 本系统属多层建筑，冷给水、排水、消火栓系统。室内消防用水量10L/s。
3. 生活给水压要求不小于0.35MPa，粘接。消防要求不小于0.45MPa。
4. 给水管采用给水用硬聚氯乙烯管，粘接。排水采用硬聚氯乙烯排水管，粘接。其材标本见表见96S344《建筑排水硬聚氯乙烯管安装》，消防管采用镀锌管，丝扣连接。
5. 消防管表明安装敷到管道，地沟内敷设需青再造。
6. 吊顶、屋面，地沟内管道均采用聚氨酯板管敷保温，厚度40mm。
7. 屋面水箱采用聚氨酯保温，厚度50mm。
8. 管道安装反应见可管参墙、贴墙，管道专业单位合密切配合，对管道支架应收规范设置，基础中采单位众须与土建单位密切配合，对建筑及卫生设备需要图案，由众单位配合土建图案以防碰墙，管道支吊架的安装见图标S161。
9. 管试验压力按：给水管为0.6MPa，排水管应按满水试验，消防管道为1.4MPa。
10. 施工及验收按照《建筑给水排水采暖工程施工质量验收规范》(GB50242-2002)执行。

主要材料表

序号	名称	规格	单位	数量	备注
1	镀锌钢管	DN75	米	3	
2	给水硬聚氯乙烯管	DN100	米	67	
3	给水硬聚氯乙烯管	DN50	米	61	
4	给水硬聚氯乙烯管	DN75	米	17	
5	给水硬聚氯乙烯管	DN110	米	97	
6	给水硬聚氯乙烯管	DN160	米	104	
7	给水硬聚氯乙烯管	DN15	米	19	
8	给水硬聚氯乙烯管	DN20	米	121	
9	给水硬聚氯乙烯管	DN25	米	4	
10	给水硬聚氯乙烯管	DN32	米	110	
11	给水硬聚氯乙烯管	DN40	米	29	
12	99S202 3页	清扫口		8	
13		室内排水栓	DN50	个	37
14		水封地漏		38	
15	99S304 92页	消火水龙带	DN50	个	6
16	99S304 83页	自闭冲洗阀蹲便器		个	6
17	99S304 37页	带存水弯洗脸盆		米	15
18		截止阀	DN32	个	6
19		截止阀	DN20	个	26
20	99S304 64页	单水嘴洗涤盆		个	20
21	99S304 128页	淋浴器		米	17
22	99S304 28页	洗涤盆		米	24
23	99S304 104页	水池		米	3

图 例 表

名称	图例	名称	图例
消火栓管	—×—	给水管	—×—
清水地管	—·—·—	单口消火栓	◉
圆形地漏	▽	螺阀	⊡
清扫口	⊙	水表	▣
截止阀	⊢	洗脸盆	◖◗
水龙头	—	单孔大便器	⊡

消图内容详见默认文字。

DN100 8.50 4.60 XL-3 0.00
DN100 XL-4 DN100
DN100 XL-4
XL-1
DN100 XL-1
12.00
8.50 4.60 XL-2 0.00
DN100

8.4 室内采暖施工图导读

图纸目录表

设计号	008		工程总称		某工业园			项 目		综合楼	
专业	供暖		设计阶段	施工图	结构类别		框架	完成日期		2004 年08月	
序号	图别	图号	图 纸 名 称			张数 新设计	旧图	标准图	图纸规格	备 注	
1	暖施	暖01	底层采暖平面图			1			2#		
2	暖施	暖02	二层采暖平面图			1			2#		
3	暖施	暖03	三层采暖平面图			1			2#		
4	暖施	暖04	采暖系统图			1			2#		
			采用标准图集								
1		陕 02N1-2	供暖专业(一)								
2		陕 02N3-4	供暖专业(二)								
制 表 人						归档日期			年 月 日		

图 8.34 供暖目录

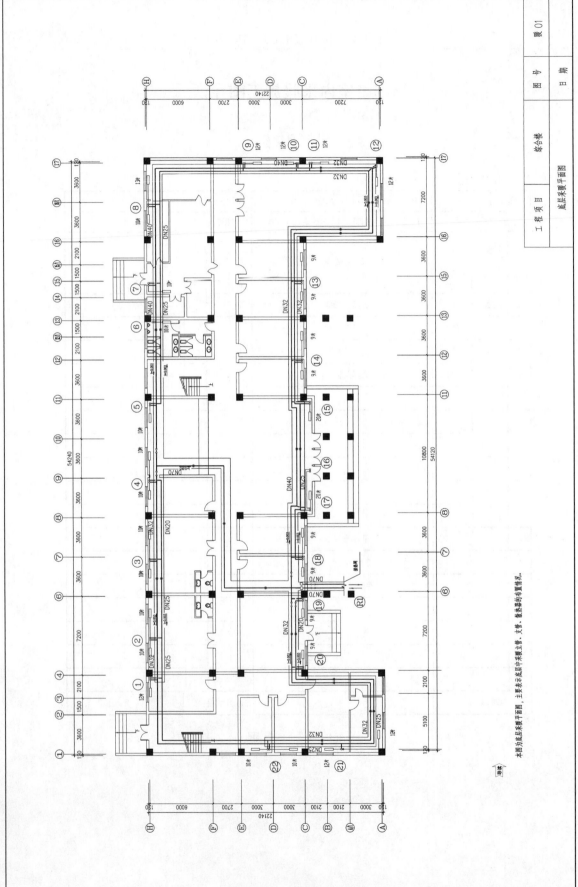

图 8.35 一层采暖平面图 (1:100)

本图为底层采暖平面图，主要表示底层中采立管、支管、散热器的布置情况。

综合楼　底层采暖平面图　工程项目　图号　日期　暖 01

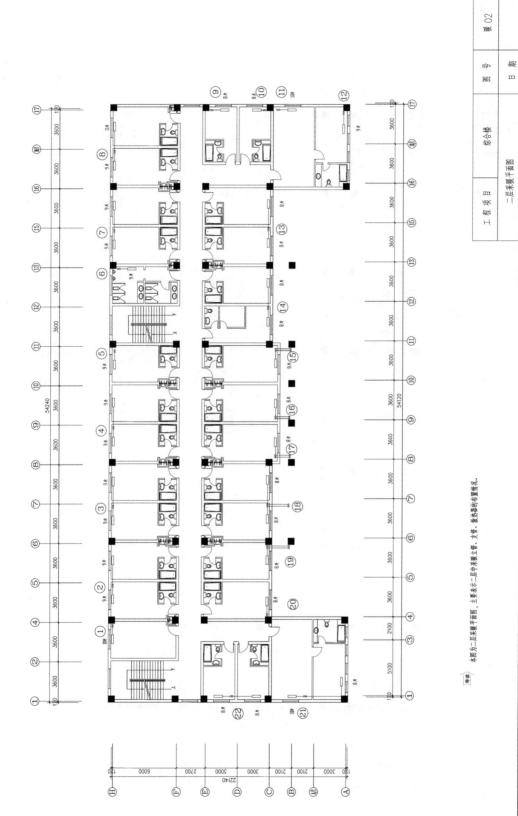

注: 本图为二层采暖平面图，主要表示二层中采暖立管、支管、散热器的布置情况。

图 8.36 二层采暖平面图 (1:100)

工程项目	综合楼	图号		暖 02
二层采暖平面图		日期		

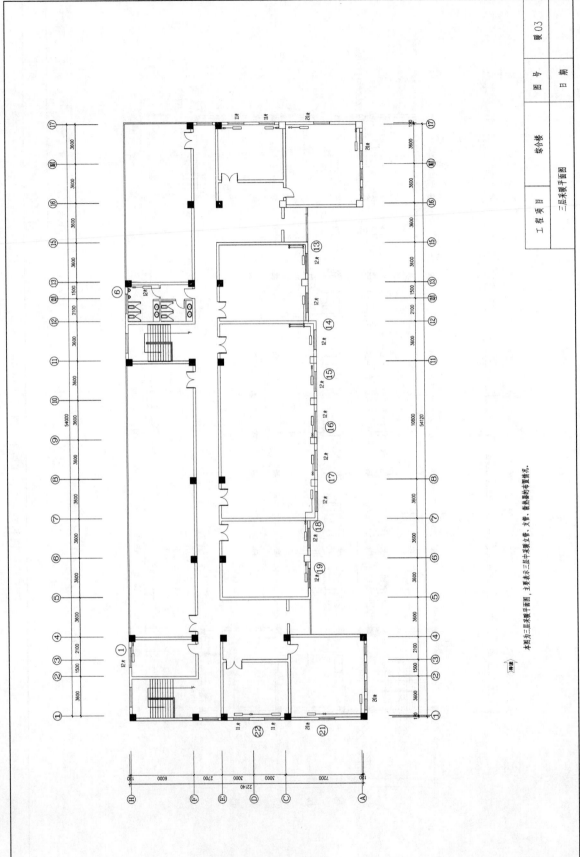

图 8.37　三层采暖平面图（1∶100）

本图为三层采暖平面图，主要表示三层采暖立管、支管、散热器的布置情况。

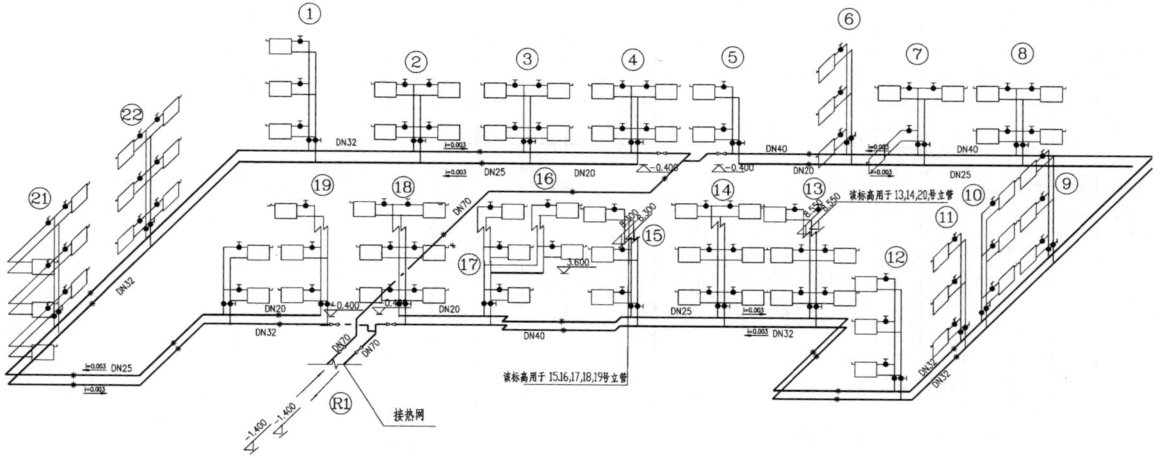

图 8.38 采暖系统图 (1:100)

工程项目　综合楼

图号　暖04

采暖系统图　日期

说　明

1. 本设计采暖热负荷为143kW，采暖热媒采用70～95℃热水，工作压力为0.5MPa。室内采暖设计温度为18℃。

2. 系统采用下回同程式系统，建筑室内设一个采暖入口，由热力站总Q和压力场AP来。R1 Q1=14.3kW。△P1=18kPa。

3. 本楼安装完后应做冲洗、保温管道并保温刷防锈漆和银粉漆各两遍。本楼灭手采暖管道内穿过楼板或墙体处应用钢套管，用钢管参名。保温层厚度50mm。

4. 除标注外，散热器支管管径均为DN20。

作法见JN3-4　12页。

5. 除标注外，立管采暖立管支管管径均为DN20，散热器支管管径为DN20。

6. 散热器采用铸铁柱式散热器，其安装支架安装高度距本地面0.150m。

7. 穿过上外墙楼安装器实安装位处散热器现就本体接差±本体差及墙无墙制管。

8. 采暖管道采用焊接钢管，DN≤50mm者采用丝扣接管，DN≥50mm者采用无缝钢管。

9. 本系统采用以室内地坪±0.000计，单位未后底标高。

10. 每组散热器手动排气阀一个。

11. 冲洗供暖系统二并接试分格后应对系统及本，排水，直至排出水中不含泥沙为合格，具体作法见本图2NL-2 4-7页。

12. 入口装置：供暖入口处装严格滤器，做法详见2NL-2 4-7页。

13. 其它各项规定本应严格遵守《建筑给水排水及采暖工程施工质量验收规范》(GB50242-2002)的有关规定。

本图为采暖系统图，详见文字说明。

8.5　室内电气施工图导读

图纸目录表

设计号	008	工程总称			某工业园		项目			综合楼	
专业	电气	设计阶段	施工图	结构类别	框架		完成日期			年 月 日	

序号	图别	图号	图纸名称	张数 新设计	旧图	标准图	图纸规格	备注
1	电施	电01	电气系统说明、图例	1			1#	
2	电施	电02	强电系统图	1			1#	
3	电施	电03	弱电系统图	1			1#	
4	电施	电04	一层强电平面图	1			1#	
5	电施	电05	二层强电平面图	1			1#	
6	电施	电06	三层强电平面图	1			1#	
7	电施	电07	一层弱电平面图	1			1#	
8	电施	电08	二层弱电平面图	1			1#	
9	电施	电09	三层弱电平面图	1			1#	
10	电施	电10	接地装置平面图	1			1#	
制表人						归档日期		年 月 日

图 8.39　电气目录

设备图例表

序号	符号	设备名称	型号规格	安装方式	安装高度	备注
1		暗装单级开关	A86K12-10	暗装	1.3m	
2		热水器插座	KP86Z223A-10	暗防水溅	1.5m	
3		排风机插座	KP86Z12A-10	暗防水溅	2.2m	
4		消火栓按钮组	消火栓按钮36V			
5		安全出口灯	20W	明装		门洞上方0.1米
6		疏散指示灯	2X8W	明装	0.3m	
7		单相23孔插座	安全型插座	暗装	0.3m	
8		电话分线箱	XFO-38	暗装	1.5m	
9		电表、电器箱	86ZD A86TV	暗装	0.3m	
10		分体空调插座	KP86Z13A-16	暗装	2.2m	
11		柜式空调插座	KP86Z13A-16	暗装	0.3m	
12		电源配电箱	见系统图		1.5m	
13		消火栓按钮组	消火栓直接36V电压			
14		嵌入式顶灯		嵌入	0.3m	
15		普通插座	KP86Z223A10	暗装	1.3m	
16		暗装三键开关	A86K31-10	暗装	1.3m	
17		暗装单键开关	A86K11-10	暗装	1.3m	
18		暗装双键开关	A86K21-10	壁装	2.2m	
19		壁灯	1X40W	壁装	1.3m	
20		双控开关	A86K12-10	壁装	1.3m	
21		花灯	2X100W	吊顶		
22		单管荧光灯	36W	壁顶		某距墙面灯
23		嵌顶灯	1X60W	吸顶		制造为应急灯
24		双管荧光灯	2X35W	吊顶		
25		底层电箱	见系统图		1.5m	
26		总配电箱	见系统图		1.5m	

电气设计说明

1. 电源

本工程供电等级为三级，电源采用一路三相四芯电力电缆埋地引入建筑物，电源电压380/220V.

2. 线路选型及敷设

电源线采用 YJVV22-1KV 电力电缆埋地引入，从总箱至各层配电箱采用 YJV 型电缆.
总箱主箱放射式供电，照明、插座回路采用 BV-500V~2.5mm² 导线，其穿管的原则为：
1~2根穿 SC15；3根穿 SC20；4~6根穿 SC25.

3. 通信

通信电缆由室外埋地引入，垂直线路采用HYA型通信电缆，电话分支线采用RVB-2X0.5.
电话出线口线盒沿墙后沿墙面暗敷，二层的电话线引入交换机后走线槽在至楼层吊顶内敷数.

4. 电视系统

电视系统采用SYKV-7-9穿钢管埋设引入建筑物，电源中性线护线在入户处作重复接地，接地电阻不小于4欧.
明回路，用户终端电平为68+4dB.

5. 电气保护

接地系统采用TN-C-S接地系统，电源中性线护线在入户处作重复接地，接地电阻不小于4欧.
所有插座的接地极均应与保护零线作可靠连接.

6. 本工程做全楼总等电位联结详见国标02D501-2.P16.

7. 施工要求

1）电气施工时，注意负荷三相分配平衡.

2）土建施工时，电气人员应密切配合，予埋管线或予留孔洞，如子留配管工程予业施工相互配合，遇电气应与水暖专业施工相配合，电气可适当调整.
或于设计人员密切协商解决.电气应与水暖专业施工相配合，严禁在梁下捕线开孔.

3）若末标安装高度或使用层高大于预留留置时，应对导线截面面对行核算，当超过导线允许载流量，应及换截面较大的电缆（线）或增加线数，并做稳定空气开关置.

4）电气施工时，如遇到图纸不详时，请立即与设计人员联系，协商确定.

5）箱差，开关的位置在施工时，如明显设计不合理时，可作适当调整.

6）电气竣工，安装及验收按GB50303-2002《建筑电气安装工程施工质量整验收规范》执行.

图 8.40 电气说明

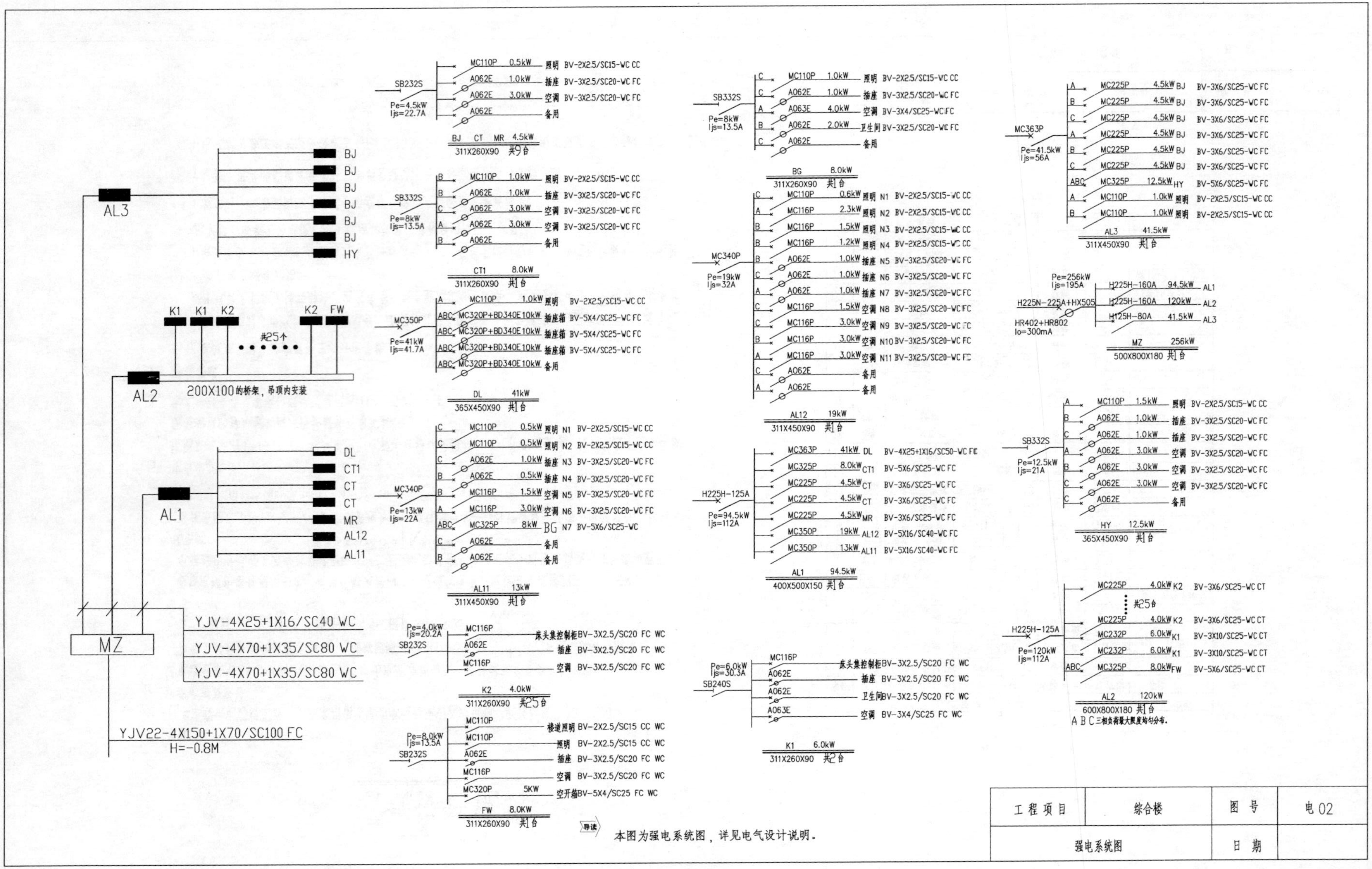
AL3
BJ
HY
AL2
K1
K2
FW
共25个
200X100的桥架，吊顶内安装
AL1
DL
CT1
CT
MR
AL12
AL11
MZ
YJV-4X25+1X16/SC40 WC
YJV-4X70+1X35/SC80 WC
YJV-4X70+1X35/SC80 WC
YJV22-4X150+1X70/SC100 FC
H=-0.8M
BJ CT MR 4.5kW
311X260X90 共9台
CT1 8.0kW
311X260X90 共1台
DL 41kW
365X450X90 共1台
AL11 13kW
311X450X90 共1台
K2 4.0kW
311X260X90 共25台
FW 8.0kW
311X260X90 共1台
BG 8.0kW
311X260X90 共1台
AL12 19kW
311X450X90 共1台
AL1 94.5kW
400X500X150 共1台
K1 6.0kW
311X260X90 共2台
AL3 41.5kW
311X450X90 共1台
MZ 256kW
500X800X180 共1台
HY 12.5kW
365X450X90 共1台
AL2 120kW
600X800X180 共1台
A B C三相负荷最大限度均匀分布。
本图为强电系统图，详见电气设计说明。
工程项目
综合楼
图号
电02
强电系统图
日期

图 8.41　强电系统图

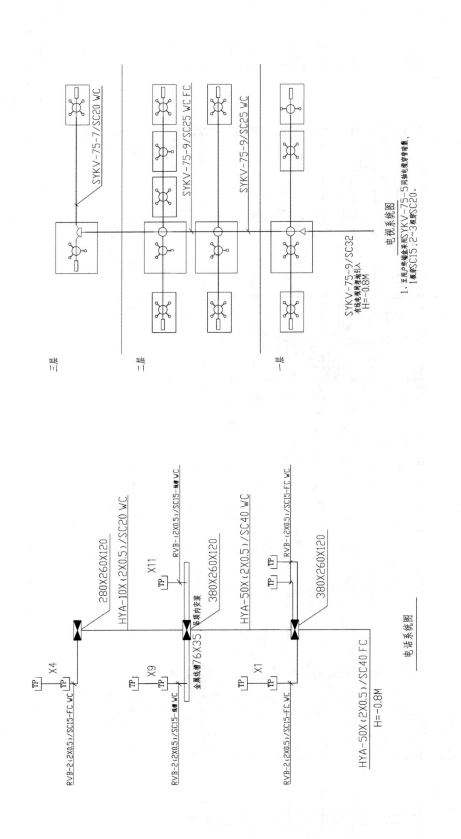

SYKV-75-7/SC20 WC

SYKV-75-9/SC25 WC FC

SYKV-75-9/SC25 WC

三层

二层

一层

SYKV-75-9/SC32
有线电视埋地引入
H=0.8M

电视系统图

1. 至用户终端全用SYKV-75-5同轴电缆穿管束，
1根穿SC15；2~3根穿SC20。

280X260X120

HYA-10X(2X0.5)/SC20 WC

X11

RVB-(2X0.5)/SC15一垃地 WC

TP

380X260X120

吊顶内安装

金属线槽76X35

HYA-50X(2X0.5)/SC40 WC

TP TP

RVB-(2X0.5)/SC15-FC WC

380X260X120

X4

TP TP

RVB-2(2X0.5)/SC15-FC WC

X9

TP

RVB-2(2X0.5)/SC15一垃地 WC

X1

TP TP

RVB-2(2X0.5)/SC15-FC WC

HYA-50X(2X0.5)/SC40 FC
H=-0.8M

电话系统图

注：本图为弱电系统图，详见电气设计说明。

图 8.42 弱电系统图

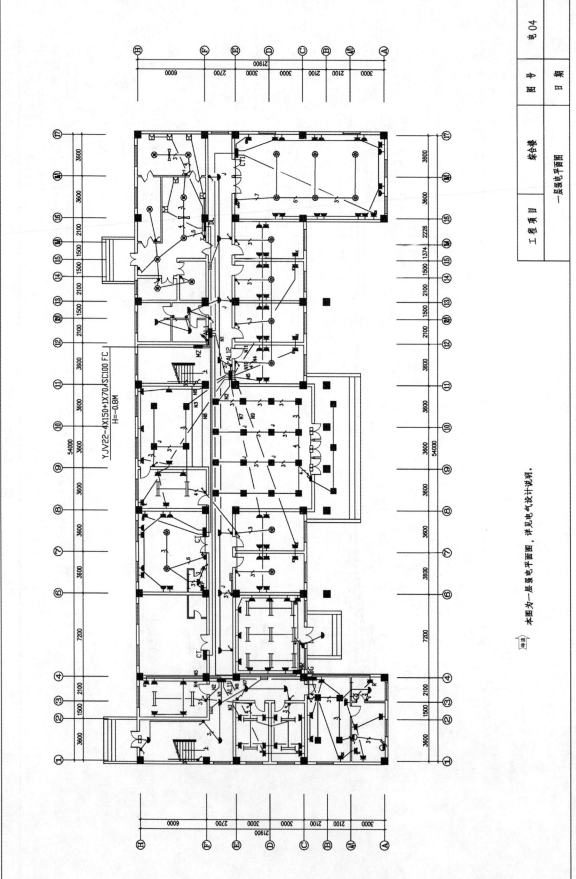

图 8.43 一层强电平面图（1∶100）

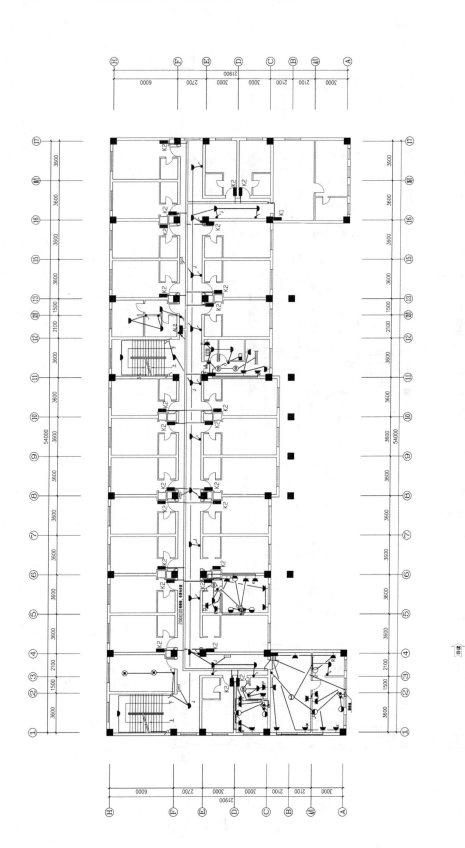

本图为二层电力平面图，详见电气设计说明。

图 8.44 二层强电平面图 （1 : 100）

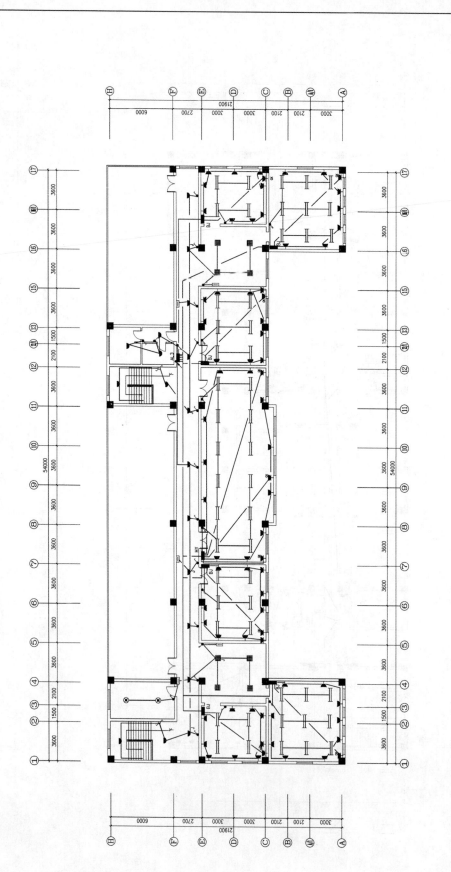

注：本图为三层电力平面图，详见电气设计说明。

图 8.45 三层强电平面图 （1：100）

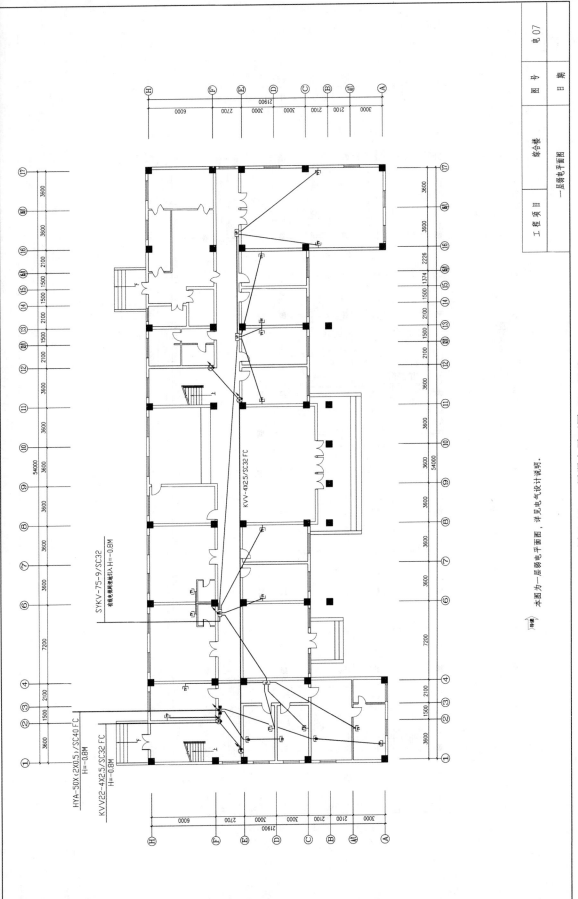

图 8.46 一层弱电平面图 （1∶100）

注：本图为一层弱电平面图，详见电气设计说明。

| 工程项目 | 综合楼 | 图号 | 电 07 |
| 一层电平面图 | | 日期 | |

SYKV-75-9/SC32
有线电视网埋地引入H=-0.8M

KVV-4X2.5/SC32 FC

HYA-50X（2X0.5）/SC40 FC
H=-0.8M

KVV22-4X2.5/SC32 FC
H=-0.8M

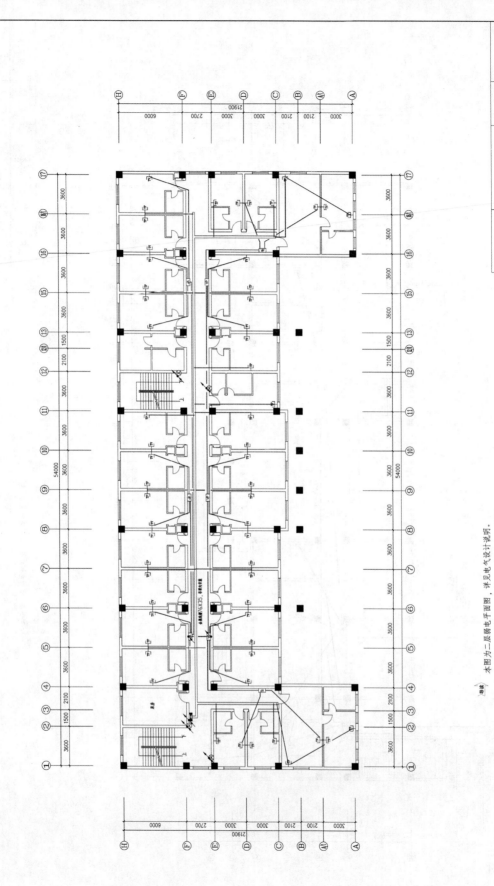

注: 本图为二层弱电平面图, 详见电气设计说明.

图 8.47 二层弱电平面图 (1：100)

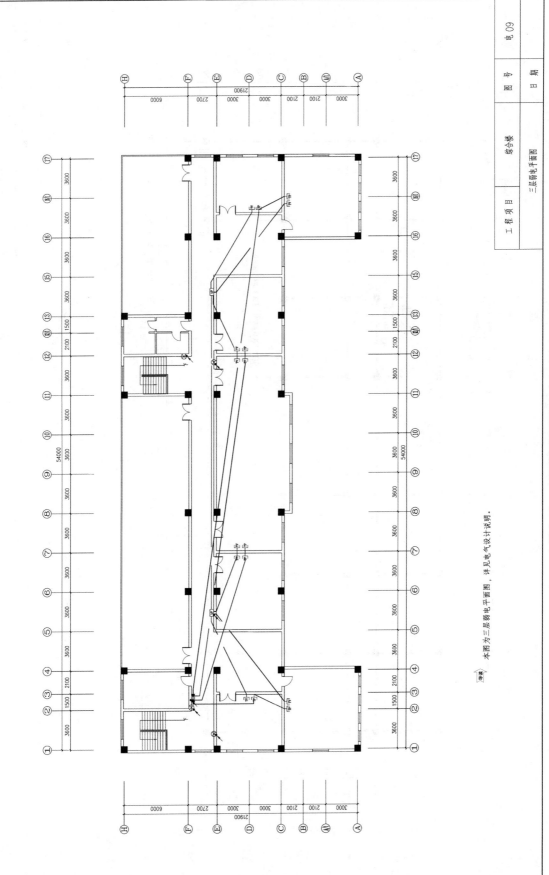

图 8.48 三层弱电平面图 (1 : 100)

注: 本图为三层弱电平面图, 详见电气设计说明.

工程项目	综合楼	图号	电 09
	三层弱电平面图	日期	

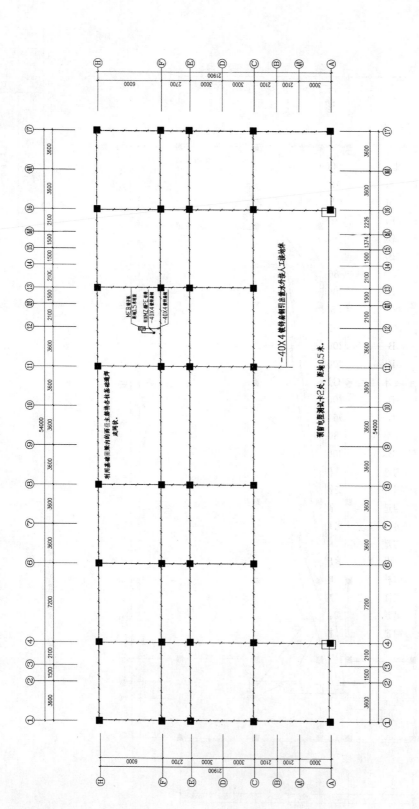

注) 本图为接地装置平面图，详见电气设计说明。

图 8.49 接地装置平面图（1：100）

参 考 文 献

[1] 房屋建筑制图统一标准（GB/T 50001—2001）. 北京：中国计划出版社，2002.

[2] 总图制图标准（GB/T 50103—2001）. 北京：中国计划出版社，2002.

[3] 建筑制图标准（GB/T 50104—2001）. 北京：中国计划出版社，2002.

[4] 建筑结构制图标准（GB/T 50105—2001）. 北京：中国计划出版社，2002.

[5] 给水排水制图标准（GB/T 50106—2001）. 北京：中国计划出版社，2002.

[6] 暖通空调制图标准（GB/T 50114—2001）. 北京：中国计划出版社，2002.

[7] 建筑模数协调统一标准（GBJ 2—86）. 北京：中国计划出版社，1988.

[8] 民用建筑设计通则（GB 50352—2005）. 北京：中国建筑工业出版社，2005.

[9] 民用建筑设计术语标准（GB/T 50504—2009）. 北京：中国计划出版社，2009.

[10] 混凝土结构设计规范（GB 50010—2002）. 北京：中国建筑工业出版社，2002.

[11] 建筑抗震设计规范（GB 50011—2001）. 北京：中国建筑工业出版社，2008.

[12] 建筑设计防火规范（GB 50016—2006）. 北京：中国计划出版社，2006.

[13] 高层建筑混凝土结构技术规程（JGJ 3—2002）. 北京：中国建筑工业出版社，2002.

[14] 屋面工程技术规范（GB 50345—2004）. 北京：中国建筑工业出版社，2004.

[15] 建筑地面设计规范（GB 50037—96）. 北京：中国计划出版社，1996.

[16] 厂房建筑模数协调标准（GBJ 6—86）. 北京：中国建筑工业出版社，1987.

[17] 砌体结构设计规范（GB 50003—2001）. 北京：中国建筑工业出版社，2001.

[18] 程志胜. 建筑识图与构造. 北京：机械工业出版社，1999.

[19] 刘谊才. 新编建筑识图与构造. 安徽：科学技术出版社，2001.

[20] 王文仲. 建筑识图与构造. 北京：高等教育出版社，2003.

[21] 尚久明. 建筑识图与房屋构造. 北京：电子工业出版社，2006.

[22] 魏艳萍. 建筑识图与构造. 北京：中国电力出版社，2006.

[23] 袁雪峰. 房屋建筑学. 北京：科学出版社，2007.

[24] 闫立红. 实用建筑、结构、设备、电气施工图. 北京：中国电力出版社，2004.

[25] 乐嘉龙. 学看建筑施工图. 北京：中国电力出版社，2002.

[26] 胡建琴，崔岩. 房屋建筑学. 北京：清华大学出版社，2007.

[27] 支秀兰. 建筑识图与构造. 北京：机械工业出版社，2008.